Ralf Utermöhlen

Was jede Führungskraft über Green Economy und nachhaltige Entwicklung wissen sollte

---

Nachhaltigkeitsmanagement in der Praxis

Bibliografische Information der Deutschen Nationalbibliothek

Die Deutsche Nationalbibliothek verzeichnet diese Publikation in der Deutschen Nationalbibliografie; detaillierte bibliografische Daten sind im Internet über http://dnb.d-nb.de abrufbar

Utermöhlen, Ralf:

Was jede Führungskraft über Green Economy und nachhaltige Entwicklung wissen sollte. Nachhaltigkeitsmanagement in der Praxis.

1. Auflage - Braunschweig: WelfenAkademie Verlag, 2015

ISBN-13: 978-3-939301-01-1

(Kontakt: verlag@welfenakademie.de)

Lektorat: Corina Angerer und Dr. Nadine Adrian

0 Inhalt und Lesehilfe

0.1 Inhaltsverzeichnis

Vorwort von Dr. Eric Schweitzer

Viele aufstrebende Staaten erleben heute in sehr drastischer Weise, wie ungezügeltes Wirtschaften einhergehen kann mit gesundheitsgefährdender Luftbelastung, Abfallbergen und Rohstoffknappheit. Bilder aus den Metropolen in Indien oder Asien zeigen, dass die Wirtschaft an ihre Grenzen stößt, wo die Natur kollabiert. In vielen Staaten Afrikas geht wachsender Wohlstand mit besorgniserregendem Wassermangel einher.

Smog im Ruhrgebiet, vom Fischsterben gezeichnete Flüsse, überquellende Mülldeponien - all das hat Deutschland bereits vor vielen Jahren hinter sich gelassen. Von einer rundum heilen Welt sind wir jedoch auch hierzulande noch ein gutes Stück entfernt. Für alle Industrienationen gilt:

Unsere Art zu leben und zu wirtschaften zeigt sich als nicht mehr zukunftsfähig. Wenn wir unsere Wirtschaftsweise nicht ändern, dann berauben wir uns unserer Lebensgrundlage.

Längst sehen die Produzenten eine ausreichende Rohstoffversorgung als eines der Top-Risiken der Zukunft an. Mehr als jeder zweite Industriebetrieb fürchtet heute, die erforderlichen Rohstoffe für seine Produktion künftig nicht mehr zu erhalten. Neun von zehn Industrieunternehmen leiden bereits heute massiv unter den steigenden Rohstoffpreisen. Die sich deutlich abzeichnende Rohstoffklemme verursacht in der Wirtschaft einen hohen Handlungsdruck.

Es gibt eine Frage, die sollte sich jede Führungskraft mindestens einmal im Leben stellen:

Wie reich müssen wir als Nation sein, wenn wir es uns leisten können, zur Neige gehende Rohstoffe tonnenweise in den Müll zu werfen?

Recycling ist deshalb eines der wesentlichen Handlungsfelder der Green Economy und ökonomisch ebenso sinnvoll wie ökologisch.

Eine 100 % Kreislaufführung von Rohstoffen ist eine Vision, für die sich niemand zum Arzt schicken lassen sollte. Wir brauchen diese herausfordernden Ziele insbesondere für die industriellen Basis- und Sondermetalle, für die es bisher kein Nachhaltigkeitsmanagement gibt.

Es ist auch an der Zeit, Produkte bereits bei der Herstellung an den Anforderungen einer hochwertigen Wiederverwendung und Recyclingfähigkeit auszurichten. Der Konsument kann dies ganz wesentlich mitbestimmen, indem er seine Kaufentscheidungen stärker an Kriterien der Wiederverwendbarkeit ausrichtet.

Warum nicht öfter einfach nur „Nutzen" statt „Besitzen"?

Ressourcenschutz, Ressourceneffizienz und Klimaschutz gehören heute zu den besonders dringlichen gesellschaftlichen Aufgaben. Natürliche Ressourcen sind Grundlage unseres menschlichen Seins und bilden das wichtigste Fundament unseres wirtschaftlichen Handelns und unseres Wohlstandes.

Der Verbrauch der Ressourcen ist zu hoch und muss absolut verringert werden.

Im Jahr 2050 werden voraussichtlich neun Milliarden Menschen auf unserer Erde leben - sie alle wollen Zugang zu Wasser, Energie, Rohstoffen. Ohne eine deutliche Steigerung der Ressourceneffizienz wird jedoch allein China im Jahr 2031 voraussichtlich rund 90 % der Weltproduktion an Papier und Stahl verbrauchen. Bei Rohöl wären es, rein rechnerisch, sogar 110 %.

Das bedeutet: Gelingt es uns nicht, Wachstum und Ressourcenverbrauch voneinander zu entkoppeln, benötigen wir bereits in wenigen Jahren eine zweite Welt!

Dr. Eric Schweitzer ist Vorstandsvorsitzender der ALBA Group plc & Co. KG und Präsident des Deutschen Industrie- und Handelskammertages (DIHK)

Zu Beginn....

Seit dem Jahr 1991 berate, überprüfe, auditiere und überwache ich Unternehmen aus Industrie, Handel und Dienstleistungen in Themen des Umweltschutzes und der Nachhaltigkeit. Fast alle denkbaren Branchen und Betriebe aller Größenordnungen habe ich dabei intensiv „von innen“ gesehen, großartige Erlebnisse gehabt, viele bereichernde Gespräche geführt, faszinierende und engagierte Menschen kennengelernt sowie phantastische Innovationen und Techniken erlebt und gesehen.

Eines jedoch ist mir immer aufgefallen: Viele Unternehmen sind - trotz aller Bemühungen und tiefgehender Berücksichtigung des Umweltschutzes und der Ressourceneffizienz - nicht ausreichend auf die zukünftigen Herausforderungen der nachhaltigen Entwicklung vorbereitet. Viele Führungskräfte haben die exorbitante Bedeutung des Trends „Nachhaltigkeit“ nicht erkannt und haben wenig tiefergehende Kenntnisse über dieses wichtige Thema, von dem die Zukunft vieler Branchen und damit die Zukunftsfähigkeit vieler Betriebe abhängt.

Daher habe ich mich entschieden, in einem Buch zusammenzufassen, was meiner Meinung nach jede Führungskraft über betrieblichen Umweltschutz und nachhaltige Entwicklung wissen sollte. Es handelt sich dabei nicht vornehmlich um ein Werk für erfahrene Umwelt- und Nachhaltigkeitsbeauftragte in Unternehmen. Adressaten sind vor allem vorausschauende Unternehmer und Führungskräfte anderer Bereiche wie Produktentwickler, Produktionsleiter, Marketingleiter, Personalchefs, Einkäufer und Mitglieder des Top-Managements, die von den Konsequenzen des Themas betroffen sind. Solch ein Buch liest sich nicht wie ein Roman, daher gebe ich an dieser Stelle eine Lesehilfe:

Der geneigte Leser sollte die Kapitel 1 bis 3 in der gegebenen Reihenfolge lesen: Kapitel 1 gibt eine kurze thematische Einführung. Danach beschreibt Kapitel 2 die Folgen von Klimawandel, Ressourcenendlichkeit und Umweltveränderungen als Rahmenbedingungen wirtschaftlichen Handelns. Ausgehend davon, wie das aktuelle Wirtschaftssystem und unsere Lebensstile die Umwelt verändern, wird dargelegt, wie sich hierdurch die Rahmenbedingungen für geschäftlichen Erfolg verändern. In diesem Kapitel beschreibe ich auch, was Unternehmen künftig nach meiner Einschätzung an weiteren Veränderungen erwarten müssen. Weil ich der festen Überzeugung bin, dass das beschriebene Modell zu einem Systemwechsel führen wird, der auch politische und soziologische Veränderungen gleichermaßen zur Basis und als Konsequenz hat, gehe ich in aller Kürze auch auf diese Aspekte ein.

Kapitel 3 beschreibt die Nachhaltigkeit in heutigen Unternehmensstrategien und liefert neben Definitionen eine Beschreibung bestehender Instrumente.

Kapitel 1, 2 und 3 bauen jeweils aufeinander auf; manche Aspekte, die in diesen Kapiteln angerissen sind, werden in späteren Kapiteln erneut aufgenommen und vertieft. Kleine Wiederholungen sind somit bewusst gesetzt, um Kapitel abgeschlossen verständlich zu machen.

Die Kapitel 4 und 5 sind gegliedert in Fachkapitel zu einzelnen Themen der nachhaltigen Unternehmensführung, die je nach aktuellem Interesse in einer beliebigen Reihenfolge lesbar sind. Kapitel 6 enthält die Ausführungen zur nachhaltigen Produktgestaltung und Kapitel 7 schließt mit Herangehensweisen zur Strategieänderung und Nachhaltigkeit als Führungsprinzip.

Jedes der themenspezifischen Kapitel endet mit einem Fazit mit Merkpunkten und einer Checkliste für Führungskräfte, um den Umsetzungsstand, Risiken und Chancen im eigenen Unternehmen prüfen zu können und daraus neue Strategieansätze zu entwickeln.

In diesem Buch stehen sicher Dinge und Fakten, die für manchen Leser neu sind oder in dieser Prägnanz und mit den Konsequenzen von ihm bislang nicht wahrgenommen wurden. Das Wesentliche aber ist die Zusammenstellung und die Darstellung der Zusammenhänge der nachhaltigen Entwicklung mit ihrem Einfluss auf Geschäftsmodelle, die Checklisten und die Möglichkeit daraus eine Strategie zu entwickeln.

Wer das Buch gelesen hat, bekommt Denkanstöße und vor allen Dingen mit den Checklisten praktische Tools, um zu prüfen, wie der Trend Nachhaltigkeit sein Unternehmen betrifft und um sich Orientierung zu verschaffen, ob das eigene Geschäftsmodell dem standhält.

Eines werde ich in diesem Buch mehrfach betonen: Ich bin ein überzeugter Verfechter von Umweltschutz und Nachhaltigkeit, aber auch überzeugter Unternehmer. Dies ist ein wirtschaftsfreundliches Buch und wenn die eine oder andere meiner Prognosen und Darstellungen Sie als Leser erschreckt, dann lenken Sie bitte Ihren Zorn nicht in Richtung des Überbringers der schlechten Nachricht, sondern überdenken Sie, was man ändern könnte oder sollte.

1 Thematische Einführung

Nachhaltigkeit hat sich seit der Jahrtausendwende zu einem Schlagwort entwickelt. Ob in der öffentlichen Diskussion, der Tagespresse, Talkshows oder in Strategien von Unternehmen - das Wort taucht dauernd auf und wird von verschiedenen Diskutanten mal oberflächlich, mal behutsam, oft taktisch und meist auch PR-wirksam eingesetzt. Jedoch: Was bedeuten der Trend und die Notwendigkeit der nachhaltigen Entwicklung für Unternehmen? Was genau ist Nachhaltigkeit eigentlich und welche zukünftige Bedeutung hat das Thema für ein Unternehmen?

Nachhaltigkeit ist ein vielfältig verwendeter Begriff, der jedoch im eigentlichen Kern definitorisch eindeutig besetzt ist. Ursprünglich aus der Forstwirtschaft stammend (in seinem Werk „Sylvicultura oeconomica"; auf Deutsch „Nachhaltige Waldwirtschaft", forderte der sächsische Beamte Hans-Carl von Carlowitz bereits 1713, nur so viel Holz zu schlagen, wie durch planmäßige Aufforstung, Säen und Pflanzen wieder nachwachsen konnte) gewann der Begriff für die breite Öffentlichkeit spätestens an Bedeutung, als die 1983 von den Vereinten Nationen ins Leben gerufene unabhängige Sachverständigenkommission „Weltkommission für Umwelt und Entwicklung (WCED = World Commission on Environment and Development)" im Jahr 1987 ihren Zukunftsbericht „Unsere gemeinsame Zukunft" veröffentlichte und im Schlusskapitel mit dem Titel „Handeln tut Not" einen dramatischen Handlungsappell an die Weltöffentlichkeit richtete. Als „nachhaltig" wird in dem Bericht eine Entwicklung bezeichnet *„die den Bedürfnissen der heutigen Generation entspricht, ohne die Möglichkeiten künftiger Generationen zu gefährden, ihre eigenen Bedürfnisse zu befriedigen und ihren Lebensstil zu wählen."* Weiter heißt es:

„Dauerhafte (nachhaltige) Entwicklung ist Entwicklung, die die Bedürfnisse der Gegenwart befriedigt, ohne zu riskieren, dass künftige Generationen ihre eigenen Bedürfnisse nicht befriedigen können. Zwei Schlüsselbegriffe sind wichtig:

- *der Begriff Bedürfnisse, insbesondere die Grundbedürfnisse der Ärmsten der Welt sollen Priorität haben*
- *der Gedanke von Beschränkungen, die der Stand der Technologie und der sozialen Organisation auf die Fähigkeit der Umwelt ausübt, gegenwärtige und zukünftige Bedürfnisse zu befriedigen."*

und

"Dementsprechend müssen die Ziele wirtschaftlicher und sozialer Entwicklung im Hinblick auf die Dauerhaftigkeit definiert werden, in allen Ländern - Industrie- und Entwicklungsländern, marktorientierten oder zentral gelenkten."[1] Da die Kommission nach außen sehr stark durch die damalige Vorsitzende, die ehemalige norwegische Ministerpräsidentin Gro Harlem Brundtland, repräsentiert wurde, wird der Bericht oft „Brundtland-Bericht" genannt, die zitierte Definition „Brundtland-Definition".

Eine Zeit lang wurde die Nachhaltigkeit fälschlicherweise gleichgesetzt mit Umweltschutz und umweltschonendem Verhalten. Nachhaltigkeit ist jedoch deutlich mehr als Umweltschutz. Die Konsequenzen einer kapitalbasierten Marktwirtschaft implizieren neben physikalisch-biologisch-technischen Umweltveränderungen auch soziale Veränderungen, Zugangsbeschränkungen und unterschiedliche Möglichkeiten der Teilhabe an materiellen und immateriellen Gütern. In der aktuellen Sichtweise beinhaltet Nachhaltigkeit Gerechtigkeit nicht nur der Umwelt gegenüber sondern teilt sich in[2]:

1. Ressourcengerechtigkeit und Gerechtigkeit gegenüber der belebten und nicht belebten Umwelt,
2. Gerechtigkeit gegenüber künftigen Generationen,
3. Gerechtigkeit gegenüber den ärmeren und schwächeren Teilen der heute lebenden Gesellschaft.

Alle Fachleute sind sich einig, dass die Ziele einer nachhaltigen Entwicklung nur mit einem Paradigmenwechsel einhergehen können: Das gesamte ökonomische Handlungsgefüge und die bestehenden Regeln der Wirtschaft müssen und werden sich stark ändern. Viele Experten erwarten einen so starken Wandel der Rahmenbedingungen wirtschaftlichen Handelns, dass der Prozess als „große Transformation" bezeichnet wird - dazu mehr im folgenden Abschnitt.

Dieser Prozess birgt gewaltige Risiken für heute noch erfolgreiche Unternehmen, birgt aber auch große Chancen. Unternehmen widmen sich dem Thema daher zunehmend. In der Vergangenheit wurden jedoch vielerorts in Unternehmen Strategie und Taktik durcheinander gebracht und die eigenen Ziele im Kontext der nachhaltigen Entwicklung nicht klar genug definiert bzw. die Unternehmensziele nicht oder nur zum Teil mit der nachhaltigen Entwicklung der Gesellschaft abgeglichen.

---

[1] Alle drei Zitate aus: WCED (1987)
[2] Weizsäcker et al. (2007)

In vielen Unternehmen wurden oder werden Umweltmanagementsysteme implementiert und zu vollständigen Nachhaltigkeitsmanagementsystemen ausgebaut. Nach meiner Beobachtung bei Audits und Beratungsprozessen in mehr als 500 Unternehmen unterschiedlichster Größen und Branchen wirken diese Systeme oft nur punktuell, weil die strategische Zielsetzung nicht weit genug gesetzt wurde. Absicherung gegen Haftung, Einhaltung geltenden Rechts und Verbesserungen der Umweltleistung im Detail werden vielerorts - ohne Wichtigkeit in Abrede zu stellen - mit ökologischem oder nachhaltigem Verhalten verwechselt.

Um es an einem simplen Beispiel darzulegen: In den letzten Jahren sieht man häufig Kaffeemaschinen, die den Kaffee aus Einzelportionspatronen aus Kunststoff oder Aluminium aufbrühen, so dass pro Tasse Kaffee neben dem bei Kaffee ohnehin nicht unerheblichen „Water Footprint" von 35 l pro Tasse[3] und anderen Umweltauswirkungen auch Kunststoff- oder Aluminiumabfall anfallen- unter ein Gramm pro Tasse, aber eben viele tausend mal am Tag. Diese Innovation ist zwar ein wirtschaftlicher Erfolg, nachhaltig im definitorischen Sinne ist sie jedoch nicht, weil Aluminium und Kunststoff energieintensiv und aus endlichen Ressourcen hergestellt werden. Selbst wenn der Hersteller für die Einwegpatronen Recyclingmaterial einsetzt - nachhaltig ist das Produkt nach meiner Auffassung damit trotzdem noch nicht, einfach weil guter Espresso mit weniger Verpackungsabfall und weniger Energieaufwand herstellbar ist. In einem auf Nachhaltigkeit ausgerichteten Unternehmen sollte solch ein Produkt umgestaltet werden; welche Möglichkeiten es dazu gibt, lesen Sie im Kapitel 6 zur ökologischen und nachhaltigen Produktgestaltung.

Unternehmerische Nachhaltigkeit ist viel mehr als Umweltverbesserungen im Detail. Sie verlangt die Ausrichtung der gesamten Unternehmensstrategie auf ein sich veränderndes, nachhaltiges Marktumfeld und auf alle drei genannten Dimensionen der Nachhaltigkeit. Nach meiner persönlichen Überzeugung werden Unternehmen, die diesen Trend erkennen, nicht nur dauerhaft erfolgreicher sein als andere, sondern nur solche Unternehmen werden im künftigen Markt dauerhaft Bestand haben. Die Umweltveränderungen und insbesondere der Klimawandel, die Energiewende und der Wandel zu einer auf Nachhaltigkeit ausgerichteten Verbrauchergesellschaft werden die Märkte viel drastischer verändern, als viele Führungskräfte dies heute für vorstellbar halten.

---

[3] Chapagain, Hoekstra (2007)

An alle Führungskräfte, die sich auf diese Veränderungen einstellen und sich auch selber auf Veränderungen einlassen wollen, richtet sich dieses Buch.

2 Klimawandel, Ressourcenendlichkeit und Umweltveränderungen als Rahmenbedingungen wirtschaftlichen Handelns

2.1 Wirtschaftssystem und Lebensstile verändern die Umwelt

Jede menschliche Aktivität hat in allen Phasen der menschlichen Geschichte zu einem Verbrauch von Ressourcen geführt. In vorindustriellen Zeiten mussten nachwachsende und endliche Ressourcen unter hohem manuellem Arbeitseinsatz mühsam gesammelt oder gewonnen werden, dies hat die Quantität der eingesetzten und verbrauchten Ressourcen naturgemäß eingeschränkt. Mit Beginn der Industrialisierung hat sich der Energie- und Materialeinsatz zunächst vermehrfacht, dann potenziert und er steigt immer weiter.

Die Menge der eingesetzten Faktoren Arbeit, Kapital und Boden bestimmt herkömmlicherweise die Höhe des wirtschaftlichen Ergebnisses. In einer aktualisieren Betrachtung der Wertschöpfungsketten müsste an Stelle des Produktionsfaktors Boden die Integration sämtlicher natürlicher Ressourcen erfolgen: Boden, natürliche Wasservorräte, saubere Luft bzw. die Erdatmosphäre, die Artenvielfalt, regenerative und nicht regenerative Energieträger, mineralische Rohstoffe - sprich alle Ressourcen, die auch ohne menschliche Aktivität auf der Erde vorhanden wären.[4] Es ist eine lange evidente Tatsache, dass diese natürlichen Ressourcen nicht beliebig vermehrbar sind und sich nicht in gleichem Tempo regenerieren wie sie von anthropogener Aktivität abgebaut werden. Seit Beginn der Industrialisierung verhalten sich die expandierenden Unternehmen, aber auch Staaten und Konsumenten jedoch kontinuierlich so, als seien die natürlichen Ressourcen der Erde unerschöpflich.

Zunächst einmal: Warum auch nicht? Von Phasen der Kriege abgesehen geht es seit Beginn der Industrialisierung jeder Generation in den Industrienationen wirtschaftlich besser als den Generationen vorher. Das Leben ist permanent bequemer geworden, es ist hell und warm oder kühl wenn man es mag, alle notwendigen oder gewünschten Güter stehen - zumindest den privilegierten Menschen in den Industriestaaten - rund um die Uhr erschwinglich zur Verfügung. Dass dieser wirtschaftliche Aufschwung mit

[4] Weizsäcker et al. (2007)

Umwelt- und Ressourcenverbrauch einherging, wurde und wird akzeptiert, weil es vielen Teilnehmern am wirtschaftlichen System, also Produzenten, Konsumenten und auch Staaten, permanent „besser“ geht. Zudem ist das Gesamtsystem Erde sehr groß, so dass der Gewinn an Lebenskomfort und Wohlstand weitaus spürbarer war als die Lasten der belebten und unbelebten Umwelt. Solange die Belastbarkeitsgrenzen des Systems fern sind oder vielleicht sogar weit ferner als das Ende der eigenen Lebensspanne, scheint die Belastung akzeptabel und wird billigend in Kauf genommen.

Zu den ersten öffentlichkeitswirksamen und außerhalb einer reinen Fachwelt publizierten Erkenntnissen, dass die „Grenzen des Wachstums“ nicht erst in ferner Zukunft zu erwarten sind, sondern in einem überschaubaren Zeitrahmen erreicht sein könnten, gehören der gleichnamige Bericht an den „Club of Rome“ aus dem Jahr 1972 [5] sowie ein Buch mit dem einprägsamen Titel „Ein Planet wird geplündert“ aus dem Jahr 1975.[6] Trotz zahlloser weiterer Erkenntnisse und einem vertieften naturwissenschaftlichen Verständnis der Öko- und Klimasysteme sowie derer Belastbarkeitsgrenzen sind zahlreiche Erkenntnisse beider Publikationen noch erstaunlich aktuell; auf den Punkt gebracht heißt es: Unser Wirtschaftssystem und unser Lebensstil sind nicht nachhaltig, wir leben eben nicht so, dass wir die Interessen der heute lebenden „schwächeren“ Erdbewohner und jene der künftigen Generationen auch nur annähernd berücksichtigen. Wir hinterlassen künftigen Generationen ein schweres Erbe und in vielen Belangen schlechtere Umweltbedingungen und schlechtere Voraussetzungen, als wir sie selber vorfanden, als wir geboren wurden.

Mittlerweile hat die Veränderung des Zustands der Umwelt ein Maß erreicht, welches für jeden verantwortungsbewusst Denkenden spürbar geworden ist. Es ist nicht Thema dieses Buches, die anthropogenen Umweltveränderungen und deren Folgen umfänglich und systematisch zu beschreiben und mit wissenschaftlichen Belegen zu unterfüttern, dies ist in diversen anderen Werken umfänglich erfolgt und sehr gut beschrieben worden. Um jedoch insbesondere die Kapitel im Buchteil, der sich um die ökologische Dimension der Nachhaltigkeit in der Unternehmensführung dreht, zu verstehen, muss man zumindest einen groben Überblick haben, an welchen Stellen sich die Umwelt durch menschliches Handeln und wirtschaftliche Aktivitäten verändert. Es gibt verschiedene Einteilungen, die Society of Environmental

---

[5] Meadows&Meadows (1972)

[6] Gruhl (1975)

Toxicology and Chemistry (SETAC) hat in einer vielgenutzten Standardveröffentlichung für die Erstellung von Ökobilanzen die Umweltveränderungen in zehn sogenannten Umweltwirkungskategorien eingeteilt.[7] Bei dieser Kategorisierung - die nur eine der möglichen ist - werden die anthropogenen Umweltbeeinflussungen nach Art der Auswirkungen eingeteilt. Die jeweiligen Einflussfaktoren, also zum Beispiel emittierte Schadstoffe, genutzte Ressourcen usw. können dabei die Umwelt teilweise jeweils gleich in mehreren Umweltwirkungskategorien schädigen:

1.

ABBAU NATÜRLICHER RESSOURCEN: Hierzu zählen alle fossilen Energieträger, aber auch mineralische Rohstoffe und nachwachsende Rohstoffe, die langsamer nachwachsen, als sie abgebaut werden. Einige Zahlen: Die Öl- und Erdgasreserven halten vielleicht noch 20, vielleicht noch 70 Jahre. Dass man die Zahl nicht genau benennen kann, liegt an neuen Funden bzw. neuen Methoden, die durch höhere Preise wirtschaftlicher werden, ist aber für die Aussage belanglos. Die Welt verbraucht aktuell in einem Jahr die Menge an fossilen Energieträgern, die in 470 Jahren angelegt wurden und die Reserven sind physikalisch endlich, es ist für eine nachhaltige Denkweise belanglos, ob diese Endlichkeit in 20 oder in 10 Jahren eintritt. Die geogenen Reserven an Phosphat, einem essentiellen Rohstoff für die Landwirtschaft, enden in ca. 110 Jahren, die Reserven an Kupfer werden in ca. 30 und an Nickel in ca. 40 Jahren zu Ende gehen.[8] Auch der Raubbau an der belebten Natur zählt zu dieser Wirkungskategorie: Täglich werden zum Beispiel 55.000 ha Tropenwald vernichtet.[9] (Zum Vergleich: Der Bodensee hat 53.800 ha und während Sie eine Stunde lang in diesem Buch lesen, gehen somit 23 km^2 Tropenwald unwiederbringbar verloren.)

2.

DER TREIBHAUSEFFEKT, (in internationaler Terminologie Greenhouse Effect) verursacht durch Substanzen mit einem messbaren Treibhauspotential bzw. Global Warming Potential (GWP). Täglich werden ca. 60 Millionen Tonnen Kohlendioxid emittiert. Kohlendioxid ist nicht das einzige Treibhausgas bzw. Greenhouse Gas (GHG); hinzu zählen auch Methan (vornehmlich auch Tierhaltung und Landwirtschaft), Distickstoffmonoxid und zahlreiche halogenierte Chemikalien, aber Kohlendioxid ist das GHG mit dem in Summe

---

[7] SETAC (1993)
[8] Elsner/BGR (2008)
[9] Reimer (2002)

größten Anteil am messbaren Effekt. Seit dem Beginn der industriellen Revolution hat der Kohlendioxidanteil in der Atmosphäre um rund 35% zugenommen. Gemeinsam mit den anderen treibhausrelevanten Gasen führt dies zu einer Erhöhung der durchschnittlichen Oberflächentemperatur der Erde: Seit 1861 ist diese messbar, sie stieg im 20. Jhdt. um 0,6±0,2 °C[10] und wird voraussichtlich bis 2100 je nach Entwicklung zwischen 1 und 3,5 Kelvin weiter ansteigen. In der Folge sind dramatische Klimaveränderungen und Wetterextreme spürbar, deren exakte ursächliche Zurückführung auf den Treibhauseffekt zwar wissenschaftlich schwierig, unter Experten aber kaum mehr strittig ist. Der Meeresspiegel stieg infolge im 20. Jhdt. zwischen 10 und 20 cm und steigt vermutlich zwischen 15 und 95 cm bis 2100. Die Vielfalt und Verbreitungsgebiete von Tierarten werden sich verändern, durch Zunahme von Gletscherschmelzen und mehr Flusseinträge gelangt mehr Süßwasser in das Nordpolarmeer und die gesamte ozeanische Zirkulation verlangsamt sich[11] mit drastischen Auswirkungen auf das Wetter auch in Europa. Eine der besten und beispielhaftesten Schilderungen ist das Buch eines australischen Biologen, der sehr beispielhaft und einprägsam die Auswirkungen des Klimawandels auf die Biosphäre beschreibt und darstellt, welche Organismen für immer von der Erde verschwinden.[12] Aber auch Sachgüter sind betroffen: Orte und Anlagen an der Küste werden erhöhter Sturm- und Überschwemmungsgefahr ausgesetzt, tauender Boden wird Verkehrswege, Gebäude und Infrastruktur schädigen. Einer der weltgrößten Rückversicherer berichtet: [13] *„Die Zunahme der Naturkatastrophenschäden, in den vergangenen Jahrzehnten weltweit beobachtet und in den Schadenbelastungen der Versicherungswirtschaft gut dokumentiert, zählt zu den ersten und stärksten Indizien für den wachsen Einfluss der globalen Umweltveränderungen, die der Mensch verursacht. Darüber herrscht breiter Konsens sowohl in Wissenschaft und Wirtschaft wie auch in der Politik, den Medien und nicht zuletzt der Bevölkerung. […] Vergleicht man die Zahlen der vergangenen Jahrzehnte, wird die ganze Dramatik offenbar: Große Wetterkatastrophen traten in den 10 Jahren 1994 - 2003 fast 3-mal so häufig auf wie noch in den 1960er-Jahren. Die volkswirtschaftlichen Schäden stiegen inflationsbereinigt auf das fünffache, die versicherten sogar auf das zehnfache.“*

---

[10] IPCC (2001)

[11] ACIA (2004), S. 10 – 17.

[12] Flannery (2006)

[13] Munich Re Group (2004), S. 99ff.

In der Folge kommt es zu Sekundäreffekten sozialer Art und im Risikobereich. Auch sehr etablierte und konservative Institutionen sind mittlerweile von der Folgenschwere der Entwicklung überzeugt. So hat die Weltbank Ende 2012 einen Bericht veröffentlicht, der davor warnt, mehr als das sogenannte „2-Grad-Ziel", also die Erwärmung um 2 Kelvin zuzulassen und davon ausgeht, dass sich die negativen Folgen potenzieren, wenn die durchschnittlich Erwärmung 4 Kelvin beträgt. Ernteausfälle mit Hungerfolgen in bestimmten Regionen, Wasserversorgungsengpässe in anderen Regionen und völkerwanderungsähnliche Migrantenströme bei der Aufgabe von zu oft überschwemmten küstennahen Regionen mit entsprechenden sozialen Effekten sind nur ein Teil der Aspekte, vor denen die Weltbank in ihrer Studie warnt.[14]

Das Planungsamt der deutschen Bundeswehr hat eine Studie zu Implikationen für Sicherheit und Stabilität im Nahen Osten und Nordafrika vorgelegt und kommt zu dem Schluss, dass in diesen ohnehin brisanten Regionen *„die Hebel Wasser, Ernährung und landwirtschaftliche Entwicklung dabei am stärksten von den direkten Klimafolgen betroffen sind. Schon heute ist Wasser in der Region knapp und die Verfügbarkeit wird weiter abnehmen [...]. Besonders auf Grund klimainduzierter Krisen in der Landwirtschaft wird eine Abwanderung in urbane Räume für viele Menschen attraktiver"*. Da die Städte in diesem Raum bereits ohnehin stark belastet sind, so die Studie, *„könnten Städte im Kontext des Klimawandels auch zu Zentren humanitärer Krisen werden."*[15] Der Klimawandel ist somit neben direkten Auswirkungen auf Ökosysteme ein sicherheitspolitischer Risikotreiber.

3.

ABBAU STRATOSPHÄRISCHEN OZONS, verursacht durch Emissionen von Substanzen mit einem Ozonabbaupotential; engl. Ozone depletion potential (ODP): Seit den sechziger Jahren vergrößert sich das „Ozonloch", d.h. die Stellen, an welcher die schützende, UV-Licht filternde Ozonschicht in der Stratosphäre dünner geworden ist, permanent. Auslöser sind die jahrelangen Emissionen der nunmehr gebannten Fluorchlorkohlenwasserstoffe (FCKW) und der hieraus resultierende Ausstoß von Chlor in der Stratosphäre. Auch wenn Forscher aus den USA im Jahr 2003 erste Anzeichen für eine Erholung der Ozonschicht entdeckt haben: Der Abbau des oberen Teils dieser Schicht geschieht bislang nur weniger rasch als zuvor (Die Forscher werteten Daten

---

[14] Weltbank (2012)
[15] Planungsamt der Bundeswehr (2012), S. 8

von drei Satelliten der Weltraumagentur NASA und drei internationalen Bodenstationen aus. Dabei zeigte sich, dass der Abbau des oberen Teils der Ozonschicht in ca. 40 Kilometer Höhe über der Erdoberfläche seit 1997 verlangsamt ist. Die neue Untersuchung zeigte damit erstmals, dass der Stopp der FCKW-Produktion aufgrund des Protokolls von Montreal positive Auswirkungen hat.) Auch wenn damit die erste gute Nachricht seit Jahren in dieser Wirkungskategorie kam, sind die Wirkungen immer noch dramatisch: Bei Abnahme der Ozonschicht um 1 % nimmt statistisch die Anzahl der Hautkrebserkrankungen um 3-5 % zu, die Schädigung von Pflanzen führt zu Ernteeinbußen und die erhöhte UV-Strahlung führt zu Zerstörung von ozeanischem Phytoplankton, welches wiederum ein wichtiger Sauerstoffbildner im globalen System ist.

4.

SOMMERSMOG BZW. BILDUNG VON PHOTOOXIDANTIEN: Die Photooxidantienbildung die durch Lichteinwirkung auf Vorläufersubstanzen (Luftfremdstoffe) entsteht ist die Ursache für den sogenannten Sommersmog, der zu starken Beeinträchtigungen der Gesundheit und des Wohlbefindens führt: Bei intensiver Sonneneinstrahlung werden durch photochemische Reaktionen aus Luftschadstoffen, welche wiederum aus Straßenverkehr und industriellen Prozessen in die Luft gelangen (u.a. Stickstoffoxide, flüchtige organische Verbindungen ohne Methan (NMVOC), Aromaten) so genannte Photooxidantien wie Ozon und weitere Substanzen gebildet.

Als Maß zur Abschätzung des Oxidantienbildungspotentials wird der POCP-Wert herangezogen. Der POCP-Wert eines Schadstoffes ist ein relatives Maß für die Veränderung der Ozonkonzentration an einem Ort, wenn die Emission des betrachteten Schadstoffes um denselben Betrag geändert wird wie die Emission eines Referenz-Schadstoffes.

Ozon ist die Leitsubstanz des Sommersmogs, da es von der Konzentration und den Wirkungen her dominiert. Der Ozongehalt der Troposphäre stieg durch menschliche Aktivitäten um 36 % seit 1750. Eingeatmetes Ozon kann Schleimhäute reizen und Entzündungen hervorrufen. Deshalb warnt man auch vor sportlicher Aktivität und Belastung im Freien, der Ozonwert einen bestimmten Schwellenwert übersteigt. Symptome sind Schwindel, Kopfschmerzen und Müdigkeit. Besonders gefährdet sind Kinder, Allergiker und Asthmapatienten, gerade weil letztere ja sowieso schon Probleme mit den Atemwegen haben. Statistische Untersuchungen, auch der WHO, belegen, dass über die genannten Luftschadstoffe und die Photooxidantien eine messbare Steigerung der Mortalität entsteht, mehr hierzu im Kapitel 4.7.

5.

VERSAUERUNG VON BÖDEN UND GEWÄSSERN: Das Verbrennen fossiler Energieträger wie Kohle oder Öl setzt Stoffe wie Schwefeldioxid und Stickoxide frei, die in der Atmosphäre mit Wasser zu Säure reagieren und darüber zu einem Anstieg der Hydroniumionen-Konzentration im Regen führen. Die Säuren gelangen auf Pflanzen, Tiere, Sachgüter und in Böden. Neben den Stoffeinträgen aus Verbrennungsprozessen wirken Entnahmen von Erntegütern und Holzschlagung ebenfalls versauernd, da die Pflanzenmassen den Böden alkalische Substanzen (Calcium-, Kalium-, Magnesiumsalze) entziehen.

Die sauren Einträge führen zur Absenkung des pH-Wertes in den Umweltkompartimenten. Neben einer direkten Schädigung von Gebäuden und Denkmälern und Wäldern hat dies Folgen auf die Artenzusammensetzung, da bestimmte Organismen - Flechten, Moose, Regenwürmer, Schnecken; viele Fischarten usw. im sauren Milieu schlechter leben können. Neben den direkt betroffenen Organismen sind natürlich aufwärts in der Nahrungskette weitere Tiere betroffen, deren Nahrung abgängig ist.

Die Versauerung war in den achtziger Jahren des 20. Jahrhunderts ein Brennpunktthema, weil die Folgen optisch sichtbar waren („Waldsterben") und die Menschen emotional und direkt in ihrer Lebensqualität berührte. Es ist zweifelsohne einer der wichtigsten Erfolge der Umweltschutzpolitik in Europa, dass sich seit dem die atmosphärischen Säureeinträge im Mittel von 2,0 auf 1,0 Kilomol Säureäquivalent je Hektar und Jahr halbiert haben.[16] Abgasreinigungsanlagen in Kraftwerken und die Reduzierung des Schwefelgehaltes in Treibstoffen sind hierbei die wichtigsten Maßnahmen gewesen. Auch wenn damit Versauerung in Westeuropa nicht mehr das dringlichste Umweltproblem ist, weltweit ist es ein sehr akutes Problem und weltweite Versauerungseinträge beeinflussen auch die Situation in Europa.

6.

EUTROPHIERUNG UND GEWÄSSERVERSCHMUTZUNG: Die marinen Ökosysteme werden durch persistente Chemikalien und Nährstoffe aus Luft und Flüssen sowie Schifffahrt und Ölexploration einem extremen Stress ausgesetzt, der zu einer alarmierenden Reduzierung der Fischvorräte in den

[16] Rathkens et. al(2010), S.7 f

Weltmeeren geführt hat. Auch viele Binnengewässer sind überdüngt oder für den menschlichen Gebrauch nicht mehr vollständig geeignet. Derzeit haben etwa 1,2 Milliarden Menschen keinen permanenten Zugang zu sauberem Trinkwasser und 130 Millionen Menschen müssen sogar im täglichen Überlebenskampf nach trinkbarem Wasser suchen. In vielen Ländern liegen die Sickerverluste durch defekte Leitungen bei über 50 % der Wassermenge. Nur etwa 10 % aller Abwässer weltweit werden geklärt. Infolgedessen ist mangelnde Trinkwasserqualität die Todesursache für mehr als 5 Millionen Menschen jährlich. Heute leidet bereits ein Zehntel der Weltbevölkerung unter Wasserknappheit, im Jahr 2050 werden es Schätzungen zufolge rd. 4 Milliarden Menschen sein. Wassermangel ist in vielen Staaten ein Hemmschuh für die wirtschaftliche Entwicklung und Ursache für die Migration von Teilen der Bevölkerung bzw. für die zunehmende Landflucht.[17] Die übermäßigen Nährstoffeinträge haben auch in Europa zu Veränderungen der Gewässerqualität geführt, zahlreiche Fischarten, aber auch Mikroorganismen im Makrozoobenthos sind schlicht verschwunden oder müssen mühsam wieder angesiedelt werden.

7. und 8.

HUMANTOXIZITÄT und ÖKOTOXIZITÄT: Es gibt zahlreiche Stoffe die human- oder ökotoxisch wirken und aus menschlichen Aktivitäten in die Umwelt gelangen. Zu nennen sind Schwermetalle, halogenierte organische Substanzen, Hormone und hormonartige Stoffe, Metaboliten von Medikamenten u.v.m. Für die Anwendung bislang existierender Methoden, die Wirkung von allgemein als "giftig" bezeichneten Stoffen in eine allgemeine Skalierung zu fassen, fehlt bislang die Datengrundlage. Zu diversifiziert ist die Situationsvielfalt: Um humantoxikologische oder ökotoxikologische Wirkungen bewerten zu können, sind viele einzelne Parameter zu betrachten: Gleichzeitiges Auftreten verschiedener Giftstoffe (und dadurch bedingte Synergismen und Antagonismen), Expositionsdauer, Konzentration, Abbaubarkeit bzw. Persistenz, Metabolisierung, Akkumulationspotential usw..

Viele schädliche Stoffe reichern sich in bestimmten Umweltkompartimenten (Gewässersedimente, Fettgewebe von Tieren, Klärschlamm etc.) an und gelangen auf diversen Wegen wieder in die Nahrungskette. Die Wirkungen sind vielfältig, sie gehen vom Aussterben einzelner Spezies über Mutationen und Krebserkrankungen bis hin zu Veränderungen der Fertilität von Tieren.

---

[17] Walter/Heymann (2002) und auch Planungsamt der Bundeswehr (2012):

Berichte zur schädlichen Wirkung von Stoffen auf Mensch und Umwelt würden ein eigenes Buch füllen; an dieser Stelle soll nur festgehalten werden, dass Stoffe aus industriellen Prozessen und anderen menschlichen Aktivitäten in die Umwelt gelangen und dort immer dann eine Wirkung entfalten, wenn sie nicht sehr kurzfristig zu unschädlichen Stoffen abgebaut werden.

9.

EINGRIFF IN ÖKOSYSTEME UND LANDSCHAFTEN: Die intensive land- und forstwirtschaftliche Nutzung, die Zerschneidung und Zersiedelung von Landschaften, die Versiegelung von Flächen, Stoffeinträge und der Klimawandel beeinflussen ganze Ökosysteme und reduzieren die Artenvielfalt. Der Flächenverbrauch zeigt in allen Ländern dramatische Konsequenzen: Täglich nimmt das weltweit verfügbare Ackerland um 20.000 ha ab, auch in Deutschland sind wir von einer <u>täglichen</u> Flächenversiegelung von 87 Hektar betroffen, was schon ein Fortschritt ist, wenn man bedenkt, dass der Wert bis ca. 2004 bei 120 ha/Tag lag.[18] Zwei Milliarden ha (das sind 15 % der eisfreien Landfläche) zeigen bereits Zeichen von Degenerierung. Zu groß ist hierbei der Verlust der biologischen Vielfalt: Täglich sterben zwischen 100 und 200 Tier- und Pflanzenarten aus. Nie seit dem Ende der großen Eiszeit vor 65 Mio. Jahren hat die Welt in so kurzer Zeit so viele Spezies verloren. Besonders spürbar ist der Artenrückgang und die Reduktion der Bestände auch in den Weltmeeren; die Überfischung, der Klimawandel und die Stoffeinträge haben zur Reduzierung der Fischbestände in allen Weltmeeren geführt. Die Welternährungsorganisation FAO sagt, dass heute 85 % der kommerziell genutzten Fischbestände, darunter beispielsweise Thunfisch, Rotbarsch oder Kabeljau, als überfischt oder maximal genutzt gelten.[19]

10.

ABFALLENTSTEHUNG UND ABFALLVERBLEIB: Die Abfallentstehung - unabhängig von dem Expertenstreit ob es sich um eine eigene Umweltwirkungskategorie handelt oder nicht - ist ein schwerwiegendes Belastungsproblem für den Planeten. Abfall ist überall. In Deutschland wurde durch eine sehr rigide Gesetzgebung, die sich seit den 70er Jahren von einem Abfallgesetz nebst untergesetzlichem Regelungswerk zu einem „Kreislaufwirtschaftsgesetz" gewandelt hat, weil nach dem politischen Idealbild alle Stoffe im Kreis fließen sollen, das Abfallaufkommen mittlerweile reduziert: Die sogenannten Siedlungsabfälle, also Hausmüll, hausmüllähnliche

---

[18] D_STATIS (2012), S. 14

[19] WWF (2011)

Gewerbeabfälle, Sperrmüll, Verpackungsabfälle, Papier aus Haushalten etc. sind von 50.132.000 Tonnen im Jahr 2000 auf 48.486.000 Tonnen im Jahr 2010 leicht gesunken. Der eigentliche „Hausmüll“ in diesen Abfällen ist im gleichen Zeitraum von 18.030.000 auf 14.558.000 Tonnen gesunken, das sind aber immer noch 182 kg pro Bürger und Jahr, das heißt jeder Deutsche schmeißt am Tag ca. eine halbes kg Material einfach auf den Müll. Unfassbare 359.387.000 Tonnen bzw. 4,5 Tonnen pro Bürger beträgt das jährliche Gesamtabfallaufkommen in Deutschland, das ist die Summe der Siedlungsabfälle plus Abfälle aus dem produzierenden Gewerbe, Abfälle aus Bergbau und aus Bauvorhaben.[20]

87 % der Verpackungen werden in Deutschland verwertet, 1992 waren es nur 33 %. Global jedoch ist das Abfall-Problem deutlich größer: Schon in den europäischen Partnerländern wie Frankreich und Griechenland dümpelt die Abfall-Verwertungsquote um die 20 %, in Bulgarien waren es 2011 knapp über 0 %. Die Dramatik lässt sich am besten in Zahlen und Beispielen verdeutlichen: „Ein Drittel der vermeintlichen Sandkörner an vielen britischen Stränden sind tatsächlich kleingewaschenes Plastik. 1,3 Milliarden Tonnen Lebensmittel verderben im Jahr auf der Welt, das ist fast ein Drittel der Produktion. Je Quadratkilometer der Ozeane schwimmen im Schnitt ca. 46.000 Stücke Plastikmüll; in Muscheln und toten Seevögeln findet man diese Partikel wieder. Allein in Deutschland fallen pro Jahr 600.000 Tonnen Elektroschrott an, nicht einmal die Hälfte wird im tatsächlichen Sinne recycelt.“[21] Abfallaufkommen ist ein vielschichtiges Problem, was eng in andere Umweltwirkungskategorien hineinkoppelt: Abfallentstehung und Abfallbeseitigung bedeuten gleichzeitig auch immer einen Verbrauch endlicher Ressourcen. Abfälle haben neben dem ästhetischen Aspekt der sichtbaren Verschmutzung und der Beeinträchtigung besonders der Tierwelt oft auch eine human- oder ökotoxische Bedeutung und selbst die gewünschte Abfallverwertung zieht den Verbrauch von Energie und die Emission von Abgasen nach sich. Eine abfallvermeidende Wirtschafts- und Lebensweise zeichnet sich überhaupt noch nicht ab.

2.2 Ungleiche Verteilung der Ressourcenverbräuche

Neben den beschriebenen Umweltveränderungen in den erwähnten zehn Wirkungskategorien zeitigen unsere Lebensstile und unsere Wirtschaftsweise

---

[20] IDW (2012), S.98

[21] Grossarth/Pennekamp (2013)

aber auch ökonomische und soziale Probleme. Diese resultieren nach meiner Überzeugung aus der Ungleichverteilung des Verbrauchs (natürlicher) endlicher Ressourcen: Jedes Leben induziert über den Stoffwechsel einen gewissen Verbrauch von natürlichen Ressourcen. Der stoffliche Umsatz des Menschen - also beispielsweise eines steinzeitlichen Jägers - beträgt durch Nahrungsaufnahme, Atmung und Transpiration etwa 800 kg pro Jahr. Mit jedem Zivilisationsschritt hat der Mensch weitere Ressourcenverbräuche induziert, beginnend mit dem Gebrauch von steinzeitlichen Waffen, Bekleidung, die Nutzung von Hütten und späteren Gebäuden, den Ackerbau und die Nutzung mineralischer Rohstoffe. Es gibt heutzutage auf der Erde keine größere Gesellschaftsform mehr, die mit einem Stoffumsatz von unter einer Tonne auskommt, in einer oft zitierten Studie des Stoffwechsels der Bewohner eines indischen Dorfes beträgt dieser z.B. bereits 2 bis 5 Tonnen pro Jahr und ist somit das drei- bis sechsfache des „biologisch notwendigen" Stoffwechsels.[22] Jedes Mitglied unserer modernen Industriegesellschaften hat jedoch einen Materialbedarf, der nach verschiedenen Untersuchungen das 50- bis 80-fache des biologisch unerlässlichen Niveaus beträgt, nämlich etwa 40-70 Tonnen (ohne Wasser und Luft). Auch hier liegt auf der Hand, dass die Menge des Verbrauchs und der Ort, an dem die natürlichen Ressourcen verbraucht werden, weltweit sehr asymmetrisch verteilt sind.

Ernst Ulrich von Weizsäcker und sein Team haben in ihrem Buch „Fair Future" diese Asymmetrie in Zahlen gefasst:

- Fossile Energieträger: Die Industrieländer mit 15 % der Weltbevölkerung verfügen über 5,2 % der Erdölreserven und 8,4 % der Erdgasreserven der Welt, aber sie verbrauchen 51,4 und 50,5 % der jeweiligen Energieträger; lediglich beim Energieträger Kohle ist mit 40,8 % des Verbrauchs und 41,3 % der Reserven die Besitz/Bedarf-Bilanz in etwa ausgeglichen. Auch innerhalb der Industrieländer ist der Verhaltensunterschied erheblich, beispielsweise verbraucht ein US-Amerikaner - bei in etwa gleichem Wohlstandsniveau - im Durchschnitt deutlich mehr als doppelt so viel Trinkwasser und emittiert fast doppelt so viel CO_2 wie ein Deutscher.
- Mineralische Rohstoffe: Die Industrieländer verfügen über 20,5 % der Eisenerzreserven der Welt. Die EU15, Japan und die USA haben gemeinsam einen Anteil an 8 % der Eisenerzproduktion, aber einen inländischen Stahlverbrauch von 42 % des Weltverbrauchs. Die

[22] Mehta/Winiwarter (1997))

Industrieländer verfügen über 19,8 % der Bauxitreserven der Welt. Aber die EU15, Japan und die USA produzieren keinerlei Bauxit, obwohl sie einen inländischen Anteil von 51 % am Primäraluminiumverbrauch der Welt haben. Die Reihe lässt sich lange fortführen: Von Kupfer (31 % inländischer Verbrauch durch die EU15, Japan und die USA gegenüber einem Anteil von 11 % an der Minenproduktion) über Blei (57 % inländischer Verbrauch gegenüber 22 % Minenproduktion) bis zum Nickel (64 % inländischer Verbrauch gegenüber 2 % Minenproduktion). Bei allen mineralischen Rohstoffen, die wir zum Erhalt unserer Wirtschaftskreisläufe benötigen, übersteigt der Verbrauch der Industriestaaten sowohl die eigene Rohstoffproduktion als auch die eigenen Reserven.

- Im Sektor des Verbrauchs von pflanzlichen und tierischen Produkten ist zwar die Verbrauch- / Erzeugungsbilanz etwas ausgeglichener, aber auch hier verbrauchen die 15 % der Weltbevölkerung, die in den Industrieländern wohnen, überproportional viel: 35,9 % des Weltfleischverbrauchs, 30,1 % des Fisch/Meeresfrüchteverbrauchs, 59,9 % des Kakaos, 27,1 % der Früchte und 27,8 % des Getreideverbrauchs gehen auf das Verbraucherverhalten des kleineren, privilegierten Teils der Weltbevölkerung.

Managern, die sich für einzelne Rohstoffe Ihrer Märkte ein genaueres Bild machen wollen, liefert der Bericht des Wuppertal-Instituts, aus dem diese Zahlen zitiert sind, einen guten Gesamtüberblick mit vielen detaillierten Werten.[23]

Besonders drastisch wird die Ungleichverteilung der Umweltbelastungen auch am Beitrag zum Treibhauseffekt: Durchschnittlich stößt ein Erdenbürger jährlich ca. 4 bis 4,5 Tonnen CO_2 aus. Während wir in Deutschland jedoch - bedingt durch unser Konsumniveau und den Energieverbrauch - einen überdurchschnittlichen Beitrag von etwa 11,5 Tonnen CO_2 pro Kopf und Jahr haben und die US-Amerikaner sogar über 20 Tonnen, ist der Beitrag der Bürger in den ärmeren Ländern weit weniger als der Durchschnitt von 4 Tonnen. Das Gleichverteilungsziel „One person - one emissionright“ liegt in weiter Ferne.

Auch vom sozialen Gesichtspunkt ist die Ungleichverteilung mehr als unfair: Wenn, wie in den letzten Jahren erfolgt und oft beklagt, die Preise für fossile Energieträger deutlich steigen, dann steigen sie weltweit, denn Öl und Gas

[23] Weizsäcker et al. (2007)S. 51 –66.

sind ein Commodity mit Preisbildung auf dem Weltmarkt. Eine Preissteigerung von z.B. 0,1 US-$ pro Liter Diesel trifft aber die armen Weltbürger deutlich härter als uns: Für einen Deutschen bedeutet das, dass er eventuell in der Woche ein Bier weniger trinken kann, ein afrikanischer Kleinbauer kann seine Ernte nicht mehr zum Markt fahren, weil die wenigen Dollar in der Woche seine schmale Marge aufzehren: Ein US-$ hat in einem afrikanischen Land eine viel höhere Kaufkraftparität als bei uns.

Unser aktueller Lebensstil gleicht einem Wahnwitz: Wir kämen mit unter einer Tonne Stoffumsatz im Jahr aus. Das wäre zugegebenermaßen unbequem und ohne jeden Komfort. Mit zwei bis fünf Tonnen ließe sich einigermaßen bequem leben, aber für die EU wird geschätzt, dass der Stoffverbrauch ca. 50 Tonnen pro Kopf und Jahr beträgt, wobei sich der Ort, an welchem der Stoffverbrauch induziert wird, sich seit Jahren mehr und mehr auf die Seite der Länder verschiebt, aus denen die EU ihre Waren importiert - also in die Länder, in denen Erze, fossile Brennstoffe und Mineralien abgebaut werden. Das Verrückte dabei ist, dass zahlreiche der Stoffumsätze im eigentlichen Sinne unnötig sind. Natürlich wird und soll niemand auf eine geheizte Wohnung verzichten - aber wo früher eine Familie auf 80 m^2 lebte, wohnt heute ein Single und der heizt aus reiner Bequemlichkeit die gesamte Fläche und dies noch dazu mit einem ineffizienten System. Jeder von uns hat hunderte von Gegenständen im Haushalt, die er weder benötigt noch nutzt: Textilien, Werbegeschenke, sinnlose Mitbringsel, Gläser, Kunststoffartikel u.v.m. Wir nutzen zahllose Gegenstände für eine sehr begrenzte Zeit, dann werfen wir sie weg und beschaffen sie neu, wo noch vor zwei Generationen ein gleicher Gegenstand für Jahr genutzt wurde. „Neu" gilt als schick, modern und dem „lifestyle" entsprechend, alt und langlebig gilt bis auf wenige Ausnahmen als „out". Jeder einzelne dieser Artikel wurde mit Energie- und Stoffaufwand produziert, alles ist permanent und zu jeder Zeit verfügbar, egal ob dies Sinn ergibt oder notwendig ist, wir essen frische Himbeeren im Winter und frische Äpfel im Frühjahr, egal ob gerade Saison ist oder das konsumierte Gut mit hohem Energieaufwand vom anderen Ende der Welt importiert wird.

Statistisch beträgt der vorbeschaltete Stoffstrom das fünffache Gewicht des importierten Gutes. Eine Tonne Import hinterlässt also durchschnittlich fünf Tonnen an Bergbauabfällen, Emissionen und Erosionen im exportierenden Land. Dieses Verhältnis hat sich in den vergangenen 25 Jahren mehr als verdoppelt, bei importierten Erzen sogar von 4 auf 16 Tonnen (weil die gestiegenen Preise für Rohstoffe und neue Technologien Abbautechniken wirtschaftlich machten, die mehr Taubmaterial und mehr Verkehr induzierten). Bei den Importen aus Entwicklungsländern hat sich der vorgeschaltete Stoffstrom deutlich erhöht, während die tatsächlich importierten Warenmengen (Eigengewicht) ungefähr konstant geblieben sind. Auch dies deutet darauf hin, dass die Gewinnung unserer Rohstoffe immer aufwendiger wird, mehr Bergbauabfälle entstehen und mehr Energie aufgewendet werden muss. Die Analysen der induzierten Stoffströme unserer Importe machen deutlich, dass Umweltbelastungen im Zusammenhang mit Rohstoffgewinnung zunehmend aus der EU ausgelagert werden.[24] Dieser Befund beschreibt leider keinen stabilen Zustand, sondern der Trend setzt sich fort: Die Industriestaaten steigern den Anteil der besonders aufwandintensiver Güter an ihren Importen fortwährend, die EU belastet die Herkunftsländer damit ökologisch deutlich höher als sich selber.

Paradoxerweise ist es den Industrieländern gelungen, in wesentlichen Umweltwirkungskategorien Fortschritte zu erreichen: Die Verschmutzung von Gewässern und Böden, das Aufkommen besonders gefährlicher Abfälle, die Emissionen von giftigen Stoffen in die Luft und in einigen Sektoren und Ländern auch der Energieverbrauch sind deutlich verringert worden. Die Verbesserungen wurden aber zum großen Teil durch eine Verlagerung der Lasten erreicht. Auch Institutionen, die nicht im Verdacht stehen dürften, zur dogmatisch geprägten Ecke der fundamentalistischen Umweltidealisten zu stehen, haben dieses Dilemma klar benannt. So veröffentlichte die Deutsche Bank Research bereits 2002: *„Grundsätzlich ist zu konstatieren, dass in den letzten dreißig Jahren in vielen Ländern und Sektoren schon beachtenswerte Fortschritte in Sachen Umweltschutz gemacht worden sind. Dies gilt beispielsweise für die höhere Energieeffizienz in der Industrie, so dass in einigen wenigen (Industrie-) Ländern schon von einer Entkopplung des Wirtschaftswachstums vom Energieverbrauch gesprochen werden kann. Auch im Verkehrssektor ist die Energieeffizienz durch die Entwicklung verbrauchsärmerer Fahrzeuge kontinuierlich gestiegen (nur leider durch erhöhtes Verkehrsaufkommen und gegenläufiges Verbraucherverhalten gegenkompensiert worden, Anm. des Autors). Positiv zu erwähnen sind ferner der international abgestimmte Verzicht auf FCKW-basierte Treibgase, deren Verwendung zu einer Schädigung der Ozonschicht führt, die Erfolge im Gewässerschutz dank erheblich verringerter Schadstoffeinträge sowie der sparsamere Umgang mit Wasser, die Verbesserungen in der Abfallbeseitigung*

---

[24] Weizsäcker et al. (2007), S. 69

durch neue Technologien oder der Aufbau von geschlossenen Stoffkreisläufen für viele Produkte und Rohstoffe. Die hier genannten Erfolge wurden durch den Einsatz verschiedener (umwelt-) politischer Instrumente herbeigeführt. Beispielsweise hat die deutsche Industrie ihren Ausstoß von Treibhausgasen auf der Basis sogenannter freiwilliger Selbstverpflichtungen - ein Instrument, das typisch für Deutschland und in anderen Ländern weitgehend unbekannt ist - in den 90er Jahren kontinuierlich verringert, wenngleich ein großer Teil der Reduktion auf den Zusammenbruch der ostdeutschen Industrie nach der Wiedervereinigung zurückzuführen ist. Daneben haben ordnungsrechtliche Instrumente (Gebote, Auflagen, Verbote) und Steuern/ Abgaben zwanghaft oder über den Preismechanismus zu einem sparsameren Umgang mit knappen Ressourcen geführt. Bislang sind die Erfolge im Umweltschutz fast ausschließlich auf die reifen und reichen Industrieländer beschränkt. Das liegt nahe, denn erstens muss sich ein Land den Schutz der Umwelt leisten können, und zweitens haben in den meisten Schwellen- und Entwicklungsländern (scheinbar) dringendere Probleme höhere Priorität, da Umweltschutz in der Regel kein Kurzfristprojekt ist und einzelne Gefahren, wie die sich abzeichnende Erwärmung der Erdatmosphäre, nicht unmittelbar negativ spür- oder sichtbar sind. Gleichzeitig sind viele Entwicklungsländer kurzfristig darauf angewiesen, durch den Verkauf ihrer (endlichen) Rohstoffe ausreichende Deviseneinnahmen zu erzielen, um wirtschaftlich zu überleben. Dass eine solche Strategie langfristig nicht erfolgversprechend ist - nicht nachhaltig ist! - wird wegen kurzfristiger Sachzwänge verdrängt."[25]

Dazu kommt, dass zahlreiche Staaten versuchen, bezüglich ihres Wohlstandsniveaus (und damit ihres Konsumverhaltens) zu den Industrieländern aufzuschließen. Der damit verbundene Rohstoffverbrauch und der Bedarf nach Fleisch, Elektrifizierung und Mobilität heben den Verbrauch an Material, Energie und Fläche immer weiter an.

Die Aufzählung der Veränderungen unserer Umwelt und der Ungleichverteilung der Stoffverbräuche suggeriert eine rein technisch-naturwissenschaftliche Dimension des Problems, welches de facto in den Auswirkungen jedoch vielschichtiger und facettenreicher ist. Die technisch-naturwissenschaftliche Betrachtungsweise verhindert zudem für viele Wirtschaftende den Blick auf die ökonomische und soziale Dimension: Die globalen Umweltveränderungen und die prosperierende Wirtschaft in den Industrienationen und den Wachstumsländern gefährden nicht nur die

---

[25] Walter/Heymann (2002) S. 3-4

belebte Umwelt und hinterlassen unseren Kindern ein schweres Erbe. Sie gefährden sowohl den interstaatlichen Frieden (z.B. durch kriegerische Auseinandersetzungen um Wasser und um endliche Ressourcen wie fossile Energieträger) als auch den sozialen Frieden innerhalb der Staaten. Auch die Heranführung der Schwellen- und Entwicklungsländer auf unser Wohlstandsniveau bei einem nicht reduzierten Rohstoffverbrauch mit der beschriebenen schlechten Ressourceneffizienz ist mit den zur Verfügung stehenden Ressourcen gar nicht zu machen und führt ebenfalls zu Konflikten um die Rohstoffe.

Nach meiner persönlichen Einschätzung sind Unruhen, wie wir sie 2005 in Frankreich und seit 2011 in den Krisenstaaten wie Griechenland, aber auch in England gesehen haben, ebenfalls Auswirkung einer nicht nachhaltigen Wirtschaftsweise und nur der Beginn einer Entwicklung, die nicht positiv sein kann. Erst die Einbeziehung auch dieser Wirtschaftsauswirkungen führt zu allen drei oben erwähnten Dimensionen der Nachhaltigkeit, nämlich Ressourcengerechtigkeit, Gerechtigkeit gegenüber künftigen Generationen und Gerechtigkeit gegenüber den ärmeren und schwächeren Teilen der heute lebenden Gesellschaft.

2.3 Die Rahmenbedingungen für geschäftlichen Erfolg verändern sich – was müssen Unternehmen erwarten?

Ich bin der festen Überzeugung, dass das beschriebene Modell mit einer Wirtschaftsweise, die zum einen die Umwelt stark belastet und zum anderen auf einem asymmetrischen und im Weltmaßstab ungerechten Ressourcenverbrauch basiert, ein Auslaufmodell ist.

Was meinen Sie, wie lange es die „Benachteiligten" dieses Systems noch akzeptieren werden, benachteiligt und übervorteilt zu werden?

Was glauben Sie, wie viele Menschen auch in den Industriestaaten bereit sind, für ein gerechteres, zukunftsfähigeres und sichereres System Verhaltensänderungen zu akzeptieren? Eine kleine Gruppe grüner Fundamentalisten oder eine wachsende Gruppe aufgeklärter Konsumenten?

Die reine Logik, ein einfaches Nachdenken über die Tatsache, dass der Wohlstand, den wir haben auf einem übermäßigen (und global ungerecht verteilten) Verbrauch endlicher Ressourcen basiert, führt zu dem Schluss, dass über kurz oder lang diese Wirtschaftsweise endlich sein muss. Entweder wir steuern auf einen extremen Crash zu, nach welchem es vielen Menschen sehr viel schlechter gehen muss, oder das System wandelt sich langsam in

Richtung einer nachhaltigeren, zukunftsfähigen Wirtschaftsweise, die weniger ressourcenintensiv und fairer gegenüber der Umwelt und den zukünftigen Generationen ist und die alle im „hier und jetzt" Lebenden eine vergleichbare Teilhabe auf ungefähr gleichem Niveau ermöglicht.

Ich meine, die Veränderungen gehen schneller als viele Menschen heute glauben, und ich sehe vier wesentliche „Treiber" bei der Veränderung des bestehenden Wirtschaftsmodells:

1. Die beschriebenen Umweltveränderungen und die Ressourcenknappheit als solche, die zu Rohstoffengpässen, Verteuerungen und lokal bzw. regional nicht mehr akzeptierten Zuständen führen;
2. Politische Vorgaben und internationale Vereinbarungen im Rahmen einer nachhaltigen Entwicklung in den Industriestaaten, allen voran Europa, die auf die Umweltveränderungen und die Ressourcenknappheit eingehen;
3. Ein steigendes Bewusstsein für die beschriebenen Probleme zum einen bei einer aufgeklärten, nachhaltig denkenden Konsumentenschicht in den Industrienationen, aber auch in den Führungsebenen von Unternehmen;
4. Bewusstseinsbildung und Aufklärung in den Schwellenländern und den rohstoffreichen, aber bis dato noch ausgebeuteten Ländern, deren Bürger sich die beschriebene Asymmetrie der Ressourcenverteilung nicht länger werden gefallen lassen.

Bedingt durch diese vier Treiber werden sich die Rahmenbedingungen allen wirtschaftlichen Handelns dramatischer verändern, als viele Manager es heute erwarten.

Die beschriebenen Effekte werden Rohstoffe teurer machen, Verkehrswege und Transportstrecken, die heute noch lohnen, unrentabel machen, Technologien, die heute unrentabel sind, in Vorteil setzen und vieles mehr. Unternehmen müssen damit rechnen, dass der wichtigste Gradmesser für nachhaltige Entwicklungsprozesse in den Industrieländern die Entkopplung von Wirtschaftswachstum und Umweltverbrauch ist. Dies setzt vor allem entsprechende Rahmenbedingungen für den technischen Fortschritt voraus sowie die Mobilisierung von Investitionskapital zur Modernisierung und Erweiterung der Umweltschutz-Infrastruktur. Deutschland wird Know-how für nachhaltiges Wirtschaften weltweit und vor allem in Entwicklungsländer exportieren.[26]

Das Verbraucherverhalten wird sich ändern, Produkte, die heute gut laufen, werden nicht mehr nachgefragt sein und andere Produkte und Dienstleistungen, an deren Erfolg niemand glaubt, kommen schnell in den Markt. Unternehmen, die die Trends erkennen und ihre Wertschöpfungsprozesse, ihr Produktangebot und ihr Marketing hierauf einstellen, werden die Gewinner von morgen sein.

Ohne Anspruch auf Vollständigkeit möchte ich in den folgenden Absätzen skizzieren, welche Veränderungen ich aus den benannten „Treibern“ Nummer 1 und 2, also den Umweltveränderungen, der Ressourcenverknappung und den daraus resultierenden politischen Vorgaben erwarte.

a) Wir werden Energie- und Rohstoffpreise sehen, die vor einigen Jahren niemand erwartet hätte. In den neunziger Jahren philosophierten die GRÜNEN über einen Benzinpreis von fünf Deutschen Mark je Liter und alle hielten sie für Spinner. 70 % dieses Preises haben wir zwischenzeitlich erreicht. Die Preise für fossile Energieträger werden innerhalb der nächsten Jahrzehnte zwar weiter Schwankungen unterliegen (wie 2014/15 aus geopolitischen Gründen), weil es sich um ein Commodity handelt, jedoch wird die Durchschnittslinie der Preiskurve kontinuierlich steigen. Auguren, die meinen, dass durch die steigenden Preise neue Technologien attraktiv werden (z.B. Fracking) und Lagerstätten erschließbar werden, die heute noch nicht wirtschaftlich zu explorieren sind, werden irren oder nur teilweise recht haben: Am langen Ende sind diese Techniken so aufwändig und mit so viel Kollateralkosten verknüpft, dass sie keine Trendwende bringen können. Nur Unternehmen, denen es gelingt, ihre Wertschöpfungsketten deutlich weniger energieintensiv zu gestalten, werden wettbewerbsfähig bleiben. Energieeffizienz und Energiemanagementsysteme sind die einzigen wirksamen Methoden, diesem Trend langfristig zu begegnen.

b) Der Umstieg zu regenerativen Energien wird kein deutsches bzw. europäisches Phänomen bleiben; die Energiewende wird vielerorts schneller erfolgen als erwartet. Ein wesentlicher Aspekt hierbei wird sein, dass die Energiewende auch eine immense Chance für Teilhabe ist, weil dezentrale Energieerzeugung durch Bürger, Genossen-

[26] Voss (1997)

schaften und Fonds eine wichtige Säule der Energiewende sein können (wenn auch große Energiekonzerne weiter eine Rolle spielen werden). Weiterhin wird aktuell viel zu wenig beachtet, dass mit jeder inländisch erzeugten Megawattstunde mehr Geld für Binnenkonsum, Bildung oder Infrastrukturinvestitionen zur Verfügung steht, weil Europa bislang ein deutlicher Energie-Nettoimporteur ist.

c) Mit den beschriebenen Effekten werden Transportprozesse so teuer, dass das Näheprinzip wieder zum Vorteil wird und mehr regionale als globale Produkte konsumiert werden und damit auch Unternehmen ihre Sourcing-Prozesse regionaler gestalten werden müssen.

d) Der gleiche Trend wie für Energieträger gilt auch für andere Rohstoffe wie seltene Erden, Nebengruppenmetalle, Phosphate u.v.m., aber auch für nachwachsende Rohstoffe, deren Verbrauch aktuell höher ist als die Nachwuchsmenge. Auch ein scheinbar banaler Allerweltsstoff wie Sand ist auf Grund des weltweiten Baubooms zu einer knappen Ressource geworden, die auf die Dauer nur unter erheblichen Umweltbelastungen und durch Naturzerstörung in gleichem Umfang wie bisher zu gewinnen ist. Nur die Entkopplung von der Rohstoffintensität kann für Unternehmen langfristig zukunftsfähig sein. Wie das geht, werde ich in Kapitel 4.1 und Kapitel 6 erörtern.

e) Wegen der steigenden Energie- und Rohstoffpreise werden regulative Instrumente durch die Politik und durch internationale Vereinbarungen implementiert werden, um die Energie- und Rohstoffintensität zu reduzieren. Diese Regulativen werden in Zukunft eingesetzt werden, weil die Legislative nicht auf die Selbstheilungskräfte der Märkte und der Unternehmen vertraut und - leider vermutlich zu Recht - der Meinung ist, ohne Regulative seien die Ziele nicht zu erreichen. Bereits heute ermöglicht die europäische Abfallgesetzgebung, dass für ausgewählte Produkte eine abfall- und schadstoffarme Produktgestaltung verordnet werden kann ebenso wie die Verpflichtung der Hersteller, diese Produkte nach dem Ende der Lebensdauer zwecks Verwertung zurückzunehmen. Realisiert wurde dies zum Beispiel bereits für Elektrogeräte, ich erwarte dies auch für viele andere Produktguppen. Details hierzu lesen Sie im Kapitel 6 „Produktverantwortung: Produkte und Dienstleistungen in nachhaltig gemanagten Unternehmen“. Ich erwarte des Weiteren, dass die ordnungspolitischen Regelungen Komponenten der Konsistenz und Suffizienz enthalten (also Begrenzungsinstrumente absoluter

Verbrauchsmengen), um den Rebound- und Backfireeffekten entgegenzuwirken, die leider meist auf Effizienzgewinne folgen (Hiermit ist gemeint, dass Effizienzgewinne meist mit Preissenkungen einhergehen, die dann wieder zu mehr Konsum führen). Um dem entgegenzuwirken werden vermutlich - trotz aller damit verbundenen Probleme - Limits des absoluten Verbrauchs erforderlich sein. Erste Suffizienzkriterien haben übrigens mit den nationalen Emissionshöchstmengenbegrenzungen für Luftschadstoffe bereits juristischen Raum gefunden, ganz neu wäre dies also nicht.

f) Ein weiteres regulatives Instrument, welches ich prognostiziere, ist eine Gesetzesinitiative zur Reduzierung der Kohlenstoffintensität unserer Lebensstile. Man spricht von „Dekarbonisierung". Das Wort Dekarbonisierung ist als solches eigentlich Unsinn, da Kohlenstoff, also Carbon, chemisches Zentralelement aller organischen Vorgänge und damit lebensnotwendig ist; gemeint ist, dass unsere Wertschöpfung weniger auf Ausbeutung fossiler Kohlenstoffträger basieren sollte. Aktuell emittiert jeder Bundesbürger ca. 11 Tonnen CO_2 pro Jahr, in anderen Ländern ist es deutlich mehr (USA, Australien) oder auch viel weniger (Entwicklungsländer). Bereits heute haben die größten Emittenten von Kohlendioxid - in Deutschland betrifft das ca. 1850 Unternehmen - für CO_2 Emissionsberechtigungen zu erwerben und am Treibhausgashandel teilzunehmen. Ziel ist hierbei, dass sich Investitionen in eine weniger Treibhausgas emittierende Produktion besser rentieren, weil die nicht mehr benötigten Emissionsberechtigungen veräußert werden können (mehr Details hierzu im Kapitel 4.5). Ich glaube jedoch, dass sich dieses noch nicht hinreichend wirksame Instrument in das Privatleben der Konsumenten ausbreiten wird und dass spätestens um 2030 jeder Bürger eine „Treibhauseffekterklärung" mit seiner Steuererklärung wird abgeben müssen. Das technische Instrumentarium dazu wäre heute bereits vorhanden: Jeder hätte eine Chipkarte dabei, ohne welche er keine Energieträger an der Tankstelle und keine Nahrungsmittel oder andere Konsumgüter und keine Transportleistungen erwerben kann. Bei Bezahlung der Güter oder Tickets werden auf der Karte die Beiträge zum Treibhauseffekt gebucht. Für Nahrungsmittel wären die THG-Werte mit dem Preis auf dem Etikett hinterlegt und würden saldiert, wenn das Etikett an der Kasse elektronisch eingelesen wird. Die Methodik, für jedes Produkt einen CO_2-Wert zu hinterlegen ist theoretisch bereits heute vorhanden. Was aktuell allerdings fehlt ist das Rahmenwerk zur Einhaltung gleicher Regeln, da natürlich die Erhebungsmethode harmonisiert sein müsste. Am Jahresende wird die „Treibhauseffekterklärung" mit der Steuererklärung abgegeben. Wer mehr Treibhausgase emittiert hat, als ihm im Durchschnitt zustehen, zahlt ein Aufgeld, das ähnlich der Steuerprogression mit der Mehremission immer steiler wächst. Der Erwerb weniger treibhausgasintensiver Güter würde damit attraktiver, weil der Konsument sich natürlich dreimal überlegen würde, ob er einen Artikel kauft, der sein CO_2-Konto stark belastet oder zu einer Alternative greift, die weniger CO_2-Äquivalente hat. Besonders sinnfällig wäre es, wenn das „Aufgeld" der Bürger mit einem besonders treibhausgasintensiven Lebensstil nicht die Kassen des Staates füllt, sondern an die Bürger umverteilt würde, die weniger emittiert haben als der Durchschnitt, weil damit gleichzeitig ein sozialer Effekt erreicht würde. Die sogenannte „Dekarbonisierung" der Wertschöpfungsketten würde damit einhergehen. Ob es genau so oder anders organisiert wird lässt sich natürlich nicht sicher sagen, aber regulative Instrumente zur Bildung von Anreizen für weniger kohlenstoffintensives Handeln sind zu erwarten.

g) Neben diesen Instrumenten erwarte ich weitere „Ökosteuern" bzw. Verschmutzungsabgaben und Pflichtrücknahmen für besonders umweltbelastende Güter oder Dienstleistungen. Für Verpackungen kennen wir alle bereits ein ähnlich geartetes System, wenn auch nicht in Form einer Steuer, sondern durch eine Pflichtteilnahme an einem Rücknahmesystem; auch für Autos, Elektrogeräte und Batterien ist dies bereits Realität. Produktrücknahmeverpflichtungen und recyclinggerechte Konstruktionsvorgaben werden nach meiner Einschätzung noch ausgebaut werden und auf andere Produktgruppen ausgedehnt werden. Der Rechtsrahmen ist im Kreislaufwirtschaftsgesetz und der europäischen Abfallrahmenrichtlinie bereits vorhanden.

h) Viel mehr als heute wird die Langlebigkeit und Reparaturfreundlichkeit von Waren und Gütern eine Rolle als Kauffaktor spielen. Wo heute noch weggeworfen und ersetzt wird, wird künftig das Unternehmen reüssieren, welches entweder ein solides, langlebiges Produkt bietet oder einen kundenfreundlichen

After-Sales-Service bieten kann, der Reparatur als Bestandteil des Produktlebens möglich macht oder das verschlissene Produkt zurücknimmt, aufarbeitet und dem Kunden sofort ein bereits aufgearbeitetes als Ersatz stellt. Neu ist das nicht, der amerikanische IT-Hersteller Hewlett-Packard hat das zum Beispiel sehr lange für hochwertige Drucker genauso praktiziert. Ging der Drucker kaputt, bekam der Kunde einen „runderneuerten", sein defektes Gerät wurde aufgearbeitet und dann dem nächsten Kunden hingestellt, dessen Drucker defekt war. Wenn die Marge für das Unternehmen durch Verkauf plus Produktpflege genauso hoch ist wie durch Verkauf und Ersatzverkauf nach Defekt des ersten Produktes, dann ist dies auch ökonomisch kein Verlust, sondern ein Gewinn durch Kundenbindung, denn der Ersatzkauf könnte ja auch beim Wettbewerb stattfinden. Dieses Prinzip der langlebigen Produkte wird eine Renaissance erleben.

i) Weiterhin glaube ich fest, dass es Konsum- und Handelsschranken geben wird, zum Beispiel für bestimmte Früchte außerhalb der Saison. Es stellt sich tatsächlich die Frage, ob zum Seligsein dazu gehört, im Januar in deutschen Supermärkten frische Himbeeren und Erdbeeren kaufen zu können. Ich meine, dass die Legislative hier mehr Schranken aufbauen wird und es ganz konkrete Produktverbote geben wird.

j) Viele Stoffe - besonders toxische wie bestimmte Schwermetalle oder Stoffe mit einem hohen Beitrag zu anderen Wirkungskategorien (z.B. organische Lösemittel wegen Ihrer Photooxidantienwirkung) werden in bestimmen Produkten komplett verboten werden. In Elektrogeräten und Autos ist derartiges bereits realisiert worden, bei anderen Produktgruppen wird dies noch erfolgen. Ein prägnantes Beispiel ist die Reduktion der Kohlenwasserstoffemissionen im Fahrzeuginnenraum nach den kalifornischen CARB-Richtlinien, der zu vollständig entfetteten Teilen und zu komplett umkonzipierten Kunststoffen mit weniger Emissionen führte. Gleiches erwarte ich für viele andere Produkte.

k) Darüber hinaus erwarte ich eine gesetzlich verordnete Volldeklaration von Produkten und Gütern. Es wird nicht nur gesetzlich verordnet, sondern von Konsumenten verlangt werden, dass bis zum einzelnen Gramm die Zusammensetzung von Gütern auf dem Etikett oder der Produktbeschreibung bekannt gegeben werden muss und zusätzlich die quantifizierte Darstellung sämtlicher ökologischer Belastungen durch den zum Kauf stehenden Artikel erfolgt. Hierzu zählen der Water Footprint, der Carbon Footprint aber auch andere Werte; Details hierzu folgen in den Kapiteln 4.4 und 4.5.

l) Viel mehr als in den heute vorhandenen Ansätzen wird das Nachhaltigkeits-Image von Unternehmen Erfolgsfaktor werden. Die Umweltleistung (also die Fähigkeit, die Umwelt bei Herstellung und Vertrieb der Produkte und Dienstleistungen so wenig wie möglich zu belasten) und die Sozialleistung (also die Fähigkeit, nicht nur ein guter, sozialer Arbeitgeber, sondern auch gerechter und fairer Marktteilnehmer zu sein) werden gemessen und quantifiziert publiziert werden. Ich prognostiziere, dass es um das Jahr 2025 völlig normal sein wird, dass sowohl der Konsument im B2C-Geschäft als auch der Kunde im B2B-Geschäft die Umwelt- und Sozialleistung des Herstellers bzw. Lieferanten gleichberechtigt neben dem Preis für seine Kaufentscheidung heranzieht und hierfür alle Informationen „on demand" via Internet noch im Kaufladen abfragen kann.

m) Die Umweltsituation und das Nachhaltigkeitsverhalten werden in einer viel stärkeren Form als bislang Bestandteil der Bonitätsprüfungen von Banken werden - wer Kredit bekommen will, wird belegen müssen, dass er nachhaltig wirtschaftet.

n) Versicherungen - und besonders Rückversicherer - werden nach viel schärferen Regularien verlangen, da die Zahlungen nach klimainduzierten Naturkatastrophen zu hoch sind. In der Konsequenz werden sie nachhaltiges und umweltfreundliches Verhalten viel mehr als bislang in der Prämiengestaltung berücksichtigen. Unternehmen, die Versicherungsschutz wollen, werden ihre Nachhaltigkeit belegen müssen.

Wenn Sie die Aufzählung meiner Prognosen lesen und nun glauben „der Mann ist ein Spinner", dann legen Sie dieses Buch bitte trotzdem nicht zur Seite. Vielleicht - oder sogar wahrscheinlich - werde ich nicht in jedem einzelnen Punkt Recht behalten. Aber Hand auf Herz, wer von uns hätte vor 30 Jahren an alles geglaubt, was jetzt bereits Realität ist: Den Ausstieg aus der Kernkraft, die Energiewende, den kompletten Abschied von der Deponierung von Abfällen mit einem Glühverlust von über 5%, die Verpackungsverordnung, die bereits bestehenden Stoffverbote für viele toxische Substanzen, die Ökodesignrichtlinien der EU, die Rücknahmeverpflichtungen für Altfahrzeuge und Elektrogeräte? Nur ein Bruchteil von uns hätte diese heute bereits realisierten Instrumente im Jahr 1985 für realistische Szenarien gehalten. Daher glaube ich, dass ich mit meinen Prognosen in der Mehrheit Recht haben werde.

Einen weiteren Punkt möchte ich ebenfalls unterstreichen: Nicht all diese Entwicklungen, die ich hier prognostiziere, finde ich selber in vollem Umfang begrüßenswert. Einige der von mir skizzierten Beschränkungen werden für Unternehmen mit einem sehr hohen, teilweise schwer zu erfüllenden administrativen Aufwand verbunden sein, der in einigen Fällen auch in keinem guten Verhältnis zum Nachhaltigkeitsnutzen steht. Andererseits haben die EU und die Nationalstaaten nicht nur die Aufgabe, die wirtschaftlichen Rahmenbedingungen der Bürger und Unternehmen zu gestalten, sondern auch, die natürlichen Lebensgrundlagen dauerhaft und somit im Sinne der Nachhaltigkeit zu schützen: In Deutschland geschieht dies bekanntermaßen über Artikel 20a Grundgesetz: *„Der Staat schützt auch in Verantwortung für die künftigen Generationen die natürlichen Lebensgrundlagen und die Tiere im Rahmen der verfassungsmäßigen Ordnung durch die Gesetzgebung und nach Maßgabe von Gesetz und Recht durch die vollziehende Gewalt und die Rechtsprechung.“* Wenn die EU-Organe und die Staaten (leider sachlich richtigerweise) zu dem Schluss kommen, dass dieses Staatsziel zum Teil verfehlt wird bzw. die wirtschaftlichen Rahmenbedingungen nicht so angewendet werden, dass die Nachhaltigkeitsziele erreicht werden, dann müssen eben die Randbedingungen für wirtschaftliches Handeln verändert werden, auch wenn das die Geschäftsmodelle oder Ertragschancen von Unternehmen negativ beeinflusst. Aus Sicht der Legislative ist das schlüssig und legitim - aber es führt dann manchmal leider zu schwer verständlichen Verordnungen und Regelungen, die auch nicht in jedem Fall bis zum Ende durchdacht sind und auch nicht sämtlich ihr Ziel erreichen. Hierfür gab es in der Vergangenheit viele Beispiele. Ich bin mein ganzes Erwerbsleben lang Unternehmer, ich bin seit 15 Jahren Vorstand eines regionalen Arbeitgeberverbandes und 10 Jahre Präsidiumsmitglied einer IHK: Ich bin für „Weniger Staat, mehr Privat“ und Unternehmensinteressen liegen mir naturgemäß am Herzen. Übergeordnet bin ich aber aus tiefer Überzeugung für eine nachhaltige Entwicklung und meine, dass sich Unternehmensinteressen und eine prosperierende Wirtschaft in den Kontext einer nachhaltigen Entwicklung einordnen sollten und auch können. Ein blankes Gewinnstreben zu Lasten der Umwelt und/oder künftiger Generationen kann ich nicht gutheißen. Stattliche Gewinne, gute, sichere Arbeitsplätze und faire Löhne und eine gute Lebensqualität der Menschen sind nicht trotz, sondern auf lange

Sicht gerade wegen und mit einer nachhaltigen Entwicklung möglich. Dafür trete ich ein und daher kann ich Unternehmen und Verbänden nur empfehlen: Je klarer zu sehen ist, dass Unternehmen ihre Rolle und ihre Möglichkeit im Rahmen einer nachhaltigen Entwicklung wahrnehmen, je mehr freiwillige Vereinbarungen, Selbstbeschränkungen usw. eingegangen werden und je mehr sich die Geschäftsmodelle in Richtung der nachhaltigen Entwicklung verschieben, desto weniger, teilweise komplizierte und Aufwand machende Regelungen werden die Staaten schaffen.

Wie das gehen kann und welche Möglichkeiten Unternehmen hier haben, das zeige ich in den Kapiteln 4, 5 und 6 auf.

Bei einigen der von mir angesprochenen Themen werden Unternehmen natürlich auch an die auf sie zukommenden Kosten denken. Auch das ist nachvollziehbar und legitim. Bei jeder Kostendiskussion zu betrieblichen Umweltschutzmaßnahmen ist aber auf die grundsätzliche Regel hinzuweisen, dass vermiedene Umweltschutzausgaben zwar zunächst in der betriebswirtschaftlichen Bilanz von Unternehmen erleichternd wirken mögen, jedoch meist die spätere Reparatur von Umweltschäden volkswirtschaftlich teurer wird und die aufzubringenden Mittel dann indirekt doch wieder von Bürgern und Unternehmen aufzubringen sind. In einem dichtbesiedelten Industrieland mit vergleichsweise wenig Umweltressourcen gilt das in besonderem Maße. Zum Beispiel: Eine geordnete Abfallentsorgung kostet Unternehmen natürlich viel Geld, aber am langen Ende wäre es auch für Unternehmen viel belastender, wenn die Abfälle länger unsachgemäß entsorgt worden wären. Auch diesen Grundgedanken bitte ich den Leser zu bedenken, wenn er bei dem einen oder anderen Aspekt der kommenden Kapitel an die Kosten denkt, die auf sein Unternehmen zukommen könnten.

Als dritten „Treiber“ hatte ich zu Beginn dieses Kapitels ein steigendes Bewusstsein für die beschriebenen Probleme bei einer aufgeklärten, nachhaltig denkenden Konsumentenschicht in den Industrienationen, aber auch in den Führungsebenen von Unternehmen genannt.

Ich will Ihnen nicht glaubhaft machen, die Konsumenten würden künftig auf Komfort und Luxus zu Gunsten einer nachhaltigen Entwicklung verzichten; aber die Sicht auf das Notwendige wird sich verändern und zu einem anderen Konsumverhalten führen. Im Grundsatz wollen Menschen - also die Kunden von Unternehmen, IHRE Kunden - Komfort, Sicherheit und manchmal einen gewissen Luxus und Genuss. Die Menschen wollen aber nicht unbedingt ein konkretes Produkt. Als Beispiel: Wollen Menschen ein großes, schnelles Auto?

Ja, die meisten schon, werden Sie sagen. Dies stimmt aber nur bedingt. Die meisten Menschen wollen in erster Linie bequem von A nach B gelangen: Individuell, ohne Wartezeiten, bequem und sicher. Dass viele Menschen auch ein großes, „schönes" Auto ihr Eigen nennen wollen, ist nur Ausdruck von Zeitgeist und Marketing. Mehr als jedes andere Gut sind Haus und Auto Symbol von Status, Macht und Erfolg. Was dem Eingeborenenhäuptling vergangener Jahrhunderte die blitzende Kette, die nur er besaß war, ist dem urbanen Bürger das Auto. Ein großes, teures Auto einer bestimmten Marke symbolisiert: „Ich habe etwas erreicht". Der Rest ist Ausfluss und Ergebnis des Marketings. Sehnsüchte und Begehrlichkeiten werden geweckt und gedeckt durch Bauteile und Ausstattungsmerkmale die - ganz ehrlich - oft kaum jemand braucht. Dies, genau dies, wird sich ändern. Wenn durch einen Paradigmenwechsel der Holzpelletofen oder das Plusenergiehaus „hipper" oder stylischer werden als ein spritschluckendes SUV - und ich behaupte, dass es genau so kommt - und wenn man sich rechtfertigen muss für ein zu großes, nicht umweltfreundliches Fahrzeug, dann gewinnt der Kfz-Anbieter, der Mobilität als ganzheitliches Konzept anbietet, der nicht platt Fahrzeuge in den Markt drückt, sondern der sein Geld als ganzheitlicher Anbieter von Individualmobilität verdient. Das verkaufte Fahrzeug ist dann nur ein Teil des Geschäftes, man verdient nicht am verkauften Eigentum, sondern am angebotenen Mobilitätskonzept mit Car-Sharing, Car-on-Demand etc. Der Kunde der Zukunft fährt dann in der City einen Elektro-Kleinwagen und nächste Woche mit dem Siebensitzer und Freunden zum Fußballstadion. Er besitzt nicht zwingend ein eigenes Auto, sondern Nutzungsrechte. Spinnerei? Nein, reale Vision.

Bereits heute gilt: „Nachhaltigkeit in der Produktion und ökologisch korrekte Produkte entwickeln sich mehr und mehr zu Verkaufsargumenten und Wettbewerbsfaktoren - sowohl bei Investitionsgütern als auch bei Produkten des täglichen Gebrauchs"[27] wie Kienbaum Management Consultants und das CAR der Universität Duisburg in Studien 2012/2013 feststellten. In einer der Studien wurden 125 zufällig ausgesuchte Personen aller Altersklassen, Bildungsstände und Einkommensklassen nach ihrem Kaufverhalten befragt. Auch die Frage: *„Sind Sie bereit, mehr zu bezahlen, wenn die Produktion umweltfreundlich, fair, regional und ohne Kinderarbeit erfolgt?"* waren 76 % der Konsumenten für regionale Produktion zu Mehrausgaben bereit, bei den anderen Kriterien waren es 89 % (umweltfreundliche Produktion), 91 %

[27] Kienbaum/CAR (2013)

(faire Arbeitsbedingungen) bzw. 96 % (Kinderarbeit ausgeschlossen) der Konsumenten, die Mehrausgaben akzeptieren. Von diesen zu Mehrausgaben bereiten Kunden sind wiederum mehr als zwei Drittel bereit, 50 % Aufpreis zu bezahlen, einige sind sogar zu über 100% Aufpreis bereit. Die gleiche Studie stellt fest, dass selbst sporadische Negativschlagzeilen von Konsumgüterherstellern das Kaufverhalten von Konsumenten stärker beeinflussen als Positiv-Werbung. Selbst Vorfälle, die über fünf Jahre zurückliegen sind im Bewusstsein der Verbraucher mit der Marke verbunden - bei Umwelt- und Sozialskandalen haben die Verbraucher offenbar ein „Elefantengedächtnis". Fast 68 % der befragten Konsumenten wünschen sich mehr staatliche bzw. politische Eingriffe im Bereich des Umweltschutzes (Alle Angaben aus der genannten Studie).[28] Auch wenn die Studie mit 125 Verbrauchern sicher nicht statistisch vollkommen repräsentativ ist und fraglich ist, ob alle Befragten immer so handeln, wie sie antworten, zeigt sie eindrucksvoll, dass die aufgeklärte, nachhaltig denkende Konsumentenschicht in den Industriestaaten bereits wichtigen Einfluss hat. Die Studie zeigt leider aber auch (und zwar bei der Befragung von Industrievertretern), dass seitens der Unternehmen ein ökologisches und nachhaltiges Verhalten mit zwar lobenswerten Einzelaktivitäten wie Steigerung der Energieeffizienz, Reduktion und Substitution von Herstellmaterialien etc. belegt wird, zumeist aber ein durchgängiger Ansatz fehlt und somit ganzheitliche Nachhaltigkeit mit Einzelmaßnahmen verwechselt wird.

In der zweiten Studie, die mit fast 100 befragten Unternehmen (darunter 17 DAX-Werte) den bislang umfassendsten mir bekannten Überblick im deutschsprachigen Raum über eingesetzte Nachhaltigkeits-Strategien bietet, wird deutlich, dass viele Unternehmen diesen Verbraucher- und Kundentrend erkennen. 83 % der befragten Unternehmen haben ein strategisches Nachhaltigkeitsengagement, wobei sich diese je zur Hälfte in „Überzeugte Vorreiter" und „Fokussierte Aktivisten" teilt. Bei der ersten Gruppe wird nach Aussage der Unternehmen das gesamte Geschäftsmodell auf Nachhaltigkeit ausgerichtet. Die zweite Gruppe entwickelt Nachhaltigkeit aktiv und engagiert, ohne aber eine Vorreiter-Rolle anzustreben. 74 % der befragten Unternehmen bewerten ihre Nachhaltigkeits-Aktivitäten mit positivem Return-on-Investment; 60 % rechnen mit steigenden Budgets in den Jahren 2013-2015. Während die Vorreiter-Gruppe intensiv in Organisation und Prozesse investiert, fehlt bei der Nachzüglergruppe „Fokussierte Aktivisten" der umfängliche

[28] Kienbaum/CAR (2013), S. 8-17

Einsatz von Nachhaltigkeits-Kennziffern und vollständigen Schwachstellenanalysen.[29]

Das veränderte Konsumentenverhalten - bereit zu Mehrpreis, bewussterer Konsum, regionalere, ökologischere und fleischärmere Ernährung, Verzicht bzw. saisonaler Verzicht auf bestimmte Produkte - entsteht durch eine aufgeklärte, gebildete Zivilbevölkerung. Die heute bereits bestehenden Anstrengungen, Bildung für alle Bevölkerungsschichten zu erschließen und mehr Abiturienten, mehr Hochschulabsolventen in den Arbeitsmarkt zu entlassen führt zu einem höheren Reflexionsvermögen und damit auf mittlere Sicht zu mehr mündigen, bewussten Konsumenten, die auf Umweltqualität Wert legen. Ich vergleiche daher den Weg in eine nachhaltige Gesellschaft gerne mit einer neuen „Aufklärung". So wie im Zeitalter der Aufklärung durch den Erwerb neuen Wissens gesellschaftliche Unklarheiten beseitigt wurden, neue Antworten zu alten Fragen gefunden und Irrtümer behoben wurden und damit politische und gesellschaftliche Prozesse in Gang kamen, befinden wir uns in einem Prozess des Wandels in eine nachhaltigere Wirtschaftsordnung.

Wie stark dieser Wandel, der von einem Paradigmenwechsel ausgeht und zu einem Systemshift führen wird, bereits im Gange ist und wie dramatisch er erwartet wird zeigt das nächste Kapitel.

2.4 Gesellschaftliche Veränderungen des Unternehmensumfelds durch nachhaltige Entwicklung

Ich bin der festen Überzeugung, dass das beschriebene Modell mit einer Wirtschaftsweise, die von einem Paradigmenwechsel ausgeht und zu einem „Systemshift" führen wird, auch politische und soziologische Veränderungen gleichermaßen zur Basis und als Konsequenz haben wird. Gesellschaftliche Veränderungen werden die Unternehmen veranlassen, sich, ihre Produkte und ihre Dienstleistungen zu verändern, um weiter marktfähig zu sein. Diese Veränderungen auf der Angebotsseite ziehen weitere Veränderungen auf der Nachfrageseite und damit in der Gesellschaft nach sich. Aufklärung induziert Wandel und Wandel veranlasst weitere Aufklärung.

Zukunftsforscher und Soziologen befassen sich bereits seit langem mit diesem Prozess und erwarten einschneidende Veränderungen; exemplarisch will ich zwei der nach meiner Einschätzung wichtigsten Publikationen zitieren.

---

[29] Kienbaum (2012)

Eine der besten Zusammenfassungen der zu erwartenden gesellschaftlichen Veränderungen ist die Publikation „Welt im Wandel - Gesellschaftsvertrag für eine Große Transformation" des Wissenschaftlichen Beirats Globale Umweltveränderungen.[30]

Der WBGU zeigt im Gutachten explizit, dass die technologischen Potentiale zur umfassenden Dekarbonisierung der Wertschöpfungsketten der Welt vorhanden sind und skizziert Geschäfts- und Finanzierungsmodelle für den Wandel. Es wird unterstellt, dass eine Art neue klimaverträgliche und nachhaltige Weltwirtschaftsordnung erforderlich ist. Dies soll in einem neuen Weltgesellschaftsvertrag geschehen, der eine Kultur der Achtsamkeit (aus ökologischer Verantwortung) mit einer Kultur der Teilhabe (aus demokratischer Verantwortung) mit der Zukunftsverantwortung für künftige Generationen kombiniert. Als zentrales Element wird der „gestaltende Staat" gesehen, der seinen Bürgern zwar Partizipationsmöglichkeiten bietet sowie der Wirtschaft Handlungsoptionen für Nachhaltigkeit bietet, der aber für die Transformation aktive Prioritäten setzt.

Der anstehende Prozess wird in Anlehnung an Karl Polanyi als „große Transformation" bezeichnet, vergleichbar mit der Einführung von Viehzucht und Ackerbau und der Industrialisierung in der Menschheitsgeschichte. Klimaschutz wird dabei als conditio sine qua non für den Erhalt einer lebenswerten Entwicklungsmöglichkeit erachtet. Zur Einhaltung des 2K-Zieles dürfen bis 2050 laut WBGU noch 750 Mrd. to. fossiles CO_2 in die Atmosphäre gelangen - wobei diese Menge bereits etwa im Jahre 2035 schon verbraucht wäre, wenn es so weitergeht wie bislang.

Daraus wird geschlossen, dass die globalen Energiesysteme bis 2050 weitgehend „dekarbonisiert" sein müssen, was nur mit Energiewende, Energieeffizienzgewinnen und einer ressourceneffizienteren, kreislauf- und dienstleistungslastigeren Wirtschaft gehen wird. Der WBGU rät von der Nutzung der Kernenergie ab, setzt aber auf Carbon Capture and Storage (CCS) als notwendige Vermeidungsoption und Chance, der Atmosphäre CO_2 zu entziehen. Positiv wird angesetzt, dass dieser Umbau den innovationsstarken Gesellschaften auch in Europa neue Perspektiven bietet. Als notwendig wird die Thematisierung der nicht nachhaltigen Lebensstile in den Industrie- und Schwellenländern erachtet, und auch arme Entwicklungsländer müssen laut WBGU mittelfristig auf einen emissionsarmen Entwicklungspfad einschwenken. Drei wesentliche Transformationsfelder werden gesehen,

---

[30] WBGU (2011)

nämlich die Energiewirtschaft, die Urbanisierung und die Landnutzung, wobei unterstellt wird, dass die Aufgaben mit innovativen Geschäftsmodellen und Finanzierungskonzepten lösbar sind.

Ein Wertewandel zu Werthaltungen, in denen der Schutz der natürlichen Umwelt einen zentralen Stellenwert hat, wird vom WBGU bereits heute registriert, was optimistisch stimmt.

Hingegen werden die Konsumsubventionen für fossile Energien, welche auf 300 bis 500 Mrd. US $ geschätzt werden, als kontraproduktiv angesehen; sie stehen einem nachhaltigen Umbau entgegen. Produktion, Konsummuster und Lebensstile müssen laut WBGU gleichermaßen verändert werden, um eine nachhaltige und klimaverträgliche Gesellschaft entstehen zu lassen.

Für die anstehende Transformation wird postuliert, dass sie wissensbasiert ist (siehe mein obiger Vergleich mit der Aufklärung), sich auf Pioniere des Wandels stützt, einen gestaltenden Staat fordert und sich auf Kooperation der internationalen Staatengemeinschaft stützt. Die langfristigen volkswirtschaftlichen Kosten werden bei wenigen Prozent des weltweiten BIP erwartet.

Die Transformation erfordert einen starken Staat, wobei der nationale Territorialstaat nicht länger als alleinige Grundlage des Vertragsverhältnisses angenommen werden kann. Um eine völlige Gleichheit der Gesellschaftsmitglieder als Vertragspartner zu gewähren, müssen gerechte globale Ausgleichsmechanismen greifen, da auch nach Darlegung des WBGU die Ressourcen und Fähigkeiten auf der Welt ungleich verteilt sind. Die natürliche Umwelt muss stärker in die Rekonstruktion eines neuen Gesellschaftsvertrages einbezogen werden. Der geforderte Gesellschaftsvertrag muss zwei wichtige neue Akteure einbeziehen, die selbstorganisierte Zivilgesellschaft und die wissenschaftliche Expertengesellschaft. Eine genaue Beschreibung des angestrebten Endzustandes ist auch dem WBGU nicht möglich, Konsens findet aber die Aussage, dass aktuelle Handlungen keine irreparablen Schäden für kommende Generationen verursachen sollen.

Noch veränderter ist das Zukunftsbild der nachhaltigen Gesellschaft, die Carlo Jaeger in der Vorlesung: „Wachstum - wohin? - Eine kurze Geschichte des 21. Jahrhunderts“ entwirft.[31]

Jaeger geht von einer kurzen Beschreibung der Ausgangslage aus, in welcher die sozialen Ungleichheiten durch Globalisierung immer größer und

---

[31] Jaeger (2011)

Ressourcen immer knapper werden und in der das Risiko von Kriegen auch seiner Meinung nach daher steigt.

Für die Phase bis 2020 prognostiziert er, dass bezüglich der ökologischen Dimension der Anteil regenerativer Energien deutlich steigt und viele Prozesse energieeffizienter werden; der Einsatz fossiler Energieträger nimmt dabei ab und Prozesse werden weniger kohlenstoffintensiv (S.30f). Er warnt davor, nur das Klimaproblem in den Mittelpunkt der Anstrengungen zu stellen, auch andere Umweltwirkungskategorien (z.B. Wassermangel) sind nach Jaeger zu betrachten. In der sozialen Dimension sagt er weniger Kriege, mehr Zugang für Benachteiligte zu den Gütern voraus. Für die Wirtschaft prognostiziert er eine Phase des „Green Growth", was er wie folgt definiert: *„Die Richtung des Wirtschaftswachstums so zu ändern, dass die dazu erforderlichen Investitionen das Wachstum beschleunigen und zusätzlich Beschäftigung schaffen."*(S.36). Er zitiert eine Forschergruppe, der er selber angehört und die zeigen konnte, dass es möglich sei, die THG-Emissionen in Europa stärker zu senken und dabei trotzdem stärkeres Wachstum und zusätzlich Beschäftigung zu schaffen:[32] *„Der entscheidende Punkt dabei ist, dass die Absenkung der Emissionen zusätzliche Investitionen verlangt, die nicht auf Kosten der bisherigen Investitionen gehen, so dass die Investitionen insgesamt steigen."* (S.39). Meiner Einschätzung nach irrig ist Jaegers Hinweis, dass die Investitionen nicht zu Lasten des Konsums gehen dürfen. Meiner Ansicht nach wird ein gewisse Konsumreduktion erforderlich und auch eintreten. Interessanterweise geht er davon aus, dass eine globale Koordinierungsleistung notwendig ist, die wichtigsten Rollen schreibt er hierbei der UN und sogenannten Berufsverbänden zu, die nach Jaegers Erwartung mittelfristig auch Haupteigner von Know-how und Unternehmen werden (S.40.ff). Der laut WBGU erforderliche starke Staat wird in Jaegers Prognose zurückgedrängt.

In der Welt bis 2050 richten die Berufsverbände ihr Know-how auf „Green Growth" aus und übernehmen weitestgehend den Kapitalstock der Altersvorsorge (S.47). Das Bevölkerungswachstum reduziert sich langsam (S.48). Er prognostiziert bis 2050 die Reduktion der THG-Emissionen auf 20 Mrd. Tonnen p.a., also ein Drittel weniger als 2010; hält aber auch bessere Werte für erreichbar. Hauptwege hierzu sollen der Umstieg auf regenerative Erzeugung und Effizienzverbesserungen sein. Auf S.54 zieht er für den Kampf um die Energiewende den interessanten Vergleich mit der Abschaffung der Sklaverei von 1787 bis 1833 in England. Auch damals prägten Ängste vor dem

---

[32] Jaeger et al. (2011)

Verlust von Wettbewerbsfähigkeit die Transition. „*Nachhaltige Entwicklung kann nicht einfach darin bestehen, die Kombination von demokratischem Parteienstaat und kapitalistischer Marktwirtschaft durch geeignete Gesetze umweltverträglich zu machen. Sie kann nur gelingen, wenn wir zulassen, dass im 21. Jahrhundert neue Institutionen entstehen, die wir uns gegenwärtig nur kaum vorstellen können.*“ (S.56).

Für 2100 sieht Jaeger eine Welt jenseits des Wachstums. Neue Technologien (CO_2-Bindung in Humusschichten, Energie aus Algen mit CCS) liefern Fortschritte, aber der Lebensstil hat sich geändert, von der ewigen Hatz nach „mehr“ Material hin zu mehr Qualität. Auch immaterielle Güter wie Fürsorge, Respekt und Zeit im Sinne von Muße haben in dieser Vision wieder mehr Wert. Im Mittelpunkt des Strebens stehen Qualität und Glück (S. 64). Gelingen kann das laut Jaeger nur, wenn man verhindert, dass wirtschaftliche Akteure langfristige Risiken eingehen, weil sie darauf spekulieren, dass sie am Ende selbst nicht dafür haften (S. 68).

Jaeger prognostiziert fünf Haupteigenschaften der neuen Wirtschaft: 1. Sie wächst nicht mehr. /2. Es gibt eine globale Koordinierung. /3. Es gibt neue Eigentumsstrukturen und Haftungsregeln. / 4. Know-how und Solidarität werden von Berufsverbänden geführt. / 5. Die Natur gilt als Vorbild, nicht als auszubeutende Ressource.

Es gibt eine ganze Reihe noch deutlich radikalerer Wissenschaftler, unter anderem Nico Paech, die noch wachstums- und konsumfeindlichere Zukunftsvisionen entwerfen, auf die hier nicht im Detail eingegangen werden kann, die jedoch zur Anregung und zum Querdenken durchaus als weiterführende Literatur empfehlenswert sind.

Sicher werden weder die Große Transformation im Sinne des WBGU noch Jaegers Zukunftsbild der nachhaltigen Gesellschaft genauso eintreffen, aber die beiden Prognosen, die von Spitzeninstituten auch der großen Politik präsentiert worden sind, zeigen, wie stark der Wandel sein kann.

Wenn Sie dem Buch bis hier gefolgt sind, fragen Sie sich jetzt, was diese Veränderungen für Ihren Beruf, Ihre Führungsposition und Ihr Unternehmen bedeuten? Dann dürften die nächsten Abschnitte interessant für Sie werden.

2.5 Fazit der beschriebenen Effekte für Führungskräfte

In den vier Unterkapiteln des Kapitels 2 habe ich beschrieben, welche Veränderungen der Umwelt eingetreten sind und welche Änderungen des Unternehmensumfeldes nach meiner Erwartung eintreten werden. Nicht jede dieser Prognosen wird präzise eintreffen und insbesondere die gesellschaftlichen Veränderungen beinhalten derart viele Variablen, dass sicher weder die Prognose des WBGU noch jene von Jaeger im Detail stimmen, aber ich bin absolut sicher, dass der Trend in diese Richtung geht.

Für Unternehmen bedeutet dieser Trend: Produkte und Dienstleistungen und der damit erzielte Gewinn sollten auf größtmögliche Ressourcenproduktivität ausgerichtet werden und alle zur Verfügung stehenden Instrumente sollten genutzt werden, sich die nachhaltig denkende, wachsende Konsumentenschicht zu erschließen, da sie in Zukunft die größte Kaufkraft haben wird.

In diesem veränderten Handlungsfeld müssen Führungskräfte sicher agieren können. Hierzu müssen sie nach meiner Erfahrung aber mehr tun, als einzelne Leuchtturm-Aktionen zu starten, das geltende Recht einzuhalten und hier und da ein ökologisches oder nachhaltiges Produkt auf den Markt zu bringen oder einen Umweltbericht zu editieren. Haftungsprävention und Imagegewinn waren zu lange die vordergründigen Treiber einer nachhaltigkeitsorientierten Unternehmenspolitik. Künftig geht es um viel mehr: Um das Erlernen eines vertieften Verständnisses vom Thema nachhaltige Entwicklung, das Ableiten von taktischen und strategischen Konsequenzen für das eigene Geschäftsmodell und die Entwicklung einer intrinsischen, in der Unternehmenskultur verankerten Vorgehensweise des Unternehmens im Kontext der nachhaltigen Entwicklung.

In der logischen Folge heißt dies für Manager: Nachhaltigkeit verstehen, Konsequenzen für das eigene Unternehmen erkennen, Produkte und Wertschöpfungsprozesse adaptieren, mit dem richtigen Timing von Ressourcen unabhängig machen und für Kunden attraktiv gestalten.

Das Wissen um die Effekte, die Auswirkungen auf die Nachhaltigkeit haben und das Spezialwissen, welches erforderlich ist, Prozesse nach Stand des Wissens und der Technik auf Nachhaltigkeit zu trimmen, ist typischerweise außerhalb des Spezialwissens zahlreicher Manager und Führungskräfte. Dieses Wissen strukturiert zur Verfügung zu stellen ist Aufgabe der kommenden Kapitel. Im Kapitel 3 werden Definitionen, bestehende Instrumente und Beispiele vorgestellt. In den Kapiteln 4 und 5 folgen themenspezifische Ausführungen und Checklisten: Es wird hierbei unterschieden in die Aspekte der ökologischen Dimension und der sozialen Dimension der Nachhaltigkeit, wobei sich diese Themen meist auf die Nachhaltigkeit der Wertschöpfungsprozesse und deren unterstützende Prozesse beziehen. Im Anschluss folgt das Kapitel zur langfristig existentiell wichtigen *Produkt-*

nachhaltigkeit, also der Nachhaltigkeit des Produktes selber und ein Kapitel zur Nachhaltigkeit als Führungsprinzip.

3 Nachhaltigkeit in heutigen Unternehmensstrategien: Bestehende Instrumente, Definitionen und Beispiele

3.1 Welche Instrumente gibt es?

Bei meinen Beratungsaufträgen fällt mir immer wieder auf, dass es auch in vielen großen Unternehmen erstaunlich wenig Überblick gibt über die zahlreichen Management- und Marketing-Instrumente, die Unternehmen bereits anwenden und anwenden könnten - und welche Zielgruppen man damit erreicht. In diesem Abschnitt erhalten Sie einen Überblick über die Instrumente. Die Übersicht kann keine detaillierte Konzeption ersetzen und jedes Unternehmen muss sorgfältig entscheiden, ob und in welcher Situation es welche Instrumente zur Anwendung bringt.

Grundsätzlich sind Instrumente zu unterscheiden, die ausschließlich eine ökologische Orientierung aufweisen und solche, die sich um Nachhaltigkeit im definitorischen Sinn kümmern.

3.1.1 Ausschließlich auf Umweltthemen fokussierende Instrumente

Umweltmanagementsysteme nach EMAS und/oder ISO 14001

Umweltmanagementsysteme (UMS) für Unternehmen gibt es seit 1993, als die EMAS-Verordnung, (EMAS = Environmental Management and Audit-Scheme; damals VO (EWG) 1836/93, heute VO (EG) 1221/2009) in Kraft trat. Seit 1995 ist das Akkreditierungssystem für sogenannte Umweltgutachter implementiert, die Unternehmen nach dieser europäischen Verordnung prüfen können. Genau genommen war vorher eine Britische Norm (British Standard) bereits ausprobiert worden. Die Wurzeln gewerblichen Umweltmanagements liegen also noch ein paar Jahre weiter zurück.

1996 wurde die weltweit gültige ISO 14001 als die heute weltweit meistgenutzte UM-Norm eingeführt.

Ein „Umweltmanagementsystem" einzuführen bedeutet im Kern, dass zunächst eine Bestandsaufnahme (Umweltprüfung) durchgeführt wird und untersucht werden muss, welche Aktivitäten der teilnehmenden Organisation Auswirkungen auf die Umwelt haben und welche dieser Auswirkungen wesentlich sind („Umweltaspektbewertung"). Hiervon ausgehend soll die Organisation die Umweltauswirkungen versuchen in Kennziffern zu messen (also z.B. Abfallmenge pro Produkteinheit), für alle wesentlichen Umweltaspekte ein Arbeitsprogramm aufsetzen und sich Ziele zur kontinuierlichen Verbesserung stecken (Umweltziele und Umweltprogramm). Im Weiteren soll dann schriftlich durchgängig in allen Bereichen durch eine festgelegte Aufbau- und Ablauforganisation (also Zuständigkeiten und Prozess-/Verfahrens-/Arbeitsanweisungen = UM-Dokumentation) sichergestellt werden, dass die Ziele des Umweltprogramms erreicht werden und dass geltendes Recht eingehalten wird. Hierfür gibt es in der EMAS bzw. der Norm ISO 14001 zu einzelnen Aktivitätselementen wie Kommunikation, Schulungswesen, Einkauf, von Organisationen Detailforderungen, auf die hier aus Platzgründen nicht weiter eingegangen werden soll. In regelmäßigen Zyklen soll die Organisation sich dann selber darauf untersuchen, ob die festgelegten Regeln auch eingehalten werden und die Ziele erreicht werden (das sogenannte „Interne Auditverfahren") und dem Top-Management hierüber Bericht erstatten.

In der Praxis wird manchmal übersehen, dass die von Unternehmen hergestellten und angebotenen Produkte und Dienstleistungen ebenfalls einen Teil der Umweltaspekte bilden und daher beim Umweltprogramm zu berücksichtigen sind. Ein Hersteller von Maschinen sollte daher in seinem Umweltprogramm nicht nur verbessern, mit welchen Energie- und Rohstoffmengen die Produkte hergestellt werden, sondern z.B. auch messen, welchen Energiebedarf die Maschinen während ihres Produktlebens haben und bei der Produktentwicklung darauf hinwirken, dass dies weniger wird.

Komplexer wird der produktbezogene Teil des Umweltprogramms bei Dienstleistern. Ich habe zum Beispiel viele Jahre lang die Umwelterklärung der Nürburgring GmbH als Umweltgutachter geprüft. Die wesentlichste Umweltauswirkung des Nürburgrings war weder der Spritverbrauch der Fahrzeuge noch die Beheizung der Gebäude am Ring, sondern die Anreise der mehreren hunderttausend Besucher und deren Abfallaufkommen. Wenn nur einige Tausend Besucher mehr als bislang mit dem Zug und dem Shuttleservice statt mit eigenem Auto anreisen, dann spart das mehr Energieträger und CO_2 ein, als der gesamte Rennbetrieb im Jahr verbraucht. Wesentliches Umweltziel der Nürburgring GmbH an dieser Stelle war also immer, die Kunden zu motivieren, nicht mit dem Auto zu kommen.

Noch komplexer ist es bei Bank- oder Versicherungsprodukten. Eine Bank ist bei Einführung eines UMS gehalten, zu untersuchen, welche Umweltauswirkungen das Bankprodukt hat, also zum Beispiel ob der Kreditnehmer mit dem aufgenommenen Geld eine ökologisch akzeptable

Investition vornimmt und bei der Anlage der Eigenmittel der Bank muss beachtet werden, was mit dem Geld passiert.

In der Popularität hat die ISO 14001 die EMAS weltweit deutlich überholt. Das liegt daran, dass sie zum einen weltweit einsetzbar ist, was bei der EMAS-Verordnung erst seit 2009 der Fall ist. Im Inhalt des Umweltmanagementsystems unterscheiden sich die Systeme gar nicht mehr, vielmehr hat die EMAS im Kern der Forderungen an das Managementsystem die ISO 14001 als Text in den Verordnungstext integriert. Die Teilnahmehürden bei EMAS sind aber doch höher, u.a. weil ein enger definierter Beleg der Einhaltung geltenden Rechts gefordert wird und weil eine sogenannte Umwelterklärung publiziert werden muss, welche einen umfänglichen Pflichtinhalt hat und deren Inhalt vom Umweltgutachter auf Wahrheitsgehalt verifiziert werden muss. Der Lohn ist die Eintragung in ein rechtlich geregeltes Standortregister, das in Deutschland von den IHKn geführt wird.

Die Einführung von Umweltmanagementsystemen ist in vielen Branchen für Unternehmen mittlerweile „üblich" und notwendige Übung, um für Großkonzerne als Zulieferer qualifiziert zu bleiben. Der Aufwand zur Einführung eines UMS hängt natürlich von der Unternehmensgröße ab, ist aber im Regelfall mit überschaubaren Kosten verbunden. Mir ist kein Fall bekannt, bei dem ein Unternehmen durch die Einführung eines UMS kostenseitig überfordert war. Die Zertifikate nach ISO 14001 bzw. die Eintragung im EMAS-Register sind ein guter Imagefaktor, im Kern rentiert sich für fast alle Unternehmen jedoch mittelfristig die Einführung eines UMS über Verbesserungen der Umweltleistung (weniger Abfälle, weniger Energieeinsatz, weniger Gefahrstoffe usw.) und die damit einhergehenden Kostensenkungen sowie einen Gewinn an Mitarbeitermotivation.

Ökoprofit

Ökoprofit (Ein Akronym aus **Öko**logisches **Pro**jekt **f**ür **i**ntegrierte Umwelt-**T**echnik) ist ein ursprünglich in Graz/Österreich entwickeltes, sehr intelligentes Kooperationskonzept zwischen Kommunen und der örtlichen Wirtschaft oder weiteren regionalen und überregionalen Partnern. Im Grundsatz geht es um ein Projekt der Kommunen und Unternehmen im Sinne der Agenda 21 gemeinsam an einer nachhaltigen Entwicklung zu arbeiten und dabei den Ressourcenverbrauch und Abfälle zu reduzieren und hierüber eine Verbindung von ökologischem und ökonomischen Nutzen zu schaffen. Teilnehmende Unternehmen werden von einem Beratungsteam mit

Checklisten zu diversen Umweltpfaden (Abfall, Wasser/Abwasser, Energie, Boden usw.) geprüft und dabei Effizienzpotentiale ausgelotet. Gemeinsame Workshops der teilnehmenden Betriebe zu Themen wie „Cleaner Production" sowie Vorortberatungen durch ÖKOPROFIT-Berater werden durch Austausch der beteiligten Unternehmen über Möglichkeiten von Umwelt- und Ressourcenschonung ergänzt. ÖKOPROFIT ist auf mehrere Jahre angelegt und setzt jährlich neue Prioritäten, die zu konkreten Einsparungen in den Bereichen Energie, Wasser, Abfall und Emissionen führen. Nach einem festgelegten Kriterienkatalog (Vorlage eines Abfallwirtschaftskonzepts, erfolgreiche Umsetzung von Maßnahmen, ambitioniertes Umweltprogramm, Umweltpolitik, Verwendung von Kennzahlen, etc.) werden die Unternehmen in bestimmten Abständen „geprüft" und von der Kommune für Leistungen ausgezeichnet und tragen dann das Ökoprofit-Label. Im Prinzip handelt es sich um einen Einstieg in das Thema Umweltmanagement. Viele Betriebe vervollständigen nach der Teilnahme ihr Umweltmanagementsystem normgerecht und lassen sich nach EMAS oder ISO 14001 zertifizieren. Ich selber schätze ÖKOPROFIT gerade für kleinere Unternehmen als sehr leistungsfähiges Einstiegsinstrument. Hinderlich ist lediglich, dass - im Regelfall durch die Kommune - eine Projektförderung erfolgen muss und sich mindestens acht oder zehn Unternehmen zur Teilnahme zusammenfinden müssen; insofern kann kein Unternehmen autark entscheiden, sich an ÖKOPROFIT zu beteiligen, sondern ist von Entscheidungen Dritter abhängig.

Umweltberichte

Viele Unternehmen publizieren Umweltberichte, auch wenn diese mittlerweile zu Gunsten von Nachhaltigkeitsberichten (s.u.) etwas außer Mode kommen. Umweltberichte sind völlig frei gestaltbar, jedes Unternehmen kann hier schreiben und behaupten was es will (solange es mit den Behauptungen nicht geltendes Recht verletzt). Zu unterscheiden sind Umweltberichte, Umweltreports usw. von der gesetzlich in Umfang und Inhalt genau geregelten Umwelterklärung nach EMAS (s.o.), die vor der Veröffentlichung zwingend einer externen Prüfung und „Validierung" durch einen zugelassenen Umweltgutachter bedarf.

Energiemanagementsysteme nach ISO 50001

Weil Energieeffizienz auf Grund der steigenden Energiepreise eine besonders herausgehobene Entwicklung genommen hat, wurde seit 2005 eine Norm speziell für Energiemanagement entwickelt, vornehmlich um Unternehmen, die Energiemanagement betreiben wollen, ohne alle anderen Umweltaspekte berücksichtigen zu müssen, eine normative Grundlage zu bieten. Eine deutsche Norm DIN 16001 wurde 2011 zurückgezogen, als die internationale Norm ISO 50001 in Kraft trat. Streng genommen ist ein Energiemanagementsystem nach Norm 50001 ein Umweltmanagement-system, bei dem allerdings nur der Umweltaspekt „Nutzung von Energie-trägern" berücksichtigt wird. Unternehmen, die bereits ein UMS eingeführt und ernsthaft gelebt haben, erfüllen im Regelfall alle wichtigen Elemente eines EnMS; da bezüglich der Tiefe der Erfassung der Energieverbräuche und in einigen Details (energetische Bewertung, Bewertung der energetischen Ausgangsbasis) jedoch die Norm 50001 tiefer geht, sind einige zusätzliche Forderungen zu erfüllen. Nicht zuletzt aus steuerrechtlichen Gründen ist die Einführung eines EnMS in Deutschland seit 2012 sehr populär, weil bestimmte Steuervergünstigungen seit 2013 an die Einführung eines EnMS geknüpft sind.

Carbon Footprint und Water Footprint

Der Ausweis eines sogenannten „Carbon Footprint" ist ein weiteres Instrument, das von Unternehmen mehr und mehr genutzt wird. Dabei stellt sich auch die Frage: Warum heißt der CF eigentlich so - und warum beschäftigen sich Unternehmen damit?

Der Fokus der Umweltdiskussion liegt wegen des Treibhauseffekts und weil Kohlendioxid als Hauptreiber des Klimawandels gilt, seit Jahren auf den CO_2-Emissionen und der Minimierung derselben. Die Treibhausgasemissionen (kurz THG, englisch Greenhouse-Gas, kurz GHG, eine Abkürzung, die sich auch in deutschen Texten findet) von Unternehmen und Prozessen sind somit interessant, zum einen um Prozesse miteinander vergleichen zu können, aber auch, weil Unternehmen versuchen, ihren Beitrag zum Treibhauseffekt zu reduzieren und darüber an Image zu gewinnen. Dabei bezeichnet heute der Begriff des Carbon Footprint die Summe der Emissionen an CO_2 und anderen Treibhausgasen bezogen auf ein einzelnes Produkt oder eine Organisation oder einen Prozess. Ursprünglich kommt der Begriff „Footprint"- also „Fußabdruck" - aus dem bildhaften Modell, dass er die Größe der Waldfläche definiert, die benötigt wird, um alle CO_2-Emissionen abzüglich der Emissionen, die von Ozeanen aufgenommen werden, aufzunehmen. Aus dieser Berechnung wird deutlich, dass die Waldflächen der Welt nicht ausreichen, um die globalen Emissionen zu kompensieren und dass der Erde die Kapazität zur

Aufnahme des emittierten Kohlenstoffdioxids fehlt - daher steigt der CO_2-Anteil in der Atmosphäre.

Analog hat man den Begriff des Water Footprint formuliert, der das in einem Produkt im Laufe seiner Herstellung virtuell akkumulierte Wasser quantifiziert. Auch der Ausweis von Water Footprints wird für Unternehmen zunehmend bedeutsam, besonders bei Nahrungsmitteln und Textilien.

Der Gesetzgeber spielt immer wieder mit dem Gedanken, eine verpflichtende Ausweisung des Carbon Footprints und des Water Footprints von Produkten einzuführen. Zudem legen mehr und mehr Unternehmen bei der Auswahl ihrer Lieferanten Wert auf deren Ressourceneffizienz und weisen ihren eigenen Carbon Footprint - sei es vom gesamten Unternehmen, sei es von einzelnen Produkten - aus, um sich mit ihren Klimaschutzaktivitäten von Wettbewerbern abzuheben.

Mit der Normserie ISO 14064 stehen seit 2011/2012 auch normative Vorgaben zur Verfügung, um Carbon Footprints zu berechnen und extern prüfen und testieren zu lassen. Hierbei wird nach direkten Emissionen aus der Verbrennung von fossilen Energieträgern (Scope 1), indirekten energiebedingten Emissionen (zum Beispiel aus dem Bezug von Strom und Fernwärme; Scope 2) sowie anderen indirekten Emissionen (zum Beispiel durch Verbrauch von Ressourcen, Scope 3) unterschieden.

Der normkonforme Ausweis eines Carbon Footprint mit Verifizierung nach Normreihe ISO 14064 ist ein komplexes Thema mit zahlreichen Möglichkeiten Fehler zu machen, ohne Fachwissen und Unterstützung ist es für viele mittelständische Unternehmen eine schwierige Aufgabe.

Carbon Offset / Kohlendioxid-Kompensation

Viele Unternehmen gehen aktuell dazu über, ihre CO_2-Bilanz zu „neutralisieren“, das heißt die CO_2-Emissionen durch CO_2-Bindung an anderer Stelle zu kompensieren, um sich als „klimaneutrales Unternehmen“ zu präsentieren. Da es den meisten Unternehmen nicht möglich ist, die durch die Geschäftsaktivitäten und Energieverbräuche emittierten Kohlendioxid-Mengen in eigenen CO_2-Senken zu binden, gibt es hierzu nur zwei Möglichkeiten. Zum einen den Einkauf CO_2-neutraler Energie. Wenn ein Unternehmen in Deutschland z.B. 5 Mio. kWh Strom und 8 Mio. kWh Gas verbraucht, dann kann es den Strom aus regenerativen Energiequellen beziehen, hierfür gibt es einen speziellen Markt mit zertifizierten Stromherkunftsnachweisen, so dass sichergestellt ist, dass die gleichen

Energiemenge aus Wind oder Wasserkraft nicht doppelt vermarktet wird. Auch für Gas gibt es eine solche Möglichkeit, z.B. durch sog „Windgas“ (das ist im Regelfall überschüssiger Nachtwindstrom, der zur Elektrolyse verwendet wird und in Form von Wasserstoff in das Gasverbundnetz eingespeist wird) oder durch direktvermarktetes Biogas, welches ebenfalls in das Gasverbundnetz eingespeist ist. Klar ist, dass die durch das Unternehmen verbrauchte Energiemenge natürlich konventioneller Strom oder Erdgas ist, es handelt sich nur virtuell um einen CO_2-neutralen Energieträger, der an anderer Stelle in das Netz eingeht.

Die zweite Möglichkeit der Kompensation - meist preiswerter - ist die Investition von Geld in Projekte, bei denen das CO_2 gebunden wird: Wiederaufforstungsmaßnahmen, Deponieabdeckungen mit Deponiegaserfassung usw. Hierbei handelt es sich meist um Projekte auf der Südhalbkugel der Erde, weil dort die Vegetation schneller CO_2 bindet und Projekte einfach preiswerter sind, heißt für einen Euro bindet man mehr CO_2. Es gibt eine ganze Reihe von Organisationen und Vereinen (mit bildhaften Namen wie PrimaKlima, atmosfair usw.), die solche Projekte initiieren und vermitteln. Eigentlich ist das eine gute Sache, zumindest wenn die Projekte seriös sind und es sich z.B. um echte Neuaufforstungen handelt, die ohne das Kompensationsgeld nicht gemacht würden. Trotzdem habe ich Kritik und rate meinen meisten Kunden vom Carbon Offset ab. Der eine, lösbare Kritikpunkt ist die Transparenz der Projekte; ich glaube, dass wir hier in Zukunft noch einige Skandale erleben werden, weil zum Beispiel das gleiche Projekt mehrfach verkauft und durchfinanziert wurde. Dieses Problem ist durch gutes Projektcontrolling lösbar. Mein zweiter Kritikpunkt ist ein ethisch-moralischer, weil CO_2-Kompensation suggeriert, dass das Problem mit Geld lösbar ist. Das ist eben nicht der Fall. Wenn alle Menschen und Unternehmen sich durch Kompensation klimaneutral stellen wollten, dann gäbe es dafür bei weitem nicht genügend Projekte auf der Welt und damit ist das Klimaproblem eben nicht mit Geld lösbar. Neben einigen Gemeinden, vielen Prominenten, zahlreichen Fluggästen sowie einigen Fußballvereinen hat vor einigen Jahren auch ein gesamter Staat das Ziel ausgegeben, erster klimaneutraler Staat der Welt zu werden: Der Vatikan. Ich habe das zynisch mit der Bemerkung kommentiert, dass die katholische Kirche ja schon hinreichend Erfahrung mit dem Geschäftsmodell Ablasshandel hatte, denn um einen solchen modernen Ablasshandel handelt es sich im Endeffekt: Man kauft sich von einer „Sünde“ frei, ein Weg, der nicht jedermann offen steht. Ich möchte jedoch klarstellen, dass sich diese zynische Bemerkung auf den historischen Vergleich, nicht aber auf das beispielhafte Klimaziel bezieht; die Entscheider im Vatikan verfolgen damit ehrenhafte Ziele.

Den guten Effekt vieler der Projekte soll all das nicht in Abrede stellen und CO_2-Kompensation kann in einigen Fällen auch eine gute Ergänzung der Umweltstrategie eines Unternehmens sein, aber nur, wenn Energieeffizienzpotentiale ausgereizt und absolute Verbräuche nach Kräften gesenkt wurden und wenn dabei die ausgewählten Projekte stringent kontrolliert werden und die flankierende Kommunikation konsistent und ehrlich ist.

Teilnahme am Carbon Disclosure Project (CDP)

Das Carbon Disclosure Project (CDP) ist eine unabhängige Non-Profit-Organisation (NPO) mit dem Ziel, mehr Transparenz hinsichtlich der klimaschädlichen Treibhausgasemissionen zu schaffen. Sie wurde im Jahr 2000 in London gegründet. Ziel der NPO ist es, den Klimawandel zu stoppen bzw. ihm vorzubeugen und natürliche Ressourcen zu schonen. Jährlich erhebt das CDP im Namen von Investoren anhand von standardisierten Fragebögen auf freiwilliger Basis Daten und Informationen zu CO_2-Emissionen, Klimarisiken und Reduktionszielen und -strategien von Unternehmen. Auf diese Weise ist die mittlerweile größte Datenbank über Treibhausemissionen und Klimastrategien von Unternehmen entstanden, welche zum Teil auch öffentlich zugänglich ist. Die Unternehmen werden hierbei einem Ranking und einer Punktewertung unterzogen.

Die Methoden des CDP werden von teilnehmenden Unternehmen nicht immer kritiklos kommentiert, insbesondere weil die Fragebögen sich sehr häufig ändern und die Auswertung manchmal etwas willkürlich erscheint. Trotzdem ist für viele größere Unternehmen - insbesondere börsennotierte Aktiengesellschaften - die Teilnahme am CDP mittlerweile ein ergänzendes „Muss" zur Umweltstrategie, da die meisten großen Vorreiter vieler Branchen im Projekt gelistet sind und ein Unternehmen, welches nicht teilnimmt, sich dem Verdacht aussetzen würde, es habe eventuell etwas zu verbergen.

Die bisher geschilderten Instrumente haben als Gegenstand stets die Organisation bzw. das Unternehmen. Es gibt aber natürlich auch produktbezogene Instrumente, die von Unternehmen genutzt werden.

Ökobilanzen für Produkte und Prozesse

Ökobilanzen nach der ISO 1404x-Serie waren in den neunziger und 2000er Jahren „in“. In letzter Zeit ist es etwas ruhiger in der Ökobilanzszene geworden. Nach meiner Einschätzung liegt das nicht daran, dass sich niemand mehr für die Ergebnisse interessieren würde, sondern daran, dass das Ergebnis oft sehr sperrig ist und sehr selten zu einer klaren Aussage kommt; für die Marketing-Strategen in den Konzernen ist das unbefriedigend.

Mit einer Ökobilanz sollen die Umweltwirkungen, die von einem Produkt ausgehen, systematisch erfasst und bewertet werden. Die erarbeiteten Daten sollen es ermöglichen, die Umweltverträglichkeit eines Produktes in der Gesamtheit darzustellen und somit ein ökologisches Stärken-/Schwächen-profil des Produktes für Entscheidungen zur Verfügung zu stellen.

Wichtig ist es hierbei zumeist, herauszufinden, aus welcher Lebensphase des Produktes welche Umweltbeeinflussung resultiert. Die Ökobilanz ermöglicht damit die Umsetzung von Verbesserungsmaßnahmen, die zu einer spürbaren Minderbelastung der Umwelt führen sollen. Die internationale Terminologie nennt die derartige Nutzung einer Ökobilanz zu Verbesserungsmaßnahmen "Improvement".

Das Vorgehen gliedert sich typischerweise in vier Schritte:

1. Die Zielinformation: Definition des Untersuchungsgegenstandes, des Bilanzraums und der Systemgrenzen
2. Datenerhebung und Aufstellung der sog. Sachbilanz
3. Wirkungsbilanz
4. Bilanzbewertung und Ansätze zur Verbesserung

Der Bilanzraum wird typischerweise so gewählt, dass nicht nur die Primärbeeinflussungen der Umwelt (z.B. direkt im Werk entstehende Emissionen durch die Verbrennung von Heizöl, Flächenverbräuche und Emissionen aus dieselbetriebenen Werkfahrzeugen, Abfallentstehung bei der Produktion) bilanziert werden. Es werden vielmehr darüber hinaus auch die vorgeschalteten Prozessketten erfasst, d.h. bei einem Verbrauch von 1 Tonne Heizöl werden nicht nur die Emissionen berücksichtigt, die bei der Verbrennung entstehen, sondern auch die Emissionen, welche in den vorgeschalteten Prozessschritten wie Gewinnung, Transport, Raffination etc. stattfinden. Weiterhin soll der Produktnutzungszeitraum betrachtet werden, der oft besonders relevant ist, z.B. bei energieverbrauchenden Produkten. Manchmal müssen Prozessteile wegen nicht verfügbarer Daten trotzdem aus dem Bilanzraum ausgeklammert werden, das muss dann allerdings klar dargelegt werden.

Die Sachbilanz beschreibt die Stoff- und Energieströme einschließlich entstehender Emissionen bei Herstellung und Nutzung des Produktes innerhalb des Bilanzraums. Hierbei werden nur reine physikalische Größen verrechnet. Im Idealfall findet keinerlei Wertung oder Interpretation statt. Real betrachtet ist keine Sachbilanz völlig wertfrei, da bereits die Vorauswahl der überhaupt betrachteten und erwähnten Emissionen eine subjektive Bewertung darstellt.

Für die Sachbilanz werden definitionsgemäß alle Primär- und Sekundäreffekte, also die direkt bei der Produktion des betrachteten Erzeugnisses verwendeten Rohstoffe und die regelmäßig verbrauchten Hilfsstoffe (Chemikalien zur Wasseraufbereitung, Verpackungsmaterialien, verschlissene Werkzeuge usw.) einbezogen. Definitionsgemäß nicht betrachtet werden tertiäre Effekte, wie die bei der Herstellung der verwendeten Maschinen entstehenden Umweltbelastungen oder der Weg der Mitarbeiter zum Werk. Ebenfalls nicht Gegenstand einer Ökobilanz sind mögliche Umweltbelastungen durch Unfälle oder Störfälle.

Die Produktion wird meist sehr detailliert betrachtet, um zu ermitteln, welche Input-Größen in ein Produkt eingehen. Bei den Input-Größen wird zwischen Primärenergieträgern, Flächenverbrauch, Transportkilometern und Rohstoffen etc. unterschieden. An Output-Größen werden zumeist z.B. Abwasser- und Abfallmengen direkt erhoben.

Aus den Werten der verbrauchten Primärenergieträger, des Flächenverbrauchs, der Transportkilometer und der Rohstoffe werden dann zur Vervollständigung der Sachbilanz die Output-Größen wie emittierte Luftschadstoffe usw. errechnet, dies geschieht z.B. für Verbrennungsprozesse mit Hilfe von Standardtabellenwerken.

Typischerweise werden mindestens folgende Output-Parameter berücksichtigt:

CO_2, CO, NO_x, N_2O, SO_2, CH_4, andere Kohlenwasserstoffe, Aromaten, verschiedene PAK, halogenierte organische Verbindungen und Schwermetalle, Phosphorverbindungen, Chlorid, Fluorid, Cyanid, Nitrat, Nitrit, Sulfat sowie Ammonium-N.

Im Interesse einer später erfolgenden möglichst umfassenden Bewertung ist es sinnvoll, eine wirkungsbezogene Bilanzierung zwischen der reinen Sachbilanz und der Bilanzbewertung vorzunehmen.

Die in der Sachbilanz erhobenen Fluss- und Bestandsgrößen werden hinsichtlich ihrer Wirkungspotentiale beschrieben bzw. abgeschätzt, da bekannt ist, welche emittierten Schadstoffe welchen Einfluss in welcher Wirkungskategorie haben. Betrachtet werden die Einflüsse auf ausgewählte globale und regionale bzw. lokale ökologische Faktoren. Hierzu wird der von der SETAC entwickelte Katalog zu betrachtender Umweltwirkungskategorien verwendet.

Bei der Bilanzbewertung kann dann diskutiert werden, durch welche Maßnahmen und Veränderungen der Produktionsprozesse am leichtesten Verbesserungen in bestimmten Wirkungskategorien vorgenommen werden können oder es wird der Vergleich zwischen verschiedenen Produktionsvarianten durchgeführt. Bei Ökobilanzen kommt oft heraus, dass ein Produkt zwar in einer Wirkungskategorie - z.B. Treibhauseffekt - Vorteile hat, dafür aber in der Kategorie Abfallentstehung o.ä. schlechter abschneidet.

Eine Ökobilanz ist ein aufwendiges Verfahren, das nur Sinn ergibt, wenn man sich entweder an einen wissenschaftlichen Adressatenkreis wendet, die Daten als Basis für eine Produktumwelterklärung (EPD) benötigt oder wenn man daraus wirklich für planerische Aspekte Verbesserungspotentiale quantitativ bewerten möchte. Für Marketingzwecke taugt eine Ökobilanz allein nicht.

Produktumweltzeichen

Kennzeichnungen, die die Umweltverträglichkeit von Produkten offensichtlich machen sollen, gibt es viele und um zumindest eine gewisse geregelte Grundlage zu haben, wurde hierzu eine Normserie entwickelt. Aus Platzgründen ist es hier nicht möglich, alle Labels aufzuführen und zu kommentieren - es handelt sich um hunderte. Exemplarisch sollen einige wenige Labels genannt werden. Bekanntestes deutsches Umweltzeichen ist fraglos das RAL-Gütesiegel der „Blaue Engel“, den es für viele sehr unterschiedliche Produktgruppen gibt. Für Holzerzeugnisse hat sich u.a. das FSC-Label des Forest Stewardship Council für Holz aus nachhaltiger Bewirtschaftung etabliert. Im Bereich der Nahrungsmittel ist das Label „Bio“ nach EU-Öko-Verordnung für viele Erzeugnisse eine Erfolgsstory, seit jüngerer Zeit für Fisch auch das MSC-Logo des Marine Stewardship-Council oder „Friends of the Sea“. Im Bereich der Textilien hat sich u.a. der ÖkoTex 100 Standard durchgesetzt.

Produktumweltzeichen sollen eine Aussage über die Erfüllung bestimmter Kriterien treffen. Grundsätzlich ist zu unterscheiden zwischen Umweltzeichen, bei welchen die Kriterienerstellung und die Verifizierung durch Dritte, also von einer Initiative, einer NGO oder dem Staat editiert werden (Typ I nach ISO 14024) und den von Konzernen oder Industrieverbänden selbst editierten Labels, bei denen der Anforderungskatalog durch den Hersteller aufgestellt ist (Typ II nach ISO 14021). Eine Selbstdeklaration muss nicht schlechter sein als ein Typ-I-Label, aber es kommt auf den Kriterienkatalog an, der nachvollziehbar sein muss.

Die Grundlagen für Produktumweltzeichen sind abgebildet in der Normserie ISO 1402x von ISO 14021 bis 14025.

- ISO 14020 ist eine allgemeine Anleitung zur Umweltkennzeichnung und -deklaration und enthält allgemeine Grundsätze.
- ISO 14021 spricht über die Typ II-Umweltkennzeichnung, die sogenannte Selbstdeklaration.
- ISO 14024 regelt die Grundlagen für Typ I-Umweltkennzeichnung, das sind klassische Label wie z.B. der „Blaue Engel"
- ISO 14025 regelt die Grundlagen für die vollständige Produktumwelterklärung (siehe nächster Abschnitt).

Produktumweltzeichen sind Typ I- und Typ II- Deklarationen im Sinne der Norm 14024 bzw. 14021. Derlei Kennzeichen gibt es zahlreiche, insbesondere bei B2C-Gütern sollen sie den Konsumenten auf bestimmte umweltfreundliche Attribute hinweisen.

Zur Klarstellung muss erwähnt werden, dass alle Produktumweltkennzeichnungen nach Norm 14024 oder 14021 freiwillige Kennzeichnungen sind und nicht verwechselt werden dürfen mit gesetzlich vorgeschriebenen Zeichen wie dem EU-Energielabel für z.B. Haushaltsgeräte.

Neben vielen seriösen Labels gibt es leider auch zahlreiche Eigenlabels für eine grüne Produktlinie einer Marke oder eines Herstellers, die nicht der Norm 14021 entsprechen, weil der Kriterienkatalog bewusst so zugeschnitten ist, dass die fraglichen Produkte ihn erfüllen. Solche Label sagen nichts aus, außer dass dieses Erzeugnis in bestimmten Belangen etwas umweltfreundlicher ist - eine Aussage zu einem umweltfreundlichen Produkt ist das nicht.

Beim Einsatz von Produktumweltkennzeichnungen sollte sich jedes Unternehmen klar überlegen, ob der Anforderungskatalog streng und transparent genug ist, um den eigenen Anforderungen zu genügen und eine marktverständliche, valide Aussage macht.

Produktumwelterklärungen nach ISO 14025

Anders als bei der Umwelterklärung nach EMAS ist bei der Produktumwelterklärung (Environmental Product Declaration = EPD) nicht die Organisation Gegenstand der Erklärung, sondern ein Produkt.

Die Produktumwelterklärungen basieren auf einer allgemeinen und transparenten Produktbeschreibung. Die Grundlage sind Daten aus der Ökobilanz nach ISO 14040ff, der gesamte Lebensweg wird betrachtet. Die Erstellung der Ökobilanz führt zu einer quantitativen Darstellung der Umweltwirkungen eines Produktes über seinen gesamten Lebenszyklus (siehe oben), die einen Vergleich mit anderen Produkten möglich machten. Für Typ III-EPD wird die Verifizierung durch Dritte empfohlen.

Eine Typ-III-EPD ist ein umfängliches Werk (mindestens 10 bis 50 Seiten sind üblich), dem eine aufwändige Arbeit zu Grunde liegt. Adressat sind meist institutionelle Kunden, für Endverbraucher ist die Aussage einer Produktumwelterklärung im Regelfall zu komplex.

3.1.2 Instrumente mit Fokus auf allen Dimensionen der Nachhaltigkeit

Global Compact

United Nations Global Compact ist der englische Name für eine freiwillige Selbstverpflichtung, der zwischen Unternehmen und UNO geschlossen wird. Am 31. Januar 1999 wurde der Pakt offiziell vorgestellt. Ziel ist es, die Globalisierung nachhaltiger zu gestalten und dabei die Gebote der Fairness, des sozialen Handelns und des ökologischen Handelns einzufordern.

Die Unternehmen verpflichten sich, einen Kanon von zehn Prinzipien einzuhalten. Die teilnehmenden Unternehmen sollen:

1. Den Schutz der internationalen Menschenrechte unterstützen und achten,
2. sicherstellen, dass sie sich nicht an Menschenrechtsverletzungen mitschuldig machen,
3. die Vereinigungsfreiheit und die wirksame Anerkennung des Rechts auf Kollektivverhandlungen wahren,
4. für die Beseitigung aller Formen von Zwangsarbeit eintreten,
5. für die Abschaffung von Kinderarbeit eintreten,
6. für die Beseitigung von Diskriminierung bei Anstellung und Erwerbstätigkeit eintreten,

7. im Umgang mit Umweltproblemen dem Vorsorgeprinzip folgen,
8. Initiativen ergreifen, um größeres Umweltbewusstsein zu fördern,
9. die Entwicklung und Verbreitung von umweltfreundlichen Technologien beschleunigen,
10. gegen alle Arten von Korruption eintreten, einschließlich Erpressung und Bestechung.

Man sieht sofort, dass sieben der zehn Prinzipien einen Fokus im Bereich Soziales und Fairness haben, nur drei der Regeln fokussieren auf Umweltthemen. Natürlich ist die Einhaltung der Regeln und die Zahl der Möglichkeiten, wie man eine solche Regel einhält und belegt, dass man sie einhält, sehr interpretationsfähig. Verpflichtend ist aber die regelmäßige Berichterstattung über die Umsetzung der zehn Prinzipien, z. B. im Geschäftsbericht des Unternehmens, auch „Communication on Progress (COP)" genannt. Die teilnehmenden Unternehmen dürfen dann das GC-Logo nutzen. Anfang 2013 nahmen fast 200 deutsche Firmen am Global Compact teil, gemeinsam mit Teilnehmern aus Zivilgesellschaft, Politik und Wissenschaft bilden sie das Deutsche Global Compact Netzwerk (DGCN). Dies versteht sich als „Multistakeholder"-Netzwerk und ist ein unabhängiges, offenes und transparentes Forum, an dem die Teilnehmer aus den verschiedenen Sektoren auf gleicher Augenhöhe beteiligt sind.

Die Ziele des DGCN sind identisch mit denen des UNGC: Die Umsetzung und Förderung der zehn Prinzipien zu nachhaltiger und verantwortungsvoller Unternehmensführung weltweit und die Unterstützung der Ziele der Vereinten Nationen. Seit 2007 steuert ein Lenkungskreis die Aktivitäten des DGCN.

Nachhaltigkeitsbericht / CSR-Report

Für Nachhaltigkeitsberichte gibt es viele Standards, der führende ist für mich jener der Global Reporting Initiative (GRI). Sie ist eine gemeinnützige Stiftung mit einer Vielzahl beteiligter Partner. Die GRI wurde 1997 mit Unterstützung des Umweltprogramms der Vereinten Nationen (UNEP) in den USA gegründet. 2002 verlegte GRI seinen Hauptsitz nach Amsterdam, wo sich derzeit das Sekretariat befindet. Die GRI unterstützt die Nachhaltigkeitsberichterstattung aller Arten von Organisationen (also nicht nur Unternehmen) und hat hierzu einen umfassenden Rahmen für die Nachhaltigkeitsberichterstattung erarbeitet, der weltweit Anwendung findet. Dieser Berichtsrahmen, einschließlich eines Berichterstattungsleitfadens, legt die Prinzipien und

Indikatoren dar, nach denen Organisationen ihre Nachhaltigkeitsberichterstattung aufbauen sollen. Als Denkprinzip wird ein verbindliches Gerüst von Angaben vorgegeben, über welche berichtet werden muss, um dem GRI-Standard zu genügen. Zu diversen Themenkomplexen (Umweltschutz, Menschenrechte, Arbeitsbedingungen usw.) gibt es dann eine ganze Reihe von GRI-Indikatoren, von welchen einige bindend sind (Kernindikatoren) und andere als Vorschlag bestehen. Im aktuellen Berichtsstandard GRI G4[33] soll eine Wesentlichkeitsanalyse vorgeschaltet werden, damit wesentliche Nachhaltigkeitsaspekte erkannt und in die Berichterstattung einbezogen werden können. Schlussendlich gibt es noch eine Reihe von „Sector Supplements", also brancheneinschlägiger Zusatzindikatoren, über die nur Unternehmen einer bestimmten Branche Aussagen treffen können. Damit steht ein Berichtsrahmen, welchen Organisationen nutzen können, um ihre ökonomische, ökologische und soziale Leistung zu messen. GRI bemüht sich um eine kontinuierliche Verbesserung und eine zunehmenden Anwendung des Leitfadens, welcher der Öffentlichkeit zur freien Verfügung steht.

In den themenspezifischen Kapiteln dieses Buches werden die einzelnen GRI-G4 Indikatoren im Kontext erwähnt, so dass auf eine Aufzählung an dieser Stelle verzichtet wird. Unternehmen können sich den Bericht auch extern testieren lassen.

Unternehmensführung nach Leitfaden ISO 26000

Die ISO 26000 trägt den Titel „Leitfaden gesellschaftlicher Verantwortung" und ist eine Richtschnur mit Orientierung und Empfehlungen, wie sich Unternehmen (oder andere Organisationen jeglicher Art) verhalten sollten, damit sie als gesellschaftlich verantwortlich angesehen werden können. Der Leitfaden wurde im November 2010 veröffentlicht.

Die ISO 26000 ist keine Managementsystemnorm wie die ISO 14001 oder ISO 50001. Sie versteht sich als ein nicht-zertifizierbarer Leitfaden; sie ist weder für Zertifizierungszwecke noch für gesetzliche oder vertragliche Anwendungen vorgesehen. Entsprechend steht im Text der Norm: *„Jegliche Angebote zur Zertifizierung oder die Behauptung, gemäß ISO 26000 zertifiziert zu sein, widersprechen der Absicht und dem Zweck dieser internationalen Norm. Sie stellen einen Missbrauch der ISO 26000 dar."*

---

33 GRI (2013)

Der Leitfaden zeigt auf, was soziale Verantwortung bedeutet, hilft Unternehmen und Organisationen Prinzipien effektiv umzusetzen und führt - so der Eigenanspruch - die besten Praktiken der sozialen Verantwortung weltweit zusammen.

Echte Praxisbeispiele der umfänglichen Anwendung der ISO 26000 gibt es noch recht wenige.

Die UN Principles for Responsible Investment (PRI)

Finanzinstitute haben bei der nachhaltigen Entwicklung eine besondere Rolle. Vorhaben, die nicht finanziert werden können, finden - außer bei staatlicher Initiative - in aller Regel nicht statt. Die Bereitstellung von Kapital für neue nachhaltige Wirtschaftsformen, die Energiewende und die beschriebenen Transformationsprozesse der Wirtschaft sind einerseits eine gewaltige Herausforderung, bieten der Finanzbranche allerdings auch erhebliche Chancen. Banken, Finanzinvestoren, Vermögensinhaber und Vermögensverwalter gehen seit einiger Zeit zunehmend dazu über, die ESG-Kriterien bei ihren Investitionsentscheidungen zu berücksichtigen.

Dazu kommt, dass nachhaltig zu investieren auch aus Renditegesichtspunkten attraktiv erscheint: *„In einer im Jahr 2009 von Mercer gemeinsam mit der United Nations Environment Programme Finance Initiative (UNEP FI) durchgeführten Meta-Studie "Shedding Light on Responsible Investment Performance" wird in 20 der 36 untersuchten Studien ein signifikanter positiver Zusammenhang zwischen dem Einbezug von ESG-Faktoren und der finanziellen Rendite aufgezeigt, während nur drei Studien einen negativen Zusammenhang aufzeigen.“*[34]

Auf Initiative des damaligen Generalsekretärs der Vereinten Nationen, Kofi Annan, wurden seit 2005 durch institutionelle Investoren die UN Prinzipien für Responsible Investment (PRI) entwickelt. Im Oktober 2012 hatten mehr als 1100 Investoren, Vermögensverwalter, Dienstleister und Netzwerkunterstützer aus aller Welt die Prinzipien unterzeichnet, darunter auch 39 deutsche Institutionen. Die Unternehmen verfügen gemeinsam über ein Gesamtkapital von 30 Billionen $. Die Unterzeichner der PRI verpflichten sich - soweit mit ihrer treuhänderischen Verantwortung vereinbar - zur Anwendung von sechs Prinzipien:

---

[34] BMU/PRI (2012), S. 7

1. *Wir werden ESG-Themen (ESG = environmental, social, governance) in die Analyse- und Entscheidungsprozesse im Investmentbereich einbeziehen.* Dieses Prinzip soll sich durch alle Säulen des Geschäftsmodells ziehen und bei Research, Analyse, Portfolie-Gestaltung, Kreditvergabe usw. berücksichtigt werden. Als ESG-Themen werden ökologische, soziale und Themen der guten Unternehmensführung gleichermaßen verstanden, so dass die konsequente Anwendung dieses Prinzips beispielsweise sowohl dazu führen kann, dass ein Unternehmen mit schlechten oder gar rechtswidrigen Arbeitsbedingungen keinen Kredit erhält, eine Pipeline im Urwald nicht finanziert wird oder das Portfolio eines Fonds umgeschichtet würde.
2. *Wir werden aktive Anteilseigner sein und ESG-Themen in unserer Anlagepolitik und -praxis berücksichtigen.* Mit diesem Prinzip ist gemeint, dass PRI-Zeichner sich aktiv einmischen und z.B. bei Unternehmen, deren Anteilseigner sie sind, im Interesse einer nachhaltigen Entwicklung des Unternehmens Einfluss nehmen.
3. *Wir werden Unternehmen und Körperschaften, in die wir investieren, zu einer angemessenen Offenlegung in Bezug auf ESG-Themen anhalten.* Mit diesem Prinzip soll für mehr Transparenz gesorgt werden. Finanzinvestoren sollen hiermit Ihre Macht einsetzen, um für die Erfüllung von Rechenschaftspflichten zu sorgen und eine transparente Berichterstattung bezüglich Nachhaltigkeitsthemen einzufordern.
4. *Wir werden die Akzeptanz und die Umsetzung der Prinzipien in der Investmentbranche vorantreiben.*
5. *Wir werden zusammenarbeiten, um unsere Wirksamkeit bei der Umsetzung der Prinzipien zu steigern.* Das Kooperationsprinzip soll ESG-interessierten Unternehmen helfen, ihre gemeinsamen Interessen durchzusetzen, Informationen auszutauschen, neue Themen gemeinsam zu analysieren und Standards zu entwickeln. Wenn sich z.B. bei bestimmten Technologien in der Finanzbranche durchsetzt, dass ein Projekt unterhalb gewisser Standards am Weltmarkt gar nicht finanzierbar ist, dann findet es unterhalb dieser Standards auch nicht statt. Das gilt für Staudämme genauso wie für Supertanker: Ab jenem Tag, an dem keine Bank der Welt einen einwandigen Tanker mehr finanziert, wird auch kein solcher mehr gebaut.
6. *Wir werden über unsere Aktivitäten und unsere Fortschritte bei der Umsetzung der Prinzipien Bericht erstatten.* Für die Berichterstattung gibt es ein verbindliches Rahmenwerk, das ab 2014 novelliert sein wird.

Dieser Berichtsrahmen besteht aus 14 Modulen, von denen drei für alle Teilnehmer verpflichtend sind, alle anderen Module gelten jeweils nur für bestimmte Anlageformen.

Auch wenn die Tiefe und Art der Umsetzung der Prinzipien durch die Organisation selber interpretiert werden darf - ähnlich wie bei den Global Compact - und nur der Fortschrittsbericht nach Prinzip 6 verpflichtend ist, so sorgen die PRI dennoch zunehmend dafür, dass Geld für nachhaltige Projekte zur Verfügung gestellt wird - oder noch wichtiger, dass die Finanzierung nicht nachhaltiger Projekte schwieriger wird. Aus meiner eigenen Zertifizierungs- und Beratungserfahrung bei großen deutschen Unternehmen der Finanzbranche kenne ich zahlreiche vorbildliche Beispiele, bei denen auf Initiative von institutionellen Investoren großartige Projekte entstanden sind und bei welchen internationale Vorhaben wie Staudämme, Fabriken usw. deutlich nachhaltiger und umweltfreundlicher gestaltet worden sind, als dies ohne ESG-Berücksichtigung noch vor einigen Jahren der Fall gewesen wäre.

UNEP PSI: Principles for Sustainable Insurance

Die „Principles for Sustainable Insurance“ sollen Versicherern als Leitfaden für die Berücksichtigung von Nachhaltigkeitskriterien in ihrem Kerngeschäft dienen. Analog zum Ansatz der PRI für Kapitalanlagen verlaufen die PSI für die Versicherungsbranche. Mit der Unterzeichnung verpflichten sich die Versicherer, entlang der gesamten Wertschöpfungskette die ESG-Aspekte zu berücksichtigen und systematisch in die Aktivitäten mit allen Stakeholdern einzubeziehen. Die PSI sollen sich als weltweit gültige, freiwillig vereinbarte Nachhaltigkeitsgrundsätze in der Versicherungswirtschaft etablieren. Gemäß den Prinzipien setzen sich die Unternehmen individuelle Ziele und formulieren konkrete Maßnahmen. Über die Fortschritte wird regelmäßig berichtet.

Alle dargelegten Instrumente haben gemein, dass sie bewährt, sinnvoll und zielführend sind, wenn sie entsprechend eingesetzt werden. Jedoch darf keines der Instrumente und auch die Kombination mehrerer oder gar aller Instrumente mit einer nachhaltigen Unternehmensausrichtung verwechselt werden. Wirklich nachhaltig ist eine Unternehmensausrichtung erst, wenn es eine eindeutige Strategie zur Positionierung des Unternehmens im Kontext der nachhaltigen Entwicklung gibt und Unternehmen bereit sind, Ihr

Geschäftsmodell und ihre Wertschöpfungsprozesse so zu verändern, dass sie auch in einer nachhaltigen Welt erfolgreich bestehen können. Danach können einzelne der oben geschilderten Instrumente im Rahmen der Unternehmensstrategie eingesetzt werden. Wie dies erfolgen kann lesen Sie in Kapitel 3.2.

3.2 Chancen, Risiken und Anpassungsbedarf der Unternehmensstrategien

Als Impuls für Anpassungen der Unternehmensstrategie möchte ich ein Zitat aus dem wundervollen Roman „Zwei von Zwei" des italienischen Schriftstellers Andrea De Carlo aus dem Jahr 1989 an den Anfang dieses Kapitels stellen:

„Fast alles, was industriell produziert wird, ist nur dazu da, den Leuten Gründe zu liefern, das Geld auszugeben, das sie mit einer Arbeit verdienen, die sie nie tun würden, wenn sie kein Geld verdienen müssten. Die Geschäfte sind voll mit unnützem Kram und Spielzeug, das kaputtgeht und Kleidern, die aus der Mode kommen, bloße Lockvögel, die man den Vorübergehenden vor die Augen setzt, damit die Maschinerie in Gang bleibt und menschliche Energie in Umlauf kommt. Und das ist nur möglich, weil die Menschen an Orten leben müssen, wo sie nicht mehr die geringste Kontrolle über ihre Umgebung haben über das, was sie essen und was sie anziehen. Alle leben nur noch auf Pump, alles, was sie brauchen, müssen sie kaufen, und sie können nie genug kriegen, sie glauben immer noch mehr zu brauchen."[35]

Im darauf folgenden Satz des Romans leitet der Protagonist hieraus die Notwendigkeit ab, die Industrien zu zerstören, was im Kontext des zeitlichen Hintergrundes des Romans in der 68er Szene und der antibürgerlichen Einstellung des sprechenden Studenten zu sehen, aber natürlich Unsinn ist. Auch die nachhaltige Konsumentengesellschaft wird wissens- und industriebasiert sein, wobei nach meiner Prognose das Handwerk und die Manufaktur wieder an Stellenwert gewinnen werden. Trotzdem wird die Industrie sich wandeln und ihre Wertschöpfungsprozesse und Geschäftsmodelle adaptieren müssen um erfolgreich zu bleiben und wenn Sie selber feststellen, dass Ihr eigener wirtschaftlicher Erfolg auf einem Modell basiert, wie es in dem obigen Zitat beschrieben wird, dann wird es höchste Zeit für Veränderungen.

---

[35] De Carlo (1989)

Dass aktuelle Studien das Engagement führender Unternehmen zum Thema Nachhaltigkeit bereits belegen und dass sich diese Unternehmen in eine Gruppe „engagierter Vorreiter" und „fokussierter Aktivisten" teilt, hatte ich weiter oben bereits zitiert.[36] Es gibt sicher diverse Methoden, Ökologie und Nachhaltigkeit in ein bestehendes Geschäftsmodell zu integrieren. Die Unternehmensberatung Steria-Mummert kommt im 2013 veröffentlichten „Managementkompass nachhaltige Wertschöpfung" zu fünf Empfehlungen:

1. Nachhaltigkeit zum integralen Bestandteil der Unternehmensstrategie zu machen,
2. die Einhaltung von Gesetzen und Regeln in den Fokus zu setzen,
3. die Transparenz der Produkte zu erhöhen und die wachsende Zielgruppe nachhaltig orientierter Konsumenten zu berücksichtigen,
4. den ökologischen Fußabdruck des eigenen Unternehmens zu reduzieren und
5. der sozialen Verantwortung gegenüber Arbeitnehmern und anderen Stakeholdern gerecht zu werden.

Befragt nach der Bedeutung nachhaltigen Wirtschaftens in der globalen Wertschöpfungskette des eigenen Unternehmens finden 36 % der befragten Unternehmen das Thema sehr wichtig und 32 % „eher wichtig".[37]

Unternehmen erkennen also eindeutig die Bedeutung des Themas. Nach meiner Beobachtung handeln allerdings immer noch nicht wirklich viele Unternehmen nach dieser Erkenntnis. Und jene, die in den Studien als nachhaltig handelnd erfasst werden, zeigen viele sehr lobenswerte Aktivitäten, verstehen unter nachhaltigem Handeln jedoch häufig Einzelansätze wie verbesserte Ressourceneffizienz, eingesparte Energie usw., verfolgen aber zumeist keinen vollständigen Ansatz für ein Produkt und Prozesse, die in einer wirklich nachhaltigen Wirtschaftsbetrachtung Konsistenz hätten.

Woran meinen Sie, liegt das? Den Managementempfehlungen der zitierten Studie kann ich mich anschließen, ich empfehle meinen Kunden seit vielen Jahren ähnliches, je nach Auftragsumfang und -schwerpunkt mit unterschiedlichen Schwerpunkten und Nuancierungen. Es fehlt in den Unternehmen meiner Auffassung nach allerdings ein vorgeschalteter und ein begleitender Schritt: Der vorgeschaltete Schritt ist, wirklich *vertieft zu verstehen*, was Nachhaltigkeit bzw. der Trend der nachhaltigen Entwicklung

---

[36] Kienbaum (2012)

[37] Steria-Mummert (2012)

oder gar die Transformation zu einer nachhaltigen Gesellschaft für das eigene Geschäftsmodell *wirklich* bedeutet. Die meisten Unternehmen mit einem konventionellen Geschäftsmodell (damit meine ich also jene, die nicht bereits aus der „grünen" Richtung gestartet sind) verstehen unter Berücksichtigung der Nachhaltigkeit, dass sie geltendes Recht einhalten, sozial agieren bzw. sich sozial engagieren, ihre Umweltleistung messen und sukzessive verbessern und Produkte mit Umwelt- und Nachhaltigkeitskriterien ausstatten. Sie fragen sich aber nicht, ob diese Produkte in einer nachhaltigen Gesellschaft benötigt werden bzw. würden und ob ihr Geschäftsmodell unter dem Gesichtspunkt „Nachhaltigkeit" Bestand hat und wie und mit welchem Tempo sie ihr Geschäftsmodell umbauen müssten, um dies zu tun. Hieraus Visionen über einen längeren Zeitpunkt zu entwickeln ist dann der begleitende Schritt. Nachhaltigkeit verstehen und Visionen für das eigene Geschäftsmodell zu entwickeln ist somit aus meiner Sicht das fehlende Momentum.

Am Anfang dieses Prozesses steht eine Bestandsaufnahme, in deren Kern drei Fragen stehen:

1. Was bedeutet die nachhaltige Entwicklung mit all den im Abschnitt 2 des Buches beschriebenen Treibern und Prognosen für unser Geschäftsmodell?
2. Welche Teile unserer Wertschöpfungsprozesse sind nicht nachhaltig im Sinne der Definition und was können wir schrittweise daran ändern?
3. Was kann unser Unternehmen besonders gut und was kann man davon im Kontext der nachhaltigen Entwicklung nutzen? Mit dieser letzten Frage ist gemeint, dass ein Unternehmen, das hochkompetent im Präzisionsschleifen von Metall ist, natürlich ebenso gut Teile für Flugzeugturbinen wie für Windräder schleifen kann. Natürlich nicht von heute auf morgen, aber mittelfristig.

Erst wenn man diese drei Fragen sorgfältig bearbeitet, durchleuchtet und beantwortet hat, kann man Nachhaltigkeit in den Kern künftigen Handelns stellen.

Wie man die dann folgenden Schritte - Legal Compliance, Erhöhung der Transparenz der Produkte, Reduzierung des eigenen ökologischen Fußabdrucks und Verbesserung der sozialen Verantwortung - umsetzt, dem widmen sich die einzelnen Fachkapitel im Kapitel 4 und 5. Für die Verbesserung des

„ökologischen Fußabdrucks" werden vom IPCC acht Schlüsselstrategien genannt:[38]

1. Energieeffizienz
2. Übergang zu klimaneutralen Treibstoffen
3. Rückgewinnung von Wärme und Strom
4. Erneuerbare Energien
5. Recycling (gemeint ist echtes Recycling, kein sog. Downcycling, Anm. d. Autors)
6. Produktverbesserungen
7. Materialeffizienz
8. Verminderung anderer Treibhausgase als CO_2

Für mich liegt der Schlüssel zu einer echten Nachhaltigkeitsorientierung von Unternehmen in einer Kombination dieser Strategien mit sozialen Strategien, aber basiert auf einem tiefen Verständnis von Nachhaltigkeit für das eigene Geschäftsmodell. Bevor ich an Hand vom Beispielen erläutere, wie Unternehmen hierbei vorgehen können (Kapitel 6 und 7), ist es erforderlich, die einzelnen Themen der ökologischen und der sozialen Dimension der Nachhaltigkeit zu verstehen und zu ermitteln, an welchen Punkten ein Unternehmen hierzu tiefere Analysen des eigenen Geschäfts vornehmen sollte. Diesen Themen widmen sich die Kapitel 4 und 5.

4 Die ökologische Dimension der Nachhaltigkeit in der Unternehmensführung

In den Kapitel 4.1 bis 4.8 sind nach Themengebieten geordnet die wesentlichen Handlungsfelder der ökologischen Dimension der Nachhaltigkeit dargestellt.

Diese themenspezifischen Kapitel beginnen jeweils mit einer narrativen Einführung, in welcher ich aus dem aktuellen fachlichen Diskussionsstand und der Literatur die wichtigsten Grundlagen, Zahlen und Fakten zum jeweiligen Themenfeld zusammengefasst habe. Danach schließen sich Anstöße für Risikoanalysen für Geschäftsmodelle und Auswirkungen auf das Handlungsumfeld von Unternehmen an, woraus Handlungsmaximen und Anregungen für Strategien zum Umgang mit dem jeweiligen Thema für Unternehmen im Kontext der nachhaltigen Entwicklung abgeleitet werden. Jedes Kapitel mündet in einer kurzen Zusammenfassung mit Indikatoren, die

---

[38] IPCC (2007) und Weizsäcker/Hargroves (2009)

zur Unternehmenssteuerung und zur Nachhaltigkeitsberichterstattung verwendet werden können. Im Grundsatz orientieren sich die Indikatoren am Standard G4 der Global Reporting Initiative (GRI) und sind auch entsprechend benannt. In einigen Fällen habe ich zusätzliche, nach meiner Erfahrung sinnvolle Indikatoren ergänzt, die nicht im GRI G4 vorkommen, für eine Nachhaltigkeitsstrategie aber m.E. dienlich sind. Vor Nutzung des Berichtstandards GRI G4 weise ich ausdrücklich darauf hin, dass die entsprechenden Richtlinien der GRI anzuwenden sind.[39]

Zum Abschluss findet sich eine Führungskräfte-Checkliste zu jedem der Themen. Bei diesen Checklisten ist folgendes zu beachten: Es handelt sich bewusst um übergeordnete Checklisten, mit denen Unternehmer oder andere Führungskräfte feststellen können, ob das jeweilige Thema für ihre Unternehmen relevant ist und ob das Unternehmen eine angemessene Risikoanalyse und Strategie entwickelt hat. So zum Beispiel ist die Checkliste zum Themenfeld „Energie" nicht dazu gedacht, ein Energiemanagement-system einzuführen oder eine detaillierte Energieeffizienzanalyse eines Betriebes vorzunehmen (solche Checklisten gibt es bereits zu Hauf), sondern soll der Unternehmensführung eine Prüfung ermöglichen, ob das Unternehmen in Belangen von Energieeinsatz, Energieintensität der Prozesse und Produkte und zur Energieeffizienz eine angemessene Vorgehensweise und Gesamtstrategie hat. Die Fragen der Checklisten sind daher ganz bewusst (und abweichend von der Regel, in Prüfprozessen möglichst offene Fragen zu stellen) fast durchgängig als „geschlossene Fragen" formuliert, die mit „Ja" oder „Nein" oder „Nicht zutreffend" zu beantworten sind.

In den einzelnen Kapiteln weise ich auf Risiken hin und prognostiziere auch Entwicklungen, teilweise bezüglich sich ändernden Konsumentenverhaltens, aber auch legislativer Natur (etwa Kennzeichnungspflichten, Rücknahme-verpflichtungen, Stoffverbote, Effizienzgrenzwerte, Designvorgaben), welche die Geschäftsmodelle von Unternehmen in Zukunft beeinflussen können oder gefährden werden. Prognosen und Hinweise haben mit Einverständnis nicht zwingend etwas gemein. Trotz meiner tiefen Überzeugung, dass eine nachhaltige Entwicklung zum Erhalt der Umwelt und der Lebensgrundlagen künftiger Generationen wichtig ist und dauerhaft einzig zu guter Lebensqualität für möglichst viele Weltbürger führt und damit auch eine Veränderung von Geschäftsmodellen und Vorgehensweisen von Unternehmen

---

[39] GRI (2013)

erfolgen muss. Ich halte wie oben bereits erwähnt manche absehbare legislative Entwicklungen für bedenklich, weil sie Unternehmen auch Gestaltungsfreiräume nehmen oder mit einem gerade für kleine und mittlere Unternehmen schwer zu leistenden administrativen Aufwand einhergehen. Wie bei allen sich abzeichnenden Entwicklungen nützt es aber nichts, wenn Unternehmen Risiken ignorieren - ich möchte diese Entwicklungen benennen und Unternehmen helfen, ihre Strategien rechtzeitig anzupassen.

4.1 Materialeinsatz, Materialeffizienz, Sekundärrohstoffe

Das Kapitel zum Materialeinsatz, der Material- und Rohstoffeffizienz, dem Einsatz von Recyclingmaterialien und von Sekundärrohstoffen steht nicht zufällig, sondern wegen seiner hohen Bedeutung am Beginn der einzelnen themenspezifischen Kapitel. Dieses Kapitel widmet sich hierbei vornehmlich den abiotischen, nicht-energetischen Ressourcen.

Von Materialeffizienz spricht man, wenn eine möglichst geringe eingesetzte Materialmenge zur Herstellung einer bestimmten Produktmenge oder einer Dienstleistung benötigt wird. Rohstoffeffizienz heißt, dass zur Herstellung einer bestimmten Produktmenge oder einer Dienstleistung möglichst geringe Mengen Primärrohstoffe benötigt werden. Ein Produkt kann also sehr wohl zwar rohstoffeffizient, aber wenig materialeffizient sein, etwa wenn es komplett aus Recyclingmaterial besteht, aber deutlich schwerer und materialaufwändiger ist als erforderlich.

Während seit Mitte der 2000er Jahre die Energieeffizienz und die Energiewende in aller Munde (vgl. Kapitel 4.3) und Gegenstand zahlreicher politischer Projekte sind, wird nach meiner fachlichen Meinung sowohl bei Konsumenten als auch in der Industrie zu wenig auf Materialherkunft, Materialzusammensetzung und Rohstoffeffizienz über den gesamten Lebenszyklus geachtet. Dabei ist eindeutig: Jede unnötig verschwendete Menge jedweden Materials hat einen „ökologischen Rucksack" - in Form von Abraum oder Taubmaterial an den Gewinnungsstätten und/oder in Form von Energieverbrauch und Transportaufwendungen für die Bereitstellung von Materialien in einer für die Industrie verwendbaren Qualität. Damit ist Materialeffizienz auch stets ein Beitrag zur Energieeffizienz; weder die später noch erläuterte Energiewende (Kapitel 4.2) noch die Transformation zu einer nachhaltigen Gesellschaft werden gelingen, wenn die ökologische Effizienz bei Gewinnung und Einsatz von Materialien nicht verbessert wird und die Materialintensität der Lebensstile und Wirtschaftsprozesse nicht geringer wird.

Wie wenig effizient teilweise der Umgang mit Material ist, erfahre ich bei meinen Beratungsprojekten seit vielen Jahren immer wieder. Schon Ende der Neunzigerjahre habe ich mit meinem Team ein Forschungsvorhaben im Auftrag der europäischen Gemeinschaft koordiniert, hierbei ging es um die recyclingfreundliche Konstruktion von Schienenfahrzeugen. Allein ein relativ einfaches Bauteil wie die Fahrerraumtrennwand bestand zu Beginn des Projektes aus 12 verschiedenen Werkstoffen (Aluminium, Stahl, Edelstahl, Gummi, GFK, Holz, Glas, PVC, andere Kunststoffe und Kleber); mehr als die Hälfte der verbauten Werkstoffe in der Fahrerraumtrennwand waren in unlösbaren Verbindungen eingebaut und verklebt, so dass diese nicht rückbaubar und recyclingfähig waren.[40] An Wiedergewinnung des Materials nach dem Ende der Nutzung war mit einem überschaubaren Aufwand nicht zu denken. Besonders auffällig war, dass es zu vielen Aspekten der Materialvielfalt gar keine technische Notwendigkeit gab; nach dem Projekt waren es für das gleiche Bauteil nur noch sechs verschiedene Materialien, die fast durchgängig leicht trennbar montiert waren.

In diesem Kapitel ist dargelegt, wie eine moderne Unternehmensstrategie zum Thema Materialeffizienz aussieht. Da Materialeffizienz naturgemäß auch die Vermeidung und Verminderung von Abfällen bedeutet, enthält dieses Kapitel einige Bezüge und Vorgriffe auf das Kapitel 4.2 „Abfallmanagement“.

Verbrauch von Material und Rohstoffen als Nachhaltigkeitsaspekt und Wettbewerbsfaktor

Einleitend ist festzuhalten, dass die meisten Metallrohstoffe natürlich nicht in der Form verbraucht werden, wie es zum Beispiel bei fossilen Energieträgern der Fall ist, sondern gebraucht werden und oftmals durch Vermischung mit anderen Stoffen oder Verteilung in anderen Stoffmassen (dissipative Nutzung) so genutzt werden, dass eine Rückgewinnung als Ausgangsmaterial hinterher nicht mehr möglich ist. In diesem Sinn ist der Begriff „Verbrauch“ für Metalle in diesem Abschnitt zu verstehen. Mineralische Rohstoffe werden oftmals tatsächlich verbraucht, aus den Rohstoffen für Ziegel oder Zement kann man die Rohstoffe nicht in ursprünglicher Form zurückgewinnen.

Der wachsende Verbrauch von Rohstoffen ist Basis unseres Wohlstandes. Das galt durch alle Zeiten so und gilt seit Beginn der Industrialisierung in einem

---

[40] Precht et al. (2001)

besonderen Maße und zwar gleichermaßen für die Energieträger (siehe Kapitel 4.3) wie auch für andere Rohstoffe.

Es ist evident, dass jedes menschliche oder auch tierische Leben durch Stoffwechsel einen Verbrauch natürlicher Ressourcen induziert. Auf der ganz basalen Ebene beträgt der Stoffwechsel eines erwachsenen Menschen - also auch eines steinzeitlichen Jägers - durch Nahrungsaufnahme, Atmung und Transpiration ca. 800 kg pro Jahr. Mit jedem weiteren Schritt der Zivilisation und der Industrialisierung sind weitere Verbräuche von Mineralien, Metallen usw. hinzugekommen, so dass es heute auf der Welt keine menschlichen Lebensformen gibt, die mit dem Grundversorgungsstoffwechsel auskommen. Der Stoffwechsel der Bewohner eines ländlich strukturierten indischen Dorfes war Forschungsgegenstand einer viel zitierten Studie in den 90er Jahren und selbst dieser Stoffwechsel betrug 2 bis 5 Tonnen pro Einwohner und Jahr und somit das drei- bis sechsfache des Grundversorgungs-Stoffwechsels.[41] Jedes Mitglied einer modernen Industriegesellschaft jedoch induziert hingegen bereits einen Materialverbrauch von 40 bis 70 Tonnen, wovon nur ca. 20 bis 30% im eigenen Land gezählt werden, die restlichen Materialverbräuche finden in den Herkunftsländern statt, in Form von Abraum, Gewinnungsrückständen usw.

In diesem Zusammenhang ist auch festzustellen, dass viele Lebensstile und Verhaltensweisen *sehr* (bzw. vom Nachhaltigkeitsstandpunkt *„zu"*) materialintensiv sind: Permanenter Ersatzkauf statt lange Nutzung und Reparatur von Gebrauchsgütern, Ersatzbefriedigungen durch eigentlich unnötige Anschaffung von Gegenständen (das psychologisch wohltuende Gefühl, sich etwas Neues gegönnt zu haben) und der immer noch funktionierende Effekt, dass viel Material auch Wertigkeit vermittelt, sind u.a. hierfür verantwortlich. Gerade unnötige Materialmengen, um Wertigkeit zu vermitteln, haben sich in den letzten Jahrzehnten verbreitet. Um nur ein Beispiel zu nennen: Früher waren Einwegbecher für ein paar Kugeln Eis aus gewachster oder hauchdünn beschichteter Pappe und damit zumindest aus einem nachwachsenden Rohstoff. Seit einigen Jahren bekommt man in vielen Eisdielen Einwegbecher aus hochwertigem, transparentem, dickwandigem Kunststoff. All dieser Aufwand, damit der Becher nach zehn Minuten im Abfall landet und mit hoher Wahrscheinlichkeit nicht einem Recycling zugeführt werden kann. Abgesehen davon, dass solche Gegenstände in vielen Ländern der Welt Bestandteil des Hausstandes würden, als so wertig würden sie empfunden - fast niemandem

[41] Mehta & Winiwarter (1997)

in unserer Gesellschaft fällt aktuell solche Verschwendung als störend auf, so sehr haben wir uns an Materialverschwendung gewöhnt.

Auch niedrigste Preise verleiten zur Materialvergeudung: Das Top für 5 Euro, das T-Shirt für den gleichen Preis hat es kaufkraftbereinigt früher nicht gegeben. Zu diesem Preis wird arglos und ohne viel Nachdenken „mitgenommen" und die Anzahl von Gebrauchsgegenständen oder Textilien, die zu minimalen Preisen gekauft werden, ist immer weiter gestiegen - ohne wirkliche Verbesserung der Lebensqualität der Menschen und ohne dass die Gegenstände wirklich gebraucht würden - zumal sie meist ja auch nicht lange halten.

Manches sind auch nur Gewohnheiten: Es ist in unserer Gesellschaft Usus (und natürlich rein menschlich auch liebenswert) Gastgebern kleinere oder größere Geschenke mitzubringen oder auch Gäste bei der Verabschiedung mit kleinen Aufmerksamkeiten zu bedenken. Mit zunehmendem Wohlstand haben diese Liebenswürdigkeiten aber ein Maß erreicht, das oftmals unnötig und materialverschwendend ist. Der moderne und etwas despektierliche Begriff „Give-aways" verdeutlicht bereits, dass es sich zumeist um Gegenstände von wenig Wert handelt. Überlegen Sie selbst einmal, wie viele Gegenstände Sie besitzen, die Ihnen bei Besuchen, Messen, Veranstaltungen usw. übergeben wurden und die nun zu Hause Platz wegnehmen, aber niemals benutzt und eines Tages vermutlich fortgeworfen werden: Zahlreiche nie verwendete Kugelschreiber, Windlichter, Miniaturmodelle, Sticker, Wimpel, Fähnchen, Kunststofffiguren, bedruckte Beutel, T-Shirts mit Werbeaufdrucken, Druckschriften, die nie jemand liest u.v.m. Und überlegen Sie weiter, ob Ihr Leben an irgendeiner Stelle schlechter wäre, wenn Sie diese Gegenstände nicht bekommen hätten; ich behaupte nein. Unabhängig davon, dass ich persönlich meine, man sollte nur Gegenstände verschenken, die der Beschenkte wirklich braucht, behaupte ich, dass derlei Verhaltensweisen sich in Zukunft über Preise der Materialien oder Umdenken in der Gesellschaft überholen werden.

Um auch an dieser Stelle nicht die Unterstellung einer falschen Intention zuzulassen: Ich behaupte, dass eine materialeffizientere und weniger rohstoffintensive und somit nachhaltigere Wirtschaft genauso oder sogar noch mehr unternehmensfreundlich und prosperierend sein kann und auch sein sollte wie die aktuelle Wirtschaft - sie wird anders, aber nicht schlechter. Details hierzu werde ich in der Folge und auch im Kapitel „Produktgestaltung" darlegen.

Zahlreiche geogene Rohstoffe, also Mineralien, Erze, Metalle etc. sind geologisch bereits jetzt knapp oder mit einem hohen Verfügbarkeitsrisiko versehen, sei es, weil sie ein hohes Länderrisiko (d.h. Konzentration der verfügbaren Vorräte in wenigen Ländern mit bestimmten Risiken) oder eine hohe Firmenkonzentration (d.h. ein sehr hoher Anteil der Weltförderung liegt in der Hand sehr weniger Anbieter) haben. Schwankungen und Steigerungen der Materialpreise sind somit die notwendige Folge.

In ihrem „Fahrplan für ein ressourcenschonendes Europa" hat die europäische Kommission 2011 festgehalten: *„Im Laufe des 20. Jahrhunderts hat sich der weltweite Verbrauch von fossilen Brennstoffen verzwölffacht. Der Abbau von Bodenschätzen ist um den Faktor 34 gestiegen. In der EU verbrauchen wir heutzutage jährlich 16 Tonnen Werkstoffe pro Person, davon werden 6 Tonnen zu Abfall und die Hälfte endet auf einer Deponie. Trends deuten jedoch darauf hin, dass die Zeit der im Überfluss vorhandenen und preisgünstigen Ressourcen vorüber ist. Die Unternehmen müssen immer höhere Preise für unverzichtbare Rohstoffe und Mineralien zahlen, ihre Knappheit und die starken Preisschwankungen schaden der Wirtschaft."*[42]

Schon diese wenigen Zahlen verdeutlichen, dass der Verbrauch von nicht nachwachsenden Rohstoffen in diesem Tempo nicht weiter steigen kann und dass der Erhalt unseres Wohlstandsniveaus nur gesichert werden kann, wenn Materialien im Sinne einer echten Kreislaufwirtschaft immer wieder verwendet werden und sich unser Lebensstil vom Verbrauch neu abgebauter Rohstoffe entkoppelt.

Materialeffizienz und Rohstoffeffizienz sind somit Wettbewerbsfaktoren, die nach meiner Einschätzung künftig noch relevanter sein werden als die Energieeffizienz. Man hört diese Priorisierung aktuell fast nie, weil mit den Preisentwicklungen für Energieträger zwischen 2007 und 2013 und der beschleunigten Energiewende nach dem Atomausstieg 2011 (in Folge der Reaktorkatastrophe von Fukushima) die Themen Energieeinsparung, Energieeffizienz und Einsatz erneuerbarer Energien für Unternehmen durch politische Vorgaben in den Fokus gerückt wurden (Steuervorteile nur mit Energiemanagementsystemen, Verpflichtung zu Energieaudits; siehe Kapitel 4.3). Bei tieferem Durchdenken der Fakten ist aber evident, dass die Wirtschaft in Europa zwar aktuell noch stark auf importierten fossilen Energieträgern basiert, dass diese Abhängigkeit aber durch Inlandsproduktion erneuerbarer Energien ersetzt werden kann - genau dies ist die

[42] Europäische Kommission (2011), S. 2

sogenannte Energiewende. Eine analoge „Rohstoffwende“ ist möglich, aber schwieriger. Sicher lassen sich einzelne Rohstoffe durch andere Materialien ersetzen oder knappe, importierte Primärrohstoffe durch Sekundärrohstoffe (Recycling) ersetzen. Die Option, importierte mineralische Rohstoffe durch Inlandsquellen zu ersetzen, so wie es möglich ist, sich von fossilen Energieträgern durch im Inland erzeugte regenerative Energien unabhängiger zu machen, entfällt fast durchgängig - außer eben durch Kreislaufführung, die großer technischer Veränderungen in Materialverwendung und Produktgestaltung bedarf. Wenn ein Metall (einige „Selten Erden“ sind nur ein prominentes Beispiel) in Europa geologisch kaum vorkommt, dann kann man es auch nicht „backen“.

Welche gewaltige Chance eine verbesserte Rohstoff- und Materialeffizienz für Unternehmen birgt, geht aus folgenden Zahlen hervor: Noch vor den Personalkosten und mit weitem Abstand vor den Energiekosten (die zur Zeit viel stärker im Fokus stehen) stellen die Materialkosten mit über 45 % den größten Kostenblock im produzierenden Gewerbe dar. Und: *„Während die Arbeitsproduktivität seit 1960 um den Faktor 3,5 gesteigert werden konnte, blieb die Entwicklung der Materialproduktivität weit zurück (Faktor 2). Studien haben gezeigt, dass eine 20-30%ige Steigerung der Materialeffizienz [...] realisierbar erscheint.“*[43] Für den Wirtschaftszweig „Herstellung von Metallerzeugnissen“ wurde in einer Studie des Zentrums Ressourceneffizienz des VDI im Jahr 2013 ein Potenzial von Materialeinsparungen von jährlich bis zu 2,3 Milliarden € ermittelt, während das ermittelte Potenzial der Energie Einsparungen "nur" bis zu 631 Millionen € pro Jahr betrug.[44]

Dazu kommt: Während der Bezug und die Erzeugung von Energie sowie eine verbesserte Energieeffizienz für fast alle Branchen des produzierenden und verarbeitenden Gewerbes ein Neben- oder Unterstützungsprozess ist (schlussendlich ist den Unternehmen ja egal, ob der Strom oder die Wärme aus einem Kohlekraftwerk oder einer Biogasanlage kommt), bedarf es zur Verbesserung der Material- bzw. Rohstoffeffizienz meist eines Eingriffs in die Kernwertschöpfungsprozesse und/oder die Produktgestaltung der Unternehmen. Derlei ist naturgemäß immer langwieriger und heikler als eine Veränderung von Nebenprozessen. Daher sage ich noch einmal ganz klar: Strategisch sind Rohstoffeffizienz und Materialeffizienz für die meisten Branchen noch relevanter als Energieeffizienz!

---

[43] demea (2011), S. 1
[44] VDI ZRE (2013)

Material- und Rohstoffeffizienz in Unternehmen - ein paar einfache Fakten zum Status

Ein Grundproblem bei der Verfügbarkeit von Rohstoffen ist die Importabhängigkeit. Die Europäische Kommission hat diese Erkenntnis unter dem Titel „Umgestaltung der Wirtschaft" in dem bereits erwähnten „Fahrplan für ein ressourcenschonendes Europa" auf den Punkt gebracht: *„Europa hat weltweit die höchsten Netto-pro-Kopf-Einfuhren von Rohstoffen und seine freie Wirtschaft hängt in hohem Maße von eingeführten Rohstoffen und Energieträgern ab. Der sichere Zugang zu Ressourcen ist eine wirtschaftliche Frage von zunehmender strategischer Bedeutung geworden, wobei mögliche negative soziale und ökologische Auswirkungen auf Drittländer ein zusätzliches Problem darstellen. Im Jahr 2007 verbrauchte die Wirtschaft in der Europäischen Union insgesamt mehr als 8 Mrd. Tonnen Werkstoffe. Wir könnten diese Menge senken und gleichzeitig die Produktion und die Wettbewerbsfähigkeit steigern. Durch eine bessere Wiederverwendung von Rohstoffen durch verstärkte „Industriesymbiose" (bei der einige Firmen die Abfälle anderer Firmen als Ressource nutzen) in der gesamten EU könnten darüber hinaus 1,4 Mrd. EUR im Jahr gespart und Verkäufe im Wert von 1,6 Mrd. EUR generiert werden. Einer Studie zufolge kann eine bessere Ressourceneffizienz in der verarbeitenden Industrie in Deutschland allein jährliche Einsparungen zwischen 20 % und 30 % erbringen und bis zu 1 Million Arbeitsplätze im Land schaffen. In einer anderen neueren Studie werden die Einsparungen, die Unternehmen im Vereinigten Königreich durch Ressourceneffizienz-Maßnahmen erzielen könnten, die wenig oder nichts kosten, auf 23 Mrd. GBP geschätzt."*[45]

Reflexartig würde man sagen, dass man der Knappheit von Rohstoffen mit erhöhten Explorationstätigkeiten begegnen kann. Jahrhundertelang wurde auf der Welt auch so gehandelt und nicht zuletzt hierdurch unser immenses Wohlstandsniveau erreicht: Die Gewinnung mineralischer Rohstoffe war und ist Basis für neue Arbeitsplätze, Absatzmarkt für ganze Industrien und Motor für die Herstellung völlig neuer Produkte. In manchen Fällen ist dies auch weiterhin erforderlich, etwa wenn sich Europa hierdurch für bestimmte Rohstoffe von Länderrisiken oder Firmenkonzentrationen entkoppeln kann. Auch wenn sich noch viele neue Quellen für Rohstoffe finden lassen (z.B. durch Tiefseebergbau): Es ist nicht nachhaltig, künftigen Generationen

---

[45] Europäische Kommission (2011), Seite 6

gegenüber nicht fair und auch ökonomisch nicht klug, auf Rohstoffknappheit vornehmlich mit der Erschließung neuer geologischer Quellen zu reagieren. Die Empfehlungen des Rates für Nachhaltige Entwicklung „Wie Deutschland zum Rohstoffland wird", an denen neben Wissenschaftlern auch zahlreiche Experten aus Unternehmen mitgewirkt haben, vermerken hierzu in der Präambel: *„Der absolute Rohstoffverbrauch in Industrieländern ist angesichts der Tragfähigkeit der Erde zu hoch. Die Knappheit von Rohstoffen stellt eine Grenze für das Wirtschaften und den Konsum dar. Knappheit ist dabei nicht nur durch geologische Gegebenheiten oder wirtschaftlich-technische Grenzen von Extraktion oder Wiederverwertung begründet. Vielmehr gibt es regulative Schranken sowie ökologische und soziale Verhaltensgebote, die zur Knappheit eines Rohstoffes führen. Die reine Intensivierung von Explorationstätigkeiten und Zugang zu Primärrohstoffen wird Anforderungen an eine nachhaltige Rohstoffwirtschaft nicht gerecht. Vielmehr muss es zu einer absoluten Reduktion des Verbrauchs nicht erneuerbarer Rohstoffe und der Entkopplung des Wirtschaftswachstums vom Rohstoffverbrauch kommen."* [46]

In der Europäischen Union fallen jedes Jahr 2,7 Milliarden Tonnen Abfall an - nur 98 Millionen Tonnen davon, also unter 4 %, sind gefährliche Abfälle. Wiederverwendet oder recycelt werden im Durchschnitt nur 40 % der festen Abfälle,[47] das bedeutet, der Rest geht auf Deponien (die Deponierung von Stoffen mit einem organischen Anteil, dem sog. Glühverlust wurde in Europa über die Abfallgesetzgebung zwar bereits weitestgehend beendet, die Deponierung von Inertstoffen und Mineralien und der Bergversatz finden aber weiterhin satt, vgl. auch Kapitel 4.2.) oder in Verbrennungsanlagen. Bestimmte Abfallströme, z.B. Bau- und Abbruchabfälle, Klärschlämme und ins Meer entsorgte Abfälle nehmen in Europa weiter zu. Die Menge der Elektro- und Elektronik-Altgeräte steigt permanent, schon auf Grund der kurzen Innovationszyklen und des immer weiter fortschreitenden Einzugs der Elektronik und digitaler Technologien in allen Lebensbereichen.

In Deutschland werden mehr als 80 % des Abfalls recycelt. Deutschland ist bei der Sammlung und stofflichen Verwertung von Glas, Kupfer und einigen anderen Metallen, Verpackungen, Papier und Batterien, Vorreiter. Mehr als 55 % des Aluminiums, etwa 42 % des Kupfers und etwa 44 % des Rohstahls stammen aus sekundären Rohstoffen. Die Recyclingquote für Altglas liegt bei 80 %, bei Bauabfällen gar bei 90 %[48] (wobei es sich hier vornehmlich um

---

[46] Rat für Nachhaltige Entwicklung (2011), S. 3 f.

[47] Zahlen aus: Europäische Kommission (2011), S. 8

[48] BGR (2014)/1

„Downcycling" handelt). Das sind weltweite Spitzenwerte, aber hierbei ist auch zu beachten, dass die deutsche Importabhängigkeit für Metallerze und -konzentrate (Primärrohstoffe) bei 100 % liegt - Deutschland ist auf Recycling angewiesen.

Die Rohstoffproduktivität in Deutschland ist zum Beispiel im Zeitraum von 1994 bis 2008 von der Basis 100 auf den Index 139,6 gestiegen, während die Rohstoffentnahme und die Importe von 100 auf 88,9 abfielen. Dies zeigt, dass es grundsätzlich möglich ist, Abfall als Rohstoff einzusetzen.

Die optisch hohe Recyclingquote von 80 % und die gestiegene Rohstoffproduktivität täuschen jedoch über eine wichtige Tatsache hinweg: Die Zahlen sehen durch die großen Massen von Baustoffen, Glas, Stahl, Verpackungskunststoffen usw. besser aus, als sie es in Wahrheit sind. Gerade bei vielen Metallen, Halbmetallen und Selten Erden, die für Innovationen und auch die neuen Technologien der Energiewende dringend benötigt werden, ist die Rückgewinnung geradezu marginal. Am Ende des Lebenszyklus und im Post-Consumer-Segment, also wenn man die anlageninterne Kreislaufführung in Herstellungswerken außer Betrachtung lässt, liegen die Recyclingquoten dieser wertvollen und sehr importabhängigen Stoffe nach den mir vorliegenden Zahlen unter 3 % - was einerseits an der schlechten Erfassung, vor allem aber an der Feinverteilung der Stoffe in den Produkten liegt. Nach einer aktuellen Studie sind die Recyclingraten von Metallen im Post-Konsumentenbereich zum Beispiel für Indium und Yttrium quasi null, für Tantal und Neodym unter 1 %, aber auch die Stoffströme von Massenmetallen und vielen Mineralien leiden unter einem permanenten Materialverlust durch dissipative Verwendung und nicht ausreichende Materialerfassung nach Ende der Nutzung.[49] Für solche Stoffe müssen daher statt der allgemeinen Zahl der Rohstoffproduktivität sehr viel feinere, stoffspezifische Indikatoren verfolgt werden und völlig neue Produktstrategien entwickelt werden, wenn man die risikobehaftete Abhängigkeit reduzieren will. Die Kommission formulierte daher sehr eindringlich: *„Eine bessere Abfallbewirtschaftung ermöglicht eine bessere Ressourcennutzung und kann neue Märkte erschließen, Arbeitsplätze schaffen sowie die Abhängigkeit von Rohstoffeinfuhren und die Umweltauswirkungen verringern. Wenn aus Abfällen Ressourcen werden sollen, die als Rohstoffe in die Wirtschaft zurückgeführt werden, muss der Wiederverwendung und dem Recycling eine viel höhere Priorität eingeräumt werden. Eine Kombination von Strategien würde dazu beitragen, eine*

[49] Wuppertal-Institut (2014), S. IV

vollständige Recyclingwirtschaft zu schaffen, darunter Produktdesign nach dem Lebenszykluskonzept, bessere Zusammenarbeit aller Marktteilnehmer der Wertschöpfungskette, bessere Abfallsammelsysteme, ein geeigneter Regelungsrahmen, Anreize für Abfallvermeidung und Recycling sowie öffentliche Investitionen in moderne Anlagen für Abfallbehandlung und hochwertiges Recycling.“[50] In der gleichen Publikation stellt die Kommission aber auch heraus, dass es nicht nur um Mineralien und Metalle, sondern auch um organische Rohstoffe geht, die zwar nachwachsen, aber dennoch knapp sind: *„Die Wertschöpfungskette Lebensmittel und Getränke in der EU ist für 17 % unserer direkten Treibhausgasemissionen und 28 % des Verbrauchs materieller Ressourcen verantwortlich, wobei unsere Verbrauchsmuster globale Auswirkungen haben, insbesondere in Zusammenhang mit dem Verzehr tierischer Eiweiße. Dieser Sektor ist auch ein großer Verbraucher von Wasser hoher Qualität, das für seinen Erfolg unverzichtbar ist. Wir verschwenden aber alleine in der EU jedes Jahr 90 Millionen Tonnen Lebensmittel; das entspricht 180 kg pro Person. Oft handelt es sich dabei um Erzeugnisse, die noch genusstauglich sind. Eine gemeinsame Anstrengung von Landwirten, der Nahrungsmittelindustrie, Einzelhändlern sowie Verbraucherinnen und Verbrauchern in Form von ressourcenschonenden Erzeugungsmethoden, der Auswahl nachhaltiger Lebensmittel (im Einklang mit den WHO-Empfehlungen zur Menge der pro Person verzehrten tierischen Eiweiße, einschließlich Fleisch und Milcherzeugnisse) und weniger Lebensmittelabfällen kann zu mehr Ressourceneffizienz und Ernährungssicherheit weltweit beitragen.“*

Angesichts der geringen Recyclingquoten vieler wesentlicher Stoffe, der dissipativen Nutzung vieler wertvoller Metalle und des hohen tatsächlichen Verbrauchs vieler Mineralien muss man eigentlich den Begriff „Verlustwirtschaft“ verwenden, eine Kreislaufwirtschaft ist unsere aktuelle Wirtschaft nicht.

Diese Art von Verlustwirtschaft wird im Kontakt der nachhaltigen Entwicklung zu einer echten Kreislaufwirtschaft umgebaut werden müssen, wenn die Lebensqualität nicht wegen Rohstoffknappheit schlechter werden soll. Knappheit kann verschiedene Ursachen haben: Geologische Knappheit, wenn die Lagerstätten der Rohstoffe tatsächlich ausgeschöpft sind (was zum Beispiel bei Phosphor der Fall ist). Technisch-wirtschaftliche Knappheit, wenn die Nachfrage höher als das Angebot oder die Lagerstättenerschließung zu teuer ist und politisch-regulatorische Knappheit, wenn zum Beispiel der

---

[50] Europäische Kommission (2011), S. 8

Import bestimmter Rohstoffe durch Regularien beschränkt wird („Konfliktmineralien") oder durch politische Krisen das Angebot kleiner wird. Als Maß für mögliche Knappheit gibt es verschiedene Indikatoren, die jährlich von der Deutschen Rohstoffagentur für zahlreiche Rohstoffe berichtet werden; bei den Handlungsoptionen für Unternehmen hierzu mehr (s.u.).

Dass Knappheiten zwingende Folge der weltweiten „Verlustwirtschaft" werden müssen, wenn nicht massiv in Richtung einer Kreislaufwirtschaft umgesteuert wird, ergibt sich auch aus der Entwicklung auf anderen Kontinenten: Analog zur Energie ist es nicht möglich, den Rohstoffhunger von Ländern wie China oder Indien zu befriedigen, wenn jeder Bürger dort den gleichen Rohstoffverbrauch induzieren soll wie Amerikaner oder Europäer bereits heute. Knappheit von Rohstoffen wird somit künftig zu einem Paradigma der Produktgestaltung.

Was ist zum Thema Material- und Rohstoffeffizienz zu erwarten?

Nach meiner Einschätzung lässt sich das, was Unternehmen bezüglich Material- und Rohstoffeffizienz erwarten müssen, in zwei einfachen Sätzen zusammenfassen: Unternehmen müssen sich darauf einstellen, dass an Stelle einer primärrohstoffbasierten Wirtschaft eine weitgehende Kreislaufwirtschaft tritt, in welcher Rohstoffe geologisch, technisch-wirtschaftlich oder politisch bedingt verknappt sind, Rohstoffverbrauch daher kostentreibend ist und in welcher Langlebigkeit, Wiederverwendung, Produktrücknahmen und Einsatz von Sekundärrohstoffen die vorrangigen Produktplanungsmaximen sind. Dazu kommt, dass bestimmte Rohstoffe in Zukunft gesellschaftlich (gesteuert durch Konsumentenverhalten) an Ansehen verlieren.

Auch die bereits erwähnte Empfehlung des Rates für Nachhaltige Entwicklung sagt aus: *„Eine Rohstoffstrategie, die nur auf die Sicherung des Zugangs zu Primärrohstoffen abzielt, ist nicht nachhaltig. Eine nachhaltige Rohstoffstrategie zielt auf die Internalisierung von sozialen und ökologischen Kosten sowie sicherheitspolitischen Risiken ab. Alternativen zum Primärrohstoffkonsum wie Substitution durch erneuerbare Rohstoffe, Reduktion des absoluten Rohstoffverbrauchs und die Kreislaufführung von Rohstoffen - sprich der verstärkte Einsatz von Sekundärrohstoffen - können der Unsicherheit auf den Märkten entgegenwirken".*[51]

[51] Rat für Nachhaltige Entwicklung (2011), S. 20

Um die Tragweite dessen zu erfassen, was in Belangen der Verwendung von Materialien auf Unternehmen zukommen wird, genügt eigentlich ein Blick in den bereits in Kraft befindlichen europäischen Regelungsrahmen. Bei meinen Gesprächen mit Produktentwicklern stelle ich regelmäßig fest, dass das Thema „erweiterte Herstellerverantwortung" in einigen Branchen (z.B. Batterieindustrie, Elektrogerätehersteller) sehr gut bekannt ist, andere Branchen der Konsumgüterindustrie hingegen dieses Thema noch nicht erkannt haben. Wegen der Tragweite möchte ich an dieser Stelle ausnahmsweise einige Passagen aus dem geltenden Recht zitieren.

In Artikel 8 der Europäischen Abfallrahmenrichtlinie[52] heißt es: *„Zur Verbesserung der Wiederverwendung und der Vermeidung, des Recyclings und der sonstigen Verwertung von Abfällen können die Mitgliedstaaten Maßnahmen mit und ohne Gesetzescharakter erlassen, um sicherzustellen, dass jede natürliche oder juristische Person, die gewerbsmäßig Erzeugnisse entwickelt, herstellt, verarbeitet, behandelt, verkauft oder einführt (Hersteller des Erzeugnisses), eine erweiterte Herstellerverantwortung trägt.*

Diese Maßnahmen können die Rücknahme zurückgegebener Erzeugnisse und von Abfällen, die nach der Verwendung dieser Erzeugnisse übrig bleiben, sowie die anschließende Bewirtschaftung der Abfälle und die finanzielle Verantwortung für diese Tätigkeiten umfassen. Diese Maßnahmen können die Verpflichtung umfassen, öffentlich zugängliche Informationen darüber zur Verfügung zu stellen, inwieweit das Produkt wiederverwendbar und recyclebar ist."

Deutschland hat von dieser Ermächtigung im Kreislaufwirtschaftsgesetz Gebrauch gemacht. Schon die Namensgebung dieses Gesetzes spricht Bände: Deutschland hat schon seit 2012 kein „Abfallgesetz" mehr, sondern die Regelungen sind in ein Gesetz inkludiert, in dessen Zwecksetzung der Begriff Abfall nur noch im zweiten Halbsatz erwähnt wird: *„Zweck des Gesetzes ist es, die Kreislaufwirtschaft zur Schonung der natürlichen Ressourcen zu fördern und den Schutz von Mensch und Umwelt bei der Erzeugung und Bewirtschaftung von Abfällen sicherzustellen."*

Zur erweiterten Herstellerverantwortung heißt es in §23 des Kreislaufwirtschaftsgesetzes:

(1) Wer Erzeugnisse entwickelt, herstellt, be- oder verarbeitet oder vertreibt, trägt zur Erfüllung der Ziele der Kreislaufwirtschaft die Produktverantwortung.

---

52 Europäisches Parlament und Rat (2008), Art. 8

Erzeugnisse sind möglichst so zu gestalten, dass bei ihrer Herstellung und ihrem Gebrauch das Entstehen von Abfällen vermindert wird und sichergestellt ist, dass die nach ihrem Gebrauch entstandenen Abfälle umweltverträglich verwertet oder beseitigt werden.

(2) Die Produktverantwortung umfasst insbesondere

1. *die Entwicklung, die Herstellung und das Inverkehrbringen von Erzeugnissen, die mehrfach verwendbar, technisch langlebig und nach Gebrauch zur ordnungsgemäßen, schadlosen und hochwertigen Verwertung sowie zur umweltverträglichen Beseitigung geeignet sind,*
2. *den vorrangigen Einsatz von verwertbaren Abfällen oder sekundären Rohstoffen bei der Herstellung von Erzeugnissen,*
3. *die Kennzeichnung von schadstoffhaltigen Erzeugnissen, um sicherzustellen, dass die nach Gebrauch verbleibenden Abfälle umweltverträglich verwertet oder beseitigt werden, den Hinweis auf Rückgabe-, Wiederverwendungs- und Verwertungsmöglichkeiten oder -pflichten und Pfandregelungen durch Kennzeichnung der Erzeugnisse sowie*
4. *die Rücknahme der Erzeugnisse und der nach Gebrauch der Erzeugnisse verbleibenden Abfälle sowie deren nachfolgende umweltverträgliche Verwertung oder Beseitigung.*

In der Folge ist auch dezidiert festgelegt, dass bestimmte Erzeugnisse, insbesondere Verpackungen und Behältnisse, nur in bestimmter Beschaffenheit oder für bestimmte Verwendungen, bei denen eine umweltverträgliche Verwertung oder Beseitigung der anfallenden Abfälle gewährleistet ist, in Verkehr gebracht werden dürfen und bestimmte Erzeugnisse nicht in Verkehr gebracht werden dürfen, wenn bei ihrer Entsorgung die Freisetzung schädlicher Stoffe nicht oder nur mit unverhältnismäßig hohem Aufwand verhindert werden könnte und die umweltverträgliche Entsorgung nicht auf andere Weise sichergestellt werden kann.

Auch Vorgaben einer Produktgestaltung, welche die mehrfache Verwendung oder die Verwertung erleichtert sowie Rücknahme- und Recyclingverpflichtungen oder Pfandpflichten gibt das geltende Recht in Deutschland bereits her (§24 und § 25 KrWG).

Des Weiteren hat der Umweltausschuss des Europaparlamentes im Juni 2015 mit großer Mehrheit einen weitreichenden Entschluss zur Kreislaufwirtschaft verabschiedet. Darin fordert er die Kommission zur Vorlage eines neuen

Vorschlags für die Kreislaufwirtschaft bis zum Jahresende 2015 auf. Konkret fordern die Abgeordneten unter anderem ein rechtsverbindliches Ziel zur Abfallreduzierung um 30 % bis 2025, die Förderung eines Lebenszyklus-Ansatzes bei der Produktpolitik, neue und umfassendere Ökodesign-Regeln (siehe Kapitel 6 zur Produktverantwortung) sowie einen „systematischen Kurswechsel" mit Maßnahmen zur Entkoppelung von Wirtschaftswachstum und dem Verbrauch natürlicher Ressourcen.

In einigen Produktbereichen sind Vorgaben wie die hier erwähnten bereits tägliche Praxis. Um nur einige Beispiele zu nennen: Die Verpackungsverordnung ist seit 20 Jahren Normalität, der Einbau schädlicher Substanzen wie Blei, Quecksilber, Cadmium usw. in Elektrogeräte ist nach der sogenannten RoHS- Verordnung (Anm.: RoHS = Restriction of Hazardous Substances; deutsch: „Beschränkung der Verwendung bestimmter gefährlicher Stoffe) limitiert. Batterien und Elektrogeräte (hier gilt die WEEE-Richtlinie = Waste of Electrical and Electronic Equipment; deutsch: Elektro- und Elektronikgeräte-Abfall) müssen vom Hersteller zurückgenommen werden, wofür aufwändige Rücknahmesysteme geschaffen wurden.

Im Rahmen dieser erweiterten Herstellerverantwortung und mit den erwähnten künftigen Knappheit von Materialien mit ansteigenden oder zumindest stark schwankenden Rohstoffpreisen müssen Unternehmen sich auf erhebliche Umstellungen in der Ressourcenbewirtschaftung einstellen: Die eventuelle Knappheit der für das eigene Unternehmen wichtigen Rohstoffe und Materialien ist zu antizipieren, ein verändertes Konsumentenverhalten in den Produkt- und Marketingstrategien ist zu berücksichtigen und die sich immer weiter konkretisierenden Regelungen sind zu beobachten.

Der Weg zu einer Kreislaufwirtschaft wird natürlich nicht abrupt beschritten, sondern sukzessive und die Veränderungen werden parallel auf drei Ebenen erfolgen:

Die <u>regulatorische Ebene</u> wird die „erweiterte Herstellerverantwortung" immer weiter konkretisieren. Die meisten Produktplaner mögen es sich nicht vorstellen können, dass entsprechende Regularien auch in ihre Branche einbrechen, aber ich erwarte sehr konkret,

- dass die Ökodesign-Richtlinien, welche bislang hauptsächlich den Energieverbrauch von Produkten im Fokus hatten, Mindestumweltleistungsstandards, Kennzeichnungen von Produkten und Produktgruppen, Pflicht- und Mindestanteile an recyclierten

Inhaltsstoffen, Vorgaben zur Wiederverwendbarkeit, zur Rücknahme und zur Recyclingfähigkeit von Produkten machen;

- dass Informationen über den ökologischen Fußabdruck und die Materialzusammensetzung und die Herkunft der Materialien ebenfalls gesetzlich geregelt werden;
- dass in der Folge viele Produktgruppen mit einer Materialvolldeklaration versehen sein müssen (technisch ist dies möglich, das so genannte IMDS der Automobilindustrie macht dies bereits seit vielen Jahren vor; für jedes Teil, das in Automobile eingebaut wird, ist die Zusammensetzung präzise bekannt);
- dass analog zum Energieverbrauch branchenbezogen „best available techniques" vorgeschrieben werden, in denen vorgegeben wird, welcher Grad an Materialeffizienz in der Produktion erreicht werden muss;
- dass ähnliche, verpflichtende Indikatoren entwickelt werden, wie wir sie seit längerer Zeit für den Energieverbrauch von Haushaltsgeräten kennen (Der Umweltleistungsstandard eines Produktes inklusive der eingesetzten Materialien ist dann analog zur Energieeffizienz als Kennzeichnung des Produktes abzulesen);
- dass für kritische Rohstoffe mit strategischer Bedeutung oder Knappheitsrisiken wie z.B. Antimon, Beryllium, Borate, Chrom, Kobalt, Kokskohle, Fluorit, Gallium, Germanium, Graphit, Indium, Magnesit, Magnesium, Niobium, Platinmetalle, Phosphate, Seltene Erden, Silizium und Wolfram Recyclingquoten vorgegeben werden und die Verarbeiter verpflichtet werden, die Produkte so zu gestalten, dass die Rohstoffe zurückgewonnen werden können;
- dass Designvorgaben gegen dissipative Verwendung für viele Produktgruppen veröffentlicht werden und Produkte dezidiert so zu gestalten sind, dass strategische, kritische Rohstoffe deutlich besser als heute zurückgewonnen werden können (gerade dieser Punkt wird sehr viel Forschung und Entwicklung benötigen, mit heutigen Technologien und Wissen ist das für viele Stoffe schwierig);
- dass auch für „Allerweltsartikel" wie Kunststoffartikel oder Textilien Mindestanteile von Sekundärrohstoff bzw. Recyclingfasern in Neuartikeln vorgeschrieben werden;
- dass bestimmte Gebrauchsartikel eingeschränkt oder komplett verboten werden.

Für Produkteinschränkungen, wie die im letzten Punkt erwähnten, gibt es bereits aktuelle Beispiele. Eine EU-Holzhandelsverordnung verbietet seit März 2013 das Inverkehrbringen von Holz oder Holzerzeugnissen aus illegalem Einschlag. Unter die Verordnung fallen die in ihrem Anhang aufgezählten Holzformen und Holzerzeugnisse wie z.B. Brennholz, Rohholz, besonders geschnittenes Holz, Furnierblätter, Spanplatten, Faserplatten, verdichtetes Holz, Holzrahmen, Fässer, Tröge oder Bottiche, bestimmte Zellstoffe, Papiere und Holzmöbel. Mit einem aktuellen Richtlinienentwurf geht das EU-Parlament auch gegen den verschwenderischen Verbrauch von Kunststofftüten vor. Nach dem jetzigen Wortlaut der Richtlinie müssen die Mitgliedstaaten zwischen zwei Verpflichtungen wählen: Entweder sie ergreifen Maßnahmen, die sicherstellen, dass der jährliche Verbrauch im Durchschnitt nicht mehr als 90 leichte Kunststofftragetaschen pro Person bis Ende 2019 und nicht mehr als 40 leichte Kunststofftragetaschen pro Person bis 2025 beträgt. Oder sie stellen sicher, dass leichte Kunststofftragetaschen bis Ende 2018 in den Verkaufsstellen von Waren nicht mehr kostenfrei abgegeben werden, falls keine gleichermaßen wirksamen Instrumente angewendet werden.

Es mag wie eine Petitesse wirken, wenn sich Gesetze mit dem Konsum von Kunststoffbeuteln beschäftigen, angesichts der Umweltfolgen insbesondere im Ökosystem Meer ist es das aber nicht. Fälle wie diese werden sich häufen, die Plastiktüte ist nur ein aktuelles und frühes Beispiel.

Auf der Markt- und Kaufentscheidungsebene werden mehr und mehr Konsumenten erkennen, dass sie mit langlebigen, reparaturfreundlichen und materialeffizienten Produkten mittel- und langfristig Geld sparen können. Durch die beschriebenen Regularien erhalten sie Informationen über die Materialzusammensetzung und den Herkunftsnachweis der Rohstoffe sowie über die qualitativen Mindeststandards der eingesetzten Sekundärrohstoffe in Produkten. Weiterhin erwarte ich, dass Abfallgebühren sich künftig wesentlich stärker als bislang nach der Menge tatsächlich anfallenden Abfalls richten werden. Abfallgebühren nach dem „Pay-as-You-throw-Prinzip" sind somit eine weitere zukünftige Anreizbildung zum Konsum langlebiger, materialeffizienter und damit abfallreduzierender Produkte.

Ich rechne des Weiteren fest damit, dass künftig mehr Materialströme stärker besteuert werden. Die steuerliche Entlastung des Faktors Arbeit mit dem Ziel, Beschäftigung und Wirtschaftswachstum anzukurbeln, wurde bereits von verschiedenen administrativen Stellen gefordert. In diesem Zusammenhang spielen „ökologische Steuerreformen" eine Rolle, die darin bestehen, den

Anteil der Umweltsteuern zu erhöhen und den anderer Steuern zu senken. Neben dezidierteren Informationen zur Zusammensetzung und Herkunft von Produkten werden die Konsumenten auf diesem Weg Preissignale erhalten, welche die Konsumentenentscheidungen hin zu material- und ressourceneffizienten Produkten verschieben.

Die dritte Ebene ist die regulatorisch und von Konsumenten und Unternehmen wenig zu beeinflussende Ebene der faktischen Knappheiten. Wenn bestimmte Materialien und Rohstoffe tatsächlich zu teuer oder knapp werden, dann müssen Unternehmen lernen, Abfall als Ressource zu bewirtschaften, Stoffströme einem engeren Monitoring zu unterziehen und alternative Materialien einsetzen. Eine hohe Material- und Ressourceneffizienz wird somit mehr denn je entscheidendes Kriterium zur Zukunftsfähigkeit von Geschäftsmodellen.

Handlungsstrategien für Unternehmen zur Material- und Ressourceneffizienz

Die Handlungsstrategien von Unternehmen mit der Zielsetzung, die Materialeffizienz zu verbessern und die Rohstoffbewirtschaftung besser auf künftige Knappheiten und die Trends der nachhaltigen Entwicklung einzustellen, sind je nach Produkt und Branche sehr unterschiedlich zu planen.

Einleitend zu diesem Abschnitt ist also klarzustellen: Deutlich mehr noch als bei den im Kapitel 4.3 „Energieeffizienz“ genannten Beispielen (wo zumindest sehr viele Unternehmen unterschiedlichster Branchen ähnliche Energieverbraucherstrukturen haben und damit vergleichbare Strategien entwickeln können) muss die Beschreibung hier allgemeiner Natur sein und von Denkmodellen ausgehen. Es kann nicht Anspruch sein, an dieser Stelle darzulegen „so geht das für einen Betrieb“ - dazu sind die Herausforderungen je nach Markt und Klientel zu unterschiedlich. Dennoch gibt es Denkmodelle, die branchenübergreifend gelten können.

Meiner Meinung nach sollten Unternehmen bei ihren Überlegungen von einer Kernfrage ausgehen: Wie viel Material und wie viel Rohstoffe müssen eingesetzt werden, um eine Wertschöpfung (oder meinetwegen auch einen Ertrag) von 1000 EUR zu erzielen?

Daran knüpfen folgende Fragen an:

Ist es theoretisch möglich, die gleiche Wertschöpfung (bzw. den gleichen Ertrag) durch unsere Produkte und Dienstleistungen mit einem geringeren

Materialeinsatz bzw. einem geringeren Verbrauch an Rohstoffen (insbesondere an nicht nachwachsenden Rohstoffen) zu erzielen und die Produkte als Bestandteil einer geschlossenen Kreislaufwirtschaft zu liefern? Falls ja: Warum tun wir das nicht? Welches sind die aktuellen Hemmnisse? Falls nein: Wie müssten wir unsere Produkte und Wertschöpfungsprozesse verändern, damit sie Bestandteil einer Kreislaufwirtschaft werden können? Was erwarten unsere aktuellen Kunden bezüglich Materialzusammensetzung, Materialherkunft und Recyclingfähigkeit unserer Produkte?

Um diese einfach klingenden Fragen zu beantworten, sind viele Schritte zu gehen: Die Unternehmen müssen zunächst eine komplette Analyse der Materialzusammensetzung und der Rohstoffherkunft vornehmen - schon dies kann Monate dauern. Danach sollten die Materialien auf aktuelle und künftige Kritikalität (Knappheiten und/oder Marktkonzentrationen wie oben beschrieben) untersucht werden und Kennziffern zum Materialeinsatz und zum Rohstoffverbrauch je Stück oder kg Produkt entwickelt werden. Danach gilt es - was oft erst für die nächste Produktgeneration möglich ist - Veränderungen herbeizuführen, indem

- möglichst wenig Material je Stück oder kg Produkt eingesetzt wird,
- das Material, welches eingesetzt wird, möglichst zu 100% aus sicheren Quellen mit einer nicht kritischen Herkunft stammt und auch künftige Versorgungssicherheit gegeben ist,
- kritische Materialien ersetzt werden sofern das möglich ist oder nachwachsende Rohstoffe an Stelle von perspektivisch knappen, nicht nachwachsenden Rohstoffen eingesetzt werden,
- erwogen wird, die eigenen Produkte nach Gebrauchsende als Rohstoffquelle einzusetzen,
- und schlussendlich auch eine Kommunikations- und Marketingstrategie entwickelt wird, um über verbesserte Material - und Rohstoffeffizienz mit Kunden zu kommunizieren, wobei diese Kommunikation naturgemäß im B2B-Segment anders verläuft als im B2C-Segment.

Die Aktivitäten zur Migration der eigenen Produkte und Dienstleistungen in Richtung einer möglichst vollständigen Kreislaufwirtschaft lassen sich entsprechend in folgende sieben Handlungsfelder gliedern:

<u>Handlungsfeld Rohstoff-Auswahl und Rohstoff-Substitution</u>: Hier gilt es zunächst, die eingesetzten Rohstoffe auf künftige Knappheit und Kritikalität zu untersuchen. Zur Rohstoffkritikalität gibt es zahlreiche Studien, in denen

für viele Stoffe die Risiken dargelegt werden.[53] Heranzuziehen ist neben Vulnerabilität (also der Verletzlichkeit eines Prozesses durch Ausfall eines Stoffes) das Versorgungsrisiko sowie die Länderkonzentration, die Firmenkonzentration und das gewichtete Länderrisiko der Herkunftsländer. Länder- und Firmenkonzentration werden im so genannten Herfindahl-Hirschmann-Index (HHI) gemessen. In diese Kennzahl geht die Anzahl aller Lieferanten auf dem Weltmarkt und ihr jeweiliger Marktanteil ein. Je höher die Zahl, desto konzentrierter ist der Markt für den jeweiligen Stoff in der Hand weniger oder nur eines Anbieters. Der HHI kann theoretisch Werte von knapp über null (viele Anbieter mit sehr kleinen Anteilen) bis zu 10.000 annehmen (gesamter Weltmarkt in der Hand eines einzigen Anbieters). Werte unter 1500 gelten als niedrig, 1500-2500 als mäßig konzentrierte und Werte über 2500 als hochkonzentrierte Märkte. Konzepte zur Identifikation der Rohstoffkritikalität und die entsprechenden Kennzahlen für viele Metalle und Mineralien werden jährlich von der Deutschen Rohstoffagentur publiziert.[54]

Für Rohstoffe, die von künftiger Knappheit bedroht sind, gilt es dann, die Bezugsquellen zu diversifizieren oder zu Kontakten mit einem verantwortungsvollen Rohstoffabbau vor Ort zu kommen. Dies gilt insbesondere für unverzichtbare, strategische Rohstoffe mit hoher Vulnerabilität im eigenen Prozess. Danach sind Strategien zu entwickeln, um sich von den kritischen und strategischen Rohstoffen teilweise unabhängig zu machen. Das kann durch Möglichkeiten der Substitution und/ oder Recycling erfolgen. Es gibt auch eigene Förderprogramme des Bundes für innovative Technologien für Ressourceneffizienz: Gefördert werden Verbundprojekte zwischen Industrie und Wissenschaft mit dem Ziel, Effizienzsprünge in der Ressourcennutzung zu erreichen. Hierbei liegt der Fokus auf Steigerung der Rohstoffeffizienz, Recycling und Substitution knapper strategisch relevanter Rohstoffe. Ein weiterer Schwerpunkt ist das so genannte Urban Mining, das auf die Rückführung wertvoller Rohstoffe aus dem Rückbau von Infrastruktur oder Altdeponien in Produkte und Güterproduktion zielt. Auch der Einsatz nachwachsender Rohstoffe wie Hanf oder Flachs wird in einem eigenen Programm gefördert: Ziele des Förderprogramms sind unter anderem, einen Beitrag für eine nachhaltige Rohstoff und Energiebereitstellung zu leisten und die Umwelt durch Ressourcenschutz zu entlasten. Einen guten Überblick über die Fördermittel hierzu gibt das Deutsche Ressourceneffizienzprogramm (ProgRess) zur nachhaltigen Nutzung und zum Schutz der natürlichen

[53] Erdmann & Behrendt (2011)
[54] DERA (2015), S. 12 ff.

Ressourcen.[55] Für die Möglichkeiten nachwachsende Rohstoffe anstelle von endlichen Materialien einzusetzen, gibt der sogenannte „Aktionsplan Nawaro" gute Anregungen (ebd.).

Handlungsfeld Produktgestaltung: Mehr als früher wird es künftig wieder üblich werden, dass ein Produkt von der Verfügbarkeit des Rohstoffes her geplant wird. Neben der Entkopplung von kritischen Stoffen wird es wieder mehr um Leichtbauprinzipien und die Anwendung neuer, materialsparender Produktionstechniken gehen. Auf mehr Aspekte der Produktgestaltung soll an dieser Stelle nicht eingegangen werden, hierzu folgen im Kapitel 6 Beispiele und Kommentare unter Berücksichtigung aller Nachhaltigkeitsdimensionen, nicht nur der Material- und Ressourceneffizienz.

Handlungsfeld Produktionsplanung/Fertigungsplanung: Eine wesentliche Möglichkeit zur Reduzierung von Materialverschwendungen besteht bei den eingesetzten Fertigungsverfahren. Welche Veränderungen hier möglich sind, ist natürlich ebenfalls sehr branchenabhängig; wichtig ist im Ansatz zunächst, dass die Fertigungsplanung einen Anreiz hat, materialsparend zu planen.

Handlungsfeld Qualitätsmanagement: Ein gut funktionierendes Qualitätsmanagement ist ebenfalls ein Beitrag zur Materialeffizienz: Wenn weniger Ausschuss produziert wird, landet auch weniger Material im Abfall oder muss umgearbeitet werden. Es kann aber auch nicht zielführend sein, wenn aus sogenannten Qualitätsgründen Teile, die kaum sichtbare Lackierfehler an Stellen haben, die im Automobil hinterher gar nicht im Sichtbereich sind, eingeschmolzen oder verworfen werden müssen - aus meiner Sicht ist es auch Aufgabe des Qualitätsmanagements, zwischen Lieferanten und Kunden solche kostentreibenden und die Materialeffizienz konterkarierenden Maßnahmen zu verhindern.

Handlungsfeld Remanufacturing/Recycling: Insbesondere die Nutzung der eigenen Produkte als künftige Rohstoffquelle oder die Aufbereitung von Altteilen als „ETN-Teile" (ETN = Equivalent to new") mag vielen Produktplanern heute fremd oder exotisch erscheinen. Dennoch sollte gerade dieser Punkt sehr intensiv erwogen werden. Eines der größten Hemmnisse beim Aufbau einer echten Kreislaufwirtschaft besteht darin, dass wertvolle Materialien im Abfall mit anderen Materialströmen vermischt sind, so dass eine sortenreine Rückgewinnung nicht oder sehr aufwändig möglich ist; in der Folge kommt es statt Recycling zur energetischen Nutzung oder zu Downcycling. Ist ein Produkt erst einmal im vermischten Abfall angelangt,

[55] BMU (2012)

wird die Rückgewinnung hochwertiger Materialien aufwändig. Aber was liegt eigentlich näher, als die eigenen Produkte oder die in der Zusammensetzung bekannten Produkte Dritter als Rohstoffquelle einzusetzen? Selbstverständlich geht dies nicht für alle Produkte und für manche wird es auch niemals gehen - aber, wenn das, was mit der Mehrwegflasche mit Einführung des Flaschenpfands vor vielen Jahrzehnten begonnen wurde und was z.B. für Bleiakkumulatoren fast perfekt funktioniert, warum soll es dann nicht mit anderen Gegenständen möglich sein?

Selbstverständlich sind zur Nutzung der eigenen Produkte als Rohstoffquelle konstruktiv viele Voraussetzungen zu erfüllen. Zunächst muss die technische Recycelbarkeit der fraglichen Stoffe gegeben sein. Danach ist die Zugänglichkeit des relevanten Bauteils sicherzustellen; des Weiteren die ökonomische Durchführbarkeit, die Erfassung der Produkte und die Rückführung in die Recyclingkette beziehungsweise die Nutzung externer Recyclingkapazitäten.

Es gibt auch hierfür bereits Beispiele. Automobilhersteller lassen aus Altfahrzeugen bestimmte Steuergeräte gezielt ausbauen, um für ältere Modelle keine Nachserienfertigung aufrecht halten zu müssen und Ersatzteile zu haben. Die Runderneuerung von Reifen oder Austauschmotoren sind weitere Beispiele. Die Firma Bosch wendet das „Remanufacturing" mittlerweile auf rund 11.000 Fahrzeugteile aus rund 30 Produktgruppen an, indem die Bauteile aus Autowerkstätten komplett zerlegt und gereinigt werden, alle Verschleißteile erneuert werden und die Teile nach dem Zusammenbau komplett getestet werden.[56] Der Outdoor-Bekleidungshersteller Patagonia stellt Fasern für seine Kleidung aus leeren Plastikflaschen und Alttextilien her und wirbt auf der eigenen Homepage: *„Das Beste, was eine Firma für Nachhaltigkeit tun kann, ist, hochwertige Produkte herzustellen, die jahrelang halten und die repariert werden können, damit man weniger kaufen muss. Unser Worn Wear Programm erzählt die Geschichten unserer Kleidung, ermöglicht ihre maximale Nutzung und recycelt Patagonia-Kleidung, die nicht mehr repariert werden kann."* Zusätzlich werden Reparaturanleitungen auf der Homepage publiziert. Andere Branchen werden folgen: Ein Hersteller von Bürostühlen könnte selbige zurücknehmen, um die (nicht sichtbare) Dreh- und Höhenverstellmechanik nach einer Sicherheitsprüfung erneut zu verwenden. Hersteller von größeren Hausgeräten wie Kühlschränken oder Waschmaschinen könnten diese mit einem Pfand versehen und aus einer

[56] FAZ Verlagsspezial (2015)

Seriendemontage die wertvollen Rohstoffe und Bauteile zurückgewinnen. (Solche Geräte werden natürlich bereits einem Recycling zugeführt, welches jedoch bislang Stoffstromleckagen hat und keine Bauteile zurückgewinnt.)

Oftmals wird angeführt, der Einsatz von Sekundärrohstoffen könne ja schon deshalb Primärrohstoffe nicht ersetzen, weil heute einfach viel mehr Material und Rohstoffe benötigt werden - schon deshalb könne das Recycling alter Stoffe den heutigen Bedarf nicht decken. Das ist technisch und auf heutigem Stand zwar eine wahre Aussage, aber ein Argument ist das trotzdem nicht. Es sollte Aufgabe sein, den heutigen Bedarf an Rohstoffen je Wertschöpfungseinheit auch absolut wieder zu reduzieren.

Auch die Digitalisierung wird neue Chancen und Perspektiven für Recycling eröffnen. Mittels Kennzeichnung, RFID-Techniken usw. wird es künftig deutlich einfacher sein, die eigenen Produkte zu verfolgen und zu wissen, wo sich die Produkte befinden. Das so genannte Internet der Dinge und die Möglichkeit des Einsatzes spezialisierter Roboter in der Seriendemontage werden die Möglichkeiten, Abfall als Ressourcen zu bewirtschaften deutlich verbessern. Volkswirtschaftlich ist hierbei zu betrachten, dass Materialeffizienz und besseres Recycling Wertschöpfung im Land behält, da ansonsten die Rohstoffe ja aus dem Ausland kommen. Zinkdruckgussteile sind hierfür ein gutes Beispiel: Solche Teile aus dem künftig knappen Metall Zink sind in vielen Konsumgütern eingebaut. Der Ausbau aus Automobilen oder vielen anderen Konsumgütern findet zurzeit kaum statt. Durch Kennzeichnung und Rücknahme könnten viele deutsche Betriebe den Import von Neumaterial deutlich reduzieren.

<u>Handlungsfeld Standortauswahl</u>: Natürlich ist es für die meisten Unternehmen nicht möglich, einen Produktionsstandort zu verlagern. Trotzdem soll auf die Möglichkeit der Bildung von Industriesymbiosen hingewiesen werden. Ich prognostiziere, dass es künftig wieder häufiger (wieder, weil dies vor der Industrialisierung ein verbreitetes Prinzip war) der Fall sein wird, dass sich Produktionsstandorte dort ansiedeln, wo sie Produktionsrückstände anderer Unternehmen aufbereiten und als Rohstoff nutzen können.

<u>Handlungsfeld Marketing und After-Sales-Service</u>: Es wird künftig wesentlich wichtiger sein als in unserer aktuellen Verlustwirtschaft, auf Langlebigkeit und Reparaturfreundlichkeit von Produkten zu setzen. Ein guter After-Sales-Service kann erhebliche Wertschöpfung in den Nutzungszyklus des Produktes verlagern. Anstelle des Verkaufs eines neuen Artikels kann das Unternehmen gegebenenfalls in Zeiten von Rohstoffknappheit mehr Geld verdienen, wenn

ein Produkt repariert oder runderneuert wird. Auch hierzu mehr im Kapitel 6 zur Produktgestaltung.

Abschließend können neben den im Text bereits genannten auch die folgenden Beispiele (teilweise aus meinem Kundenkreis) Denkanstöße sein:

- Ein Hersteller von Büromöbeln schneidet die Tischplatten aus Standardplatten der Größe von 4m x 8m zu. Durch die zahlreichen Farbvariationen und zahlreiche Rundkonturen und Sonderformate war der Verschnitt sehr hoch. Ein neues Produktionsplanungssystem schaut mittlerweile mehrere Wochen in die Zukunft und prüft, welche Tischplatten zur Fertigung anstehen und welche Platten optimal in die 4 x 8 m- Platten „gepuzzelt" werden können, um möglichst wenig Verschnitt zu haben. Das führt zwar dazu, dass manche Platten ein paar Tage oder Wochen früher als erforderlich produziert werden, hat aber den Verschnitt drastisch reduziert und trotz erhöhter Lagerkosten die Gesamtkosten ebenfalls gesenkt.
- Ebenfalls in der Möbelindustrie haben sich mittlerweile Platten etabliert, die nur noch relativ dünne Deckschichten haben und nicht mehr massiv sind, sondern mit einem bienenwabenartigen Kartongerüst gefüllt sind - die Platten sind ebenso stabil wie massive Spanplatten, aber wiegen einen Bruchteil und sind materialsparend ohne jeden Qualitätsverlust.
- Hochfeste Stähle ermöglichen für Lüftungskanäle oder ähnliche Bauteile deutlich geringere Wandstärken. Auch moderne Fertigungstechnologien wie Hydroforming bieten die Chance, deutlich dünnere Wandstärken zu erarbeiten, als es bei konventioneller Verformung möglich war.
- Klebetechniken, Kaschierungen und Multikomponentenmaterialien werden zu Gunsten von Fügetechniken bzw. Ein- oder Zweimaterial-Bauteilen vermieden.
- Ein Hersteller von Sitzmöbeln verwendet an Stelle von Kunstfasern Naturfasern heimischer Herkunft.
- Ein Zulieferbetrieb hat für die just-in-time-Lieferung Mehrwegverpackungen mit besonders geformten Schutzecken aus recyceltem Kunststoff entwickelt und spart viele Tonnen an Verpackungsmaterial pro Jahr.
- Bei einem weiteren meiner Kunden aus der Automobilindustrie wurde ein Kfz-Sitz durch neue Materialien von ursprünglich 17 auf 13

kg in der Masse reduziert - hinterher wunderten sich alle, warum man das nicht schon lange vorher getan hatte.

- In einigen Läden der amerikanischen Supermarktkette Wholefoods ist es wieder möglich, Nahrungsmittel wie Müsli, Nüsse, Körner, Zucker usw. in loser Schüttung zu kaufen und in mitgebrachte Behältnisse einzuwiegen - die Verpackung fällt ganz weg.

Fazit, Indikatoren und Handlungsempfehlung

Nicht alle in diesem Kapitel beschriebenen Wege stehen allen Unternehmen und Branchen parallel offen, aber als Fazit lässt sich festhalten, dass eine kreative Strategie zur Steigerung der Material- und Rohstoffeffizienz der Wertschöpfungskette eines Unternehmens noch vor der Energieeffizienz ein entscheidender Erfolgsfaktor für Unternehmen wird: Wer möglichst wenig Material und möglichst wenig (Primär-)rohstoffe benötigt, um einen Euro Gewinn zu erwirtschaften, hat in Zeiten knapper werdender Rohstoffe einen Marktvorteil vor seinen Wettbewerbern. Notwendige Basis hierfür ist eine komplette Analyse der Materialzusammensetzung und der Rohstoffherkunft, die Ermittlung aktueller und künftiger Kritikalität (Knappheit und/oder Marktkonzentrationen) und der Aufbau von Kennziffern zum Materialeinsatz und zum Rohstoffverbrauch je Stück oder kg Produkt.

Anschließend sollten Unternehmen eine Strategie entwickeln, die darauf abzielt, die gleiche Wertschöpfung (bzw. den gleichen Ertrag) durch die Produkte und Dienstleistungen mit einem geringeren Materialeinsatz, einem geringeren Verbrauch an Rohstoffen (insbesondere an nicht nachwachsenden Rohstoffen) zu erzielen und die Produkte als Bestandteil einer geschlossenen Kreislaufwirtschaft zu liefern. Zu berichtende Indikatoren sind:

- Eingesetzte Materialien nach Gewicht oder Volumen (G4-EN1)[57]
- Anteil der Sekundär-Rohstoffe am Gesamtmaterialeinsatz (G4-EN2)
- Anteil der Konfliktmaterialien am Gesamtmaterialeinsatz (kein GRI-Indikator)

---

[57] GRI (2013). Bei der Anwendung und Berichterstattung mit GRI-G4 Indikatoren ist der zitierte Leitfaden zu beachten.

Führungskräfte-Checkliste zu Material- und Rohstoffeffizienz

1. Haben wir fundiert ermittelt, ob im Rahmen der „erweiterten Herstellerverantwortung" für unsere Produktgruppen bereits Vorgaben zur Produktgestaltung, für die mehrfache Verwendung, für Rücknahmeverpflichtungen, Recycling-Verpflichtungen oder Pfand-Pflichten bzw. Mindestanteile von Sekundärrohstoff in Vorbereitung sind?
2. Haben wir für unsere wichtigsten Produkte eine komplette Analyse der Materialzusammensetzung und der Rohstoffherkunft durch die gesamte Lieferkette vorgenommen?
3. Haben wir aktuelle und drohende Knappheiten oder Marktkonzentrationen für unsere wesentlichen Rohstoffe ermittelt und auf die Ergebnisse der Ermittlung reagiert?
4. Wissen wir, wie viel Material und wie viele Rohstoffe eingesetzt werden müssen, um eine Wertschöpfung von 1000 € zu erzielen?
5. Haben wir eine Strategie entwickelt, um die gleiche Wertschöpfung (bzw. den gleichen Ertrag) mit einem geringeren Materialeinsatz bzw. geringerem Verbrauch an Rohstoffen (insbesondere an nicht nachwachsenden Rohstoffen) zu erzielen und die Produkte als Bestandteil einer geschlossenen Kreislaufwirtschaft zu liefern?
6. Bearbeitet die Strategie alle erforderlichen Handlungsfelder, nämlich
   a. Rohstoffauswahl,
   b. Möglichkeiten der Rohstoffsubstitution,
   c. Produktgestaltung mit Einsatz von nachwachsenden Rohstoffen und Sekundär-Rohstoffen,
   d. Produktionsplanung/Fertigungsplanung mit dem Ziel höherer Materialeffizienz,
   e. Remanufacturing/Recycling und Nutzung eigener Produkte als künftige Rohstoffquellen,
   f. Standortauswahl,
   g. Marketing und After-Sales-Service?
7. Wissen wir, wie wir unsere Produkte und Wertschöpfungsprozesse verändern müssen, damit sie Bestandteil einer Kreislaufwirtschaft werden können?
8. Wissen wir, was unsere aktuellen und zukünftigen Kunden bezüglich Materialzusammensetzung, Materialherkunft und Recyclingfähigkeit unserer Produkte erwarten?
9. Ist insbesondere intensiv untersucht worden, ob die Rücknahme eigener Produkte, Reparatur, Aufbereitung und Bewirtschaftung von Abfällen als Rohstoff Eingang in unser Geschäftsmodell finden kann?
10. Liefert unser Qualitätsmanagement einen Beitrag zur Materialeffizienz?
11. Verzichten wir auf unnötige Marketingartikel und unnötige „Give-aways"?

Exkurs Seltene Erden und Konfliktminerale

Seltene Erden und Konfliktmineralien verdienen nach diesem Kapitel einen Exkurs, da sie häufig Gegenstand der Diskussion sind. Oftmals wird behauptet, dass manche "Grüne Technologien", etwa Windkraft oder Elektromobilität gefährdet seien, weil Rohstoffe mit einer zu hohen Kritikalität benötigt würden. Von Rohstoffkritikalität spricht man, wenn bestimmte Rohstoffe entweder ausschließlich aus Ländern mit politischen Risiken stammen oder in der Hand sehr weniger Anbieter konzentriert sind.

Konfliktminerale ist eine aktuell gewordene Bezeichnung für die Erze und Konzentrate der Metalle Zinn, Tantal und Wolfram (wegen der englischen Namen dieser Elemente Tin, Tantal und Tungsten oftmals abgekürzt 3T) sowie von Gold. Problematisch ist, dass diese Mineralien zu einem wichtigen Anteil aus einer Region in Afrika stammen, in welcher die Rohstoffe zumeist im Kleinstbergbau mit schlechten Arbeitssicherheits- und Umweltstandards abgebaut werden. Da zudem die Gewinne häufig für die Finanzierung bewaffneter Gruppen dieser ohnehin schon instabilen Länder verwendet werden, gibt es mittlerweile mehrere Initiativen und Gesetze, die verhindern sollen, dass wegen des Konsums dieser Metalle in den Industrieländern die Herkunftsländer noch weiter destabilisiert werden.

Zu nennen ist hier eine Multistakeholder-Initiative der OECD, welche in Form von Handlungsempfehlungen und Sorgfaltspflichten anstrebt, ein verantwortungsvolles und international akzeptables Engagement von Unternehmen entlang der gesamten Lieferkette bis in die von den Konflikten betroffenen Regionen zu induzieren. Zusätzlich hat der internationale Zinnverband seit einigen Jahren ein System eingeführt, welches auf der Anbringung von Barcode-Etiketten (Tags) auf den Transportbehältern basiert, mit welchen die Herkunft der Mineralien aus "konfliktfreien" Minen bestätigt wird. Über das Etikett ist es somit möglich, eine Transporteinheit von der Mine durch die gesamte Lieferkette bis zur Raffinerie zu verfolgen.

Die wichtigste gesetzlich verpflichtende Regelung ist das amerikanische Dodd-Frank-Gesetz. In diesem Gesetz ist geregelt, dass Unternehmen alle erzeugten Endprodukte und die gesamte Lieferkette auf die Verwendung von Konfliktmineralien aus der Demokratischen Republik Kongo und deren Nachbarstaaten zu überprüfen haben. Die Ergebnisse der Untersuchung sind offen zu legen und Sorgfaltspflichtmaßnahmen sind zu beschreiben. Dies führt zwar einerseits zu einer hohen Transparenz, hat aber auch den Marktzugang von legalen Rohstoffproduzenten aus dieser Region Afrikas reduziert. Auch das EU-Parlament verhandelt gemeinsam mit dem Rat und der Kommission (Stand Juli 2015) über eine Verordnung zum Handel mit Konfliktrohstoffen. Es gilt als sehr wahrscheinlich, dass eine europäische Regelung kommen wird - fraglich ist lediglich, ob es sich um ein freiwilliges System der Selbstzertifizierung für alle Importeure von 3T und Gold aus Konfliktgebieten handeln wird oder ob eine Zertifizierung verpflichtend für die Importeure gelten wird und ob verbindliche Prüfpflichten auch für nachgelagerte Verarbeitungsunternehmen der Metalle gelten werden. Kritisiert wird der hohe administrative Aufwand für die Industrie: Anfragen zur Nachverfolgung der Lieferketten führen zu einem hohen bürokratischen, zeitlichen und finanziellen Aufwand für Unternehmen. Ob die Regelungen eine tatsächliche Verbesserung der Situation beim Rohstoffabbau in den Konfliktgebieten bewirken, ist bislang nicht belegt. Dem unbenommen hat das Dodd-Frank Gesetz den Handlungsdruck auf die Industrie und die Wahrnehmung des Themas deutlich erhöht.

Einen guten Überblick über die Sorgfaltspflichten in den Lieferketten von 3T und Gold gibt eine Veröffentlichung der Bundesanstalt für Geowissenschaften und Rohstoffe.[58] Verarbeiter der genannten Metalle kennen das Thema und ihre Pflichten ohnehin. Der Grund jedoch, an dieser Stelle auf die Konfliktmineralien einzugehen, ist ein anderer: Für weite Teile von Entscheidern in der Industrie ist bislang nicht vorstellbar, dass für die eigenen Rohstoffe ähnliche Regularien entwickelt würden. Ich glaube jedoch, dass analoge Systeme künftig auch für andere Ressourcen entwickelt und eingesetzt werden, wenn nämlich Knappheiten zunehmen und die Kritikalität einzelner Rohstoffe weiter steigt.

Seltene Erden sind das Element Lanthan und 14 darauf im Periodensystem folgende Elemente sowie Yttrium und Scandium. Die meisten dieser Stoffe sind nicht „selten" im eigentlichen Sinne, sie sind in der Erdkruste nur sehr weit verteilt und kommen nur an relativ wenigen Stellen in wirtschaftlich abbaubaren Mengen vor. Ausgerechnet die schweren dieser Elemente, welche technisch besonders interessant sind, machen in den wirtschaftlich abbaubaren Lagerstätten nur einen geringen Anteil aus.

Neben der geringen Konzentration und der vergleichsweise schwierigen Gewinnbarkeit dieser Rohstoffe sind sie in den meisten Endprodukten oftmals so eingebaut, dass die Recyclingquoten ausgesprochen gering sind.

---

[58] BGR (2014)/2

Tatsächlich haben die schweren Seltenen Erden hoch interessante Anwendungen, die auch für die „Grünen Technologien" erforderlich sind, z.B.: Hochwiderstandsfähige Keramiken für Lambdasonden, Zahnersatz und künstliche Gelenke (yttriumstabilisiertes ZrO_2), temperaturbeständige Magneten für Micromotoren (Samarium), energiesparende Leuchtstoffe (Europium, Terbium), Kühlsysteme nach dem magnetokalorischen Prinzip (Gadolinium), temperaturbeständige Permanentmagneten für getriebelose, wartungsarme Windkraftanlagen und Elektroautos (Dysprosium, Neodym) und Batterietechniken.[59]

Fast die gesamte Weltproduktion dieser Seltenen Erden kommt aus China. Eine Zeit lang hatte China den Export begrenzt, was um 2011 zu einer Preisblase führte. Die anderen Lieferländer Vereinigte Staaten, Rußland und Indien hatten einen Marktanteil von unter 3 %, mittlerweile ist der chinesische Anteil auf unter 90 % gesunken und China hat die Exportbeschränkungen aufgehoben.

Dennoch haben die Seltenen Erden in der aktuellen DERA-Rohstoffliste noch immer einen Herfindahl-Hirschmann-Index (HHI, Erläuterung siehe im Kapitel 4.1.)-Wert von 9117; gleichzeitig ist diese Angebotskonzentration mit einem hohen bis mittleren gewichteten Länderrisiko behaftet.[60] Seltene Erden sind also auch nach Platzen der Preisblase im Jahr 2011 immer noch kein im Überfluss vorhandener und leicht verfügbarer Rohstoff - das sagt ja auch der Name schon aus.

Diese Situation soll aber nicht darüber hinweg täuschen, dass die Abhängigkeit von China nur auf der Zeitachse besteht. In der absoluten heißen Phase der Preisblase waren weltweit über 380 Explorationsprojekte von über 200 Firmen in 35 Ländern zur Gewinnung von Seltenen Erden registriert.[61] Auch wenn bereits damals klar war, dass höchstens 5 % dieser Projekte jemals in Produktion gehen würden, gibt es große Lagerstätten mit einem nennenswerten und attraktiven Anteil schwerer seltener Erden in Ländern wie Schweden, Australien, Kanada und Grönland.[62] Seit die Preisblase geplatzt ist, wurden viele dieser Projekte eingestellt. Im Sommer 2015 ist der letzte amerikanische Förderer von Selten Erden in Insolvenz gegangen, weil die Gewinnung nach dem Preisverfall nicht wirtschaftlich war. Gleichzeitig ist es

---

59 Elsner (2011)
60 DERA (2015)
61 Elsner (2011)
62 BGR (2014)/3

der Industrie gelungen, Seltene Erden in ihren Technologien zum Teil zu ersetzen.

Im Fazit steht trotzdem fest: Würde China seine eigenen Vorkommen an Seltenen Erden im Export erneut stark beschränken, so würde dies kurzzeitig oder auch über einige Jahre zu Problemen führen, den entsprechenden Technologien aber nicht den Garaus machen, denn eine Entkopplung von der Anbieterkonzentration auf China ist aus geologischen Gesichtspunkten heraus durchaus möglich. Gleichzeitig gilt es, durch geschicktes Produktdesign und Kennzeichnungen die Seltenen Erden so einzubauen, dass ein Recycling denkbar und wirtschaftlich ist. Bestimmte „Grüne Technologien" nicht einzuführen, weil sie von Seltenen Erden abhängen, käme der Idee gleich, in den siebziger Jahren auf die Umstellung auf Erdgas zu verzichten, weil zu viel davon aus Russland kam. Die Rohstoffkritikalität von Selten Erden muss beobachtet werden, ein Argument zum Ausstieg aus bestimmten Technologien ist sie nicht.

4.2 Betriebliche Abfallwirtschaft und Abfallmanagement - eine Notwendigkeit

Abfall ist doppelter Verlust. Abfall ist ein Stoffstrom der aus erwirtschaftetem Geld eingekauft wurde, um dann ein zweites Mal gegen Kosten entsorgt zu werden. Diesen Aspekt vernachlässigen die meisten betrieblichen Abfallbilanzen. Erst wenn man nicht nur Entsorgungskosten, sondern auch die Verwaltungskosten um die betriebliche Abfallwirtschaft herum und den (Einkaufs-) Wert des verlorenen Materials bilanziert, erhält man die wahren Kosten der Abfallströme.

In der Praxis schaffen es viele Unternehmen nur unzureichend ihre Abfallmengen und Abfallkosten langfristig zu optimieren, weil die Datenlage für die Kostenzuweisung in vielen Betrieben ungeregelt sind. Außerdem müssen mehrere Schnittstellen klar definiert sein, um ein Stoffstrom-management auch am Ende der Materialkette im Produktionsprozess zu betreiben. Die langfristige Optimierung von Abfallmengen und -kosten stellt damit eine komplexe Teilaufgabe im modernen Stoffstrommanagement von Unternehmen dar.

Bei einer sorgfältigen Analyse der Ausgangssituation fällt in vielen Unternehmen auf, dass ab dem Moment der Entstehung des Abfalls zwar eine gesetzeskonforme Bereitstellung zur Entsorgung und Entsorgung stattfindet, der Stoffstrom anschließend jedoch nicht mehr kontrolliert wird. Die Kosten werden nicht dem Verursacher aufgelastet, sondern auf Infrastruktur und Gemeinkosten gebucht; die Stoffströme werden oftmals nicht oder nur vereinzelt z.B. auf Herkunft und Vermeidbarkeit untersucht.

Dass die dauerhafte Verbesserung der betrieblichen Abfallwirtschaft ein langes, aber lohnendes Vorhaben ist, zeigen die Ergebnisse eines Modellvorhabens bei einem niedersächsischen Unternehmen der Metallindustrie, welches ich mit meinem Team über viele Jahre begleitet habe: Zu Beginn des Modellprojekts im Jahr 1996 wurden in dem Unternehmen (ohne Metallschrotte) 2.446,58 Tonnen Abfälle entsorgt. Die Verwertungsquote lag unter 45 %. Die Gesamtkosten für die Entsorgung beliefen sich auf umgerechnet 394.540 Euro. Die spezifischen Abfallmengen und Entsorgungskosten konnten - anfangs in größeren Schritten, später langsamer, aber immer kontinuierlich - gesenkt werden. Nach sieben Jahren hatte das Projekt beeindruckende Erfolge vorzuweisen: Im Geschäftsjahr 2002/2003 wurden 3.515 Tonnen Abfall entsorgt. Im gleichen Zeitraum hat sich die Produktion mehr als verdoppelt, die Abfallmenge war also unterproportional (Kennziffer „Abfallmenge pro Umsatzeinheit") gewachsen. Die Verwertungsquote stieg auf 76 %.[63]

Die Gesamtkosten für die Entsorgung hatten sich auf 327.121 Euro reduziert, waren absolut also um 18 % und bereinigt um den Umsatz sogar um 60 % verringert worden. Ähnliche Ansätze wie jene, mit denen dieser Kunde Erfolg hatte, sind auch heutzutage in vielen Unternehmen zu finden - aber die Kostensenkungen sind langfristig zu heben und nicht mit einem Knopfdruck, dem widmet sich dieses Kapitel.

Abfallwirtschaft im Unternehmen: Gesetzlich klar geregelt

Rechtlich ist die Abfallwirtschaft ein eng geregeltes Thema. Gemäß der europäischen Abfallgesetzgebung gibt es eine fünfstufige Vorgabe, die sogenannte Abfallhierarchie, die an die Stelle des früheren deutschen Merksatzes „Vermeiden-Vermindern-Verwerten" getreten ist: 1. Abfallvermeidung, 2. Wiederverwendung, 3. Recycling, 4. Verwertung für andere Zwecke (z.B. energetische Verwertung) und 5. als Ultima Ratio die Beseitigung. Die Abfallgesetzgebung beinhaltet ein klares Vermeidungsgebot als rechtliche Grundpflicht und das „Verursacherprinzip", gemäß dem die Kosten der Abfallbewirtschaftung vom Abfall(erst)erzeuger zu tragen sind.

---

63 Utermöhlen&Precht (2003)

Es gibt einen europaweit harmonisierten Abfallartenkatalog, in welchem jede denkbare Abfallart mit einer sechsstelligen Abfallschlüsselnummer versehen ist. Zusätzlich ist sehr genau geregelt, wann Abfälle als „gefährlich" einzustufen sind, nämlich wenn sie festgelegte Mengen an Inhaltsstoffen mit Gefährdungsmerkmalen aufweisen. „Gefährliche Abfälle" tragen zusätzlich zur Abfallschlüsselnummer ein Sternchen und an ihre schadlose Entsorgung sind logischerweise höhere Anforderungen gestellt als an nicht gefährliche Abfälle. Die Einstufung anfallender Abfälle in eine der Schlüsselnummern ist Aufgabe des Abfallerzeugers, er muss dazu aber genaue Regeln einhalten. Bei der Entsorgung von Abfällen hat die Verwertung Vorrang, wobei die stoffliche Verwertung höher eingestuft ist, also Vorrang vor der thermischen Verwertung hat. Nur wenn Abfälle nicht verwertet werden können, sollen sie einer Beseitigung zugeführt werden, wobei „Beseitigung" Verfahren der Deponierung oder der chemisch-physikalischen bzw. thermischen Behandlung sind, bei welchen die stofflichen oder kalorischen Eigenschaften der Abfälle nicht mehr genutzt werden. Ich hatte in Kapitel 4.1 bereits ausgeführt, dass in Europa keine Abfälle mehr deponiert werden dürfen, die einen Glühverlust von mehr als 3 bzw. 5 % haben, vereinfacht ausgedrückt, die einen organischen Anteil oder hohe Feuchten haben. Wirklich in größeren Massen deponiert werden in Europa nur noch sogenannte „Inertstoffe", die nicht verwertbar sind oder gefährliche Abfälle, z.B. in Untertagedeponien. Die Zeiten, in denen schlecht oder gar nicht abgedichtete Deponien durch Sickerwasser mit Schadstoffen das Grundwasser beeinträchtigen und durch Ausgasung (biologische Zersetzung organischer Abfälle und Emission klimaschädlichen Methans) den Treibhauseffekt beschleunigen, sind in Europa weitgehend Geschichte - wobei es in den jüngeren EU Staaten durchaus noch Handlungsbedarf gibt, weil die Nachsorge alter Deponien, das heißt Sicherung/Abdichtung nach oben (Luft) und nach unten (Grundwasser) eine teure und langwierige Angelegenheit ist. Dies ist auch ein gutes Beispiel für den in diesem Buch mehrfach erwähnten Effekt: Vermiedene Umweltschutzmaßnahmen (hier sorglose Entsorgung in früheren Jahren) ist langfristig immer viel kostspieliger, als nachhaltige Abfallwirtschaft, die zwar im Moment der Abfallbehandlung teurer ist, aber dann eben langfristig viel weniger belastend. Außerhalb Europas sieht das ganz anders aus, hier gibt es noch viele gar nicht gesicherte Deponien mit allen Konsequenzen für die Umwelt und die Menschen in der Umgebung. Es gibt nicht wenige Fälle, zum Beispiel in Südamerika und Afrika, bei welchen tausende von Menschen von den Abfällen einer Deponie leben, indem sie aussortieren, was andere

Menschen weggeschmissen haben. Die Deponie liefert dann Rohstoffe, Baustoffe und Nahrungsmittel für die Nutztiere - nur eben mit allen Konsequenzen der mangelnden Hygiene, der Belastungen der Atemluft und des Grundwassers - eine nachhaltige Abfallbewirtschaftung meint etwas anderes.

Jeder Schritt der Entsorgung von Abfällen ist in Deutschland bzw. Europa genau überwacht. Abfälle sind getrennt zu erfassen, solange dies die Möglichkeiten der Verwertung verbessert. Der Abfallerzeuger muss Nachweise und Register führen und ist auch verantwortlich für den endgültigen Verbleib der Abfälle bis der Abfall seine Sach- und Stoffeigenschaft verloren hat und endgültig beseitigt oder verwertet wurde. Hieraus rührt ein Haftungsproblem, welches in vielen Unternehmen nicht vollständig antizipiert wurde: Der Erzeuger haftet nicht nur, bis ein Entsorger den Abfall abgeholt hat, sondern auch dafür, dass der Abfall wie vorgesehen verwertet oder beseitigt wird, auch wenn das in großer Entfernung zum Erzeuger geschieht.

Abfälle sollen in Europa gemäß Abfallverbringungsgesetz vorrangig im Inland entsorgt werden. Die Beseitigung im Ausland ist bis auf ganz wenige genau geregelte Sonderfälle gar nicht möglich und an die Verwertung im Ausland sind sehr genaue Anforderungen gesetzt - jeder Transport von Abfällen zur Verwertung ins Ausland muss behördlich notifiziert werden, all das folgt einem genauen Verfahren, Ausnahmen gibt es nur für einige Abfallarten ohne Gefährdungspotential.

Die rechtssichere Organisation der betrieblichen Abfallwirtschaft in einem Unternehmen gehört zum kleinen Einmaleins des betrieblichen Umweltmanagements und sollte eigentlich in jedem Unternehmen beherrscht sein. Es ist eine Aufgabe der Umwelt-Fachleute bzw. Abteilungen, die in aller Regel auch gut funktioniert und bei Audits oder Behördenterminen auch überprüft wird - Führungskräfte sollten sich eigentlich darauf verlassen können, dass dies rechtssicher organisiert ist. Da ich mit meinen Mitarbeitern jedoch doch von Zeit zu Zeit bei Audits oder Bestandsaufnahmen immer noch Nichtkonformitäten finde, habe ich in die Führungskräftecheckliste zu diesem Kapitel einige Fragen aufgenommen, die eine Orientierung ermöglichen, ob das Thema hinreichend gut organisiert ist. Ansonsten will ich - dem Thema des Buches entsprechend - die weiteren Ausführungen in diesem Kapitel auf die Beschreibung der Anforderungen an eine betriebliche Abfallwirtschaft unter den Kriterien einer „starken Nachhaltigkeit“ beschränken.

Veränderte Rahmenbedingungen der betrieblichen Abfallwirtschaft

Wie im Kapitel 4.1 bereits ausgeführt wird sich die Abfallwirtschaft zu einer Kreislauf- und Ressourcenwirtschaft fortentwickeln bzw. wurden seitens der Gesetzgebung die ersten Schritte hierzu bereits getan.

Zeitnah zu erwarten ist der Erlass eines Wertstoffgesetzes, hierzu sind Planungen im Sommer 2015 bereits weit fortgeschritten. Konkret geht es darum, analog zu der seit den neunziger Jahren bekannten Verpackungsverordnung auch für so genannte „stoffgleiche Nichtverpackungen", also Gebrauchsartikel wie Spielwaren, Haushaltsartikel, Kunststoffgegenstände jedweder Art, metallische Gebrauchsgegenstände, Töpfe, Geschirr und so weiter die Produktverantwortung dem Hersteller und Vertreiber der Artikel aufzutragen. Der Konsument bezahlt dann die Entsorgung des jeweiligen Gegenstandes (gesetzlich geregelt) bereits mit dem Kauf, weil der Hersteller für die Verwendung des jeweiligen Materials eine Lizenzgebühr abführen muss. Mit dieser Lizenzgebühr erfolgt analog zum bisherigen System für Verpackungen die Finanzierung der Sammlung der werthaltigen Abfälle. Das System hat analog zur Verpackungsverordnung zwei Effekte: Zum einen wird die Verwendung einer großen Materialmenge teurer, es besteht somit die Hoffnung, dass die Hersteller ihre Produkte materialschonender gestalten, um Lizenzgebühren zu sparen. Im Bereich der Verpackungsverordnung hat dies seit Beginn der 90er Jahre teilweise funktioniert; viele Produkte, die früher sehr aufwändig verpackt und in Blistern präsentiert wurden, sind nun mit geringerem Materialaufwand verpackt, auch wenn hier weiter viel Potential ist. Zum anderen soll über dieses System die Erfassungsquote verbessert werden, indem Gegenstände, die bislang im gemischten Hausmüll landeten, dann in den Wertstofftonnen erfasst und einem Recycling zugeführt werden. Viele Kommunen haben hierzu bereits „Gelbe Tonnen" installiert, in denen nicht nur Verpackungen eingesammelt werden.

Auf europäischer Ebene sind die Überlegungen weit fortgeschritten, die legislativen Vorgaben um ein „Kreislaufwirtschaftspaket" zu ergänzen. Wesentliche Eckpunkte sind Produktdesign, Einfluss auf Konsumverhalten und Rohstoffmärkte sowie Maßnahmen für einzelne Produktsektoren. Es soll ein rechtsverbindliches Ziel zur Abfallreduzierung in Europa um 30 % bis 2025 eingeführt werden und in der Produktpolitik der Lebenszyklusansatz gesetzlich geregelt werden. Die Möglichkeit der Verbrennung von Abfällen soll durch die neue Gesetzgebung bis 2020 ganz streng auf nicht recyclingfähige und nicht biologisch abbaubare Abfälle beschränkt werden. Das Gesamtziel lautet "Towards Zero Waste" - es wird also ernsthaft eine Gesellschaft ohne Abfälle angestrebt.

Wenn man das Beispiel Deutschland anschaut, dann ist das ein ambitioniertes Ziel. Nach Angaben des statistischen Bundesamtes lag das Gesamtabfallaufkommen in den Jahren ab 2011 in einer Größenordnung von 380 Millionen Tonnen insgesamt. Hiervon waren knapp über die Hälfte Bau- und Abbruchabfälle, ca. 15 % gemischte Abfälle aus Industrie und Gewerbe und ca. 13% Siedlungsabfälle. Mit 617 kg pro Kopf an Siedlungsabfall liegt Deutschland deutlich über dem EU Schnitt von 481 kg je Einwohner. Die Ablagerungsquote beträgt nur noch ca. 17 %. Von den Abfällen werden ca. 300 Millionen Tonnen (knapp 78 %) verwertet und hierbei ist die Quote der stofflichen Verwertung, also des Recyclings, mit knapp 70 % der Gesamtabfallmenge der Hauptanteil.[64] Bei genauerem Hinsehen jedoch entpuppt sich das „Recycling" oft als „Downcycling", die recycelten Stoffe haben nicht den gleichen Anwendungswert. Allein diese Zahlen zeigen den Handlungsbedarf und Unternehmen spielen hierbei die herausragende Rolle. Persönlich glaube ich zwar nicht, dass eine abfallfreie Gesellschaft in den nächsten 30 Jahren im mathematisch definierten Sinne einer „Null" möglich sein wird, aber auch eine Gesellschaft mit hohem Grad der Industrialisierung und den damit verbundenen sozialen Strukturen kann ohne echten Verlust an Lebensqualität den tatsächlichen Materialstrom, welcher nicht einer Wiederverwertung zugeführt wird, erheblich reduzieren; hiervon bin ich überzeugt.

Die bereits jetzt in der europäischen Gesetzgebung geregelten Erfassungsquoten je Mitgliedsstaat werden daher weiter verschärft werden. Die Anwendung des Bezahlprinzips nach Abfallmenge („Pay as You throw") und insbesondere wie im Kapitel 4.1 bereits dargestellt die Ausweitung der Ökodesign-Richtlinien in Richtung von konkreten Anforderungen der Langlebigkeit, der Reparaturfreundlichkeit, der Wiederverwendungsfähigkeit und der tatsächlichen Verwertbarkeit auf einem gleichen Stoffniveau sind die Anforderungen, mit welchen Unternehmen rechnen müssen: Ich halte es für durchaus vorstellbar, dass manche Einwegprodukte (z.B. Einwegfeuerzeuge, Einweggeschirr, Schreibgeräte ohne wechselbare Mine) genauso verboten werden, wie es mit der vielzitierten „Glühbirne" geschehen ist oder dass die Einwegartikel mit so hohen Umweltabgaben versehen werden, dass sie an Marktanteil verlieren. Zusätzlich wird für viele Produktgruppen geregelt

[64] DESTATIS (2013) und DESTATIS (2015)

werden, welche Art von Ersatzteilen und Reparaturmaßnahmen wie lange nach Verkauf des Produktes noch möglich sein muss. Unternehmen sollten Ihr Produktportfolio auf Produkte untersuchen, die hier im Risiko sind und rechtzeitig das Portfolio umstellen.

Weiterhin erwarte ich, dass die öffentlichen Berichtspflichten über Abfallmengen für Industriebetriebe ausgeweitet werden. Das europäische Schadstofffreisetzungs- und Verbringungsregister (Pollutant Release and Transfer Register - PRTR) ist eine Datenbank, die Daten zu Freisetzungen und Emissionen von Schadstoffen enthält. Die berichtspflichtigen Daten können Emissionen in die Luft, die Immissionen auf die Erdoberfläche, Einleitungsmengen in Gewässer und/oder Eintrag in den Boden sowie Abfallmengen umfassen.

Bislang (Berichtsjahr 2013) sind über das so genannte PRTR-Register in Deutschland nur circa 5.150 Betriebe berichtspflichtig, davon etwa 4300 Betriebe wegen ihrer Abfallmengen. Die Betriebe müssen sowohl die Entsorgung von nicht gefährlichen Abfällen als auch von gefährlichen Abfällen berichten, wenn sie in einem Jahr entweder mehr als 2 t gefährlicher Abfälle oder mehr als 2000 t nicht gefährlicher Abfälle außerhalb ihres Betriebs entsorgen. Relativ wenig bekannt ist den noch nicht betroffenen Unternehmen, dass unter www.thru.de bereits heute jedermann im Internet nachlesen kann, wie viele Schadstoffe der Industriebetrieb in seiner Nachbarschaft ausstößt oder welche Stofffrachten in Abwässern enthalten sind, welche die Kläranlagen verlassen. Ich erwarte, dass derartige Berichts- und Offenlegungspflichten auf deutlich mehr Betriebe ausgeweitet werden.

Methoden der betrieblichen Abfallwirtschaft

Die Methoden, weniger Abfälle in der Produktion entstehen zu lassen sind überlappend mit jenen, die im Kreislaufwirtschaftspaket zur grundsätzlichen gesellschaftlichen Abfallvermeidung erforderlich sind; ich beschreibe sie daher im Kontext.

Methodisch hat sich seit den frühen neunziger Jahren bei den Eingreifmöglichkeiten zur Optimierung der Abfallwirtschaft wenig verändert.

Eine Systematisierung der abfallwirtschaftlichen Strategien nach steigender Eingriffstiefe durch Wollny et al.[65] führt folgende Methoden an:

1. Organisation der Entsorgung ändern

---

[65] Wollny et. al (1992)

2. Verwertung statt Beseitigung

3. Produktionstechnik umstellen

4. Produkt verändern, so dass weniger Abfälle anfallen

5. Gesellschaftliche Verhaltensänderung / Dienstleistung statt Produkt

Nach der deutlich umfänglicheren Systematisierung von Knoch[66] stehen zehn Methoden zur Verfügung (siehe Abbildung 4.2.1).

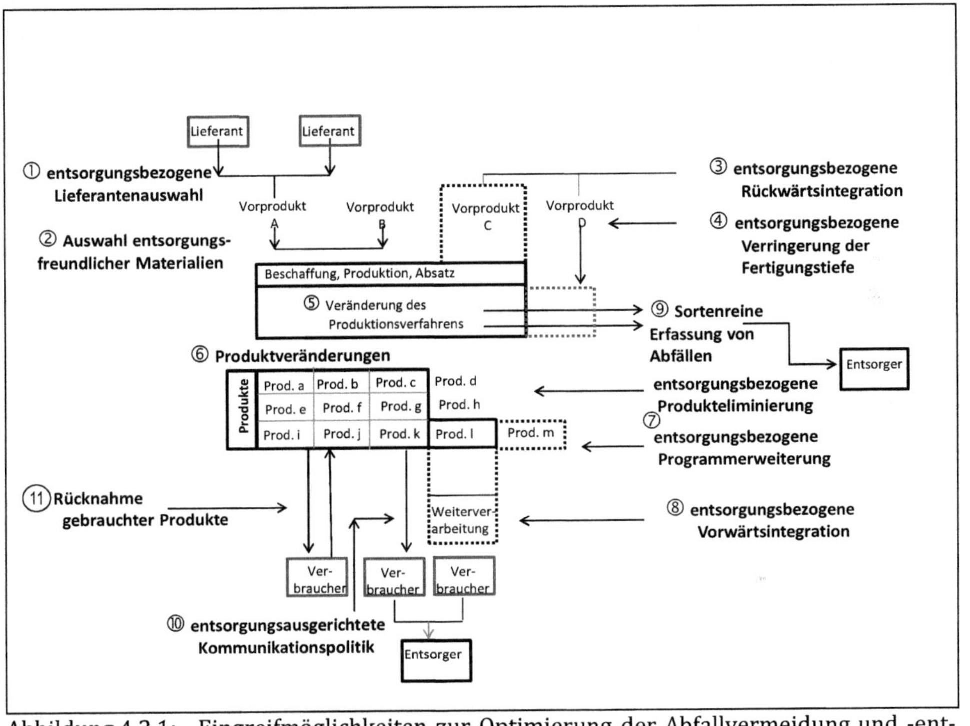

Abbildung 4.2.1: Eingreifmöglichkeiten zur Optimierung der Abfallvermeidung und -entsorgung. Quelle: Knoch et al.(1992), S. 141

Bei der Anwendung der verfügbaren Instrumentarien und Methoden ist jedes Unternehmen an die praktischen Zwänge der jeweiligen Branche gebunden. In vielen Fällen kommt z.B. die entsorgungsbezogene Rückwärtsintegration der Fertigung (also größere Fertigungstiefe, indem auch Vormaterialien nicht bei Lieferanten, sondern im eigenen Haus hergestellt werden) nicht in Frage, weil das Unternehmen mit den bestehenden Kapazitäten am Standort streng

---

66 Knoch et al. (1991)

haushalten muss oder dies aus Kostengründen unsinnig ist - Entsorgungskosten sind schließlich nur ein Teil der Gesamtkosten.

In manchen Unternehmen kann die Vergrößerung der Fertigungstiefe eine abfallvermeidende Maßnahme sein, weil Verpackungen und Logistikaufwand entfallen, auch hier ist mit ökonomischen Aspekten abzuwägen. Das Herausnehmen von einzelnen Produkten mit ungünstigen Entsorgungseigenschaften kommt für einen Investitionsgüterhersteller, anders als beispielsweise für einen Hersteller von Schreibgeräten, nicht so einfach in Frage. Die Methoden beschränkten sich bei vielen Unternehmen zunächst darauf, entsorgungsfreundliche Materialien auszuwählen (Methode 2 in der Systematisierung nach Abbildung 1), die Produktionsverfahren zu verändern (Methode 5) und Abfälle mit dem Ziel einer besseren Verwertung beziehungsweise Vermarktung sortenrein zu erfassen (Methode 9). In einer zweiten Projektphase werden dann die umwelt- und recyclingfreundliche Produktgestaltung (Methode 6) und in deren Folge die Auswahl der Lieferanten unter Entsorgungskriterien (Methode 1) hinzugenommen.

Handlungsachsen und Anforderungen an eine nachhaltige betriebliche Abfallwirtschaft

Jedes Projekt, das die betriebliche Abfallwirtschaft im Sinne des Nachhaltigkeitsmanagements optimiert, verfolgt folgende Zielsetzungen:

a) Die Vermeidung von Abfall ist oberstes Gebot vor allen anderen Schritten - der Abfall, der gar nicht erst entsteht, belastet weder das Unternehmen noch die Umwelt.

b) Legal Compliance bei der Entsorgung von Abfällen ist danach die nächste Priorität

c) Die Verwertungsquote sollte erhöht werden und die Gesamtentsorgungskosten jeder Abfallart regelmäßig geprüft werden; die Mitarbeiter sind geschult und verstehen Getrennterfassung als normalen Prozess der täglichen Arbeit.

d) Abfallkosten werden dem betriebsinternen Verursacher auf die jeweilige Kostenstelle aufgelastet und nicht als Gemeinkosten verbucht.

e) An Stelle von Ad-hoc-Methoden sollten die Gesamtkosten pro Umsatzeinheit dauerhaft reduziert werden.

Zur Erreichung dieser Zielsetzungen empfehle ich Unternehmen folgende Maßnahmen:

1. Suche nach abfallspezifischen Einzelverbesserungen a) durch Ideen, b) am Entsorgungsmarkt und c) durch Einbeziehung in Planungen bei Neuvorhaben.
2. Neue Ausschreibung der Abfallentsorgung alle zwei Jahre.
3. Regelmäßige Schulung und Bewusstseinsbildung sowie Führung von Gruppengesprächen.
4. Regelmäßige Begehungen, die in Protokollen dokumentiert werden, welche den Führungskräften zugänglich sind.
5. Kennziffernbildung wo eine sinnvolle Basis möglich ist.

Maßnahme 1 gliedert sich in vielen Unternehmen in zahlreiche abfallspezifische Einzelprojekte, in deren Folge neue Verwertungswege für einzelne Abfälle sowie technische Methoden zur Abfallvermeidung und Vermeidung von bestimmten Abfällen durch Umstellung von Prozessen umgesetzt werden. Der interne Abfallbeauftragte sollte regelmäßig durch Fachleute unterstützt werden, die bei der Einhaltung geltenden Rechts und der Suche nach Vermeidungsmöglichkeiten helfen.

Vorrangig sollte die Arbeit zunächst dort ansetzen, wo die meisten Abfallmengen und Entsorgungskosten verursacht werden. Auf diese Weise können die notwendigen ökonomischen Erfolge schnell vorgezeigt werden. Durch die Einsparungen hat man damit auch Mittel für weniger populäre oder mühsamere Aktionen zur Verfügung. Die Projektansätze sollten in den Einkauf und in die Prozessplanung eingebunden werden.

Maßnahme 2 (Neue Ausschreibung der Abfallentsorgung) ist eine rein ökonomische Maßnahme, die sich auf das Stoffstrommanagement aber indirekt auswirkt: Die Kostenstelleninhaber sind bestrebt, die attraktiven Entsorgungspreise zu nutzen, die für reine Fraktionen erzielt werden können. Hierdurch steigt die Motivation zur Getrennthaltung. Kosten sollten detailliert aufgeteilt und die Daten aller Entsorgungsvorgänge fristgerecht erfasst werden. Die Rechnungen sollten stets auf Plausibilität und Konformität kontrolliert werden.

Um wie oben dargestellt jedem Verursacher von Abfällen auch die ökonomischen Folgen der Abfallentsorgung aufzulasten, muss die Entsorgung direkt auf die Kostenstellen der Fertigung gebucht werden, nicht auf eine allgemeine Kostenstelle „Entsorgung“. Dies ist eine absolut notwendige Voraussetzung für das Stoffstrommanagement von der Wiege bis zur Bahre, da die Kostenstelleninhaber nicht oder nur marginal motiviert sind, wenn sie keine Möglichkeit besitzen, die eigenen Kosten zu senken, sondern wissen, dass Minderkosten durch Vermeidung von Abfällen nur einer allgemeine Kostenstelle zu Gute kommen. Bei den Abfallkosten sollten die Entsorgungskosten und der verlorene Materialwert betrachtet werden.

Die Maßnahmen 3 und 4 (Bewusstseinsbildung und Begehungen) haben einen direkten Einfluss auf die Getrennthaltung und sortenreine Erfassung. Sie müssen kontinuierlich durchgeführt werden, um das Thema attraktiv zu halten. Der Abfallbeauftragte und ggf. seine externen Berater sollten regelmäßig im Betrieb anwesend sein und in ihrer Funktion von allen Mitarbeitern wahrgenommen werden können. Auf diese Weise kann gewährleistet werden, dass Missstände sofort identifiziert und Verbesserungspotentiale aufgegriffen werden können. Gleichzeitig kann man hierdurch der Belegschaft die Bedeutung des Themas verdeutlichen.

Weiterhin haben wir gute Erfahrungen gemacht, wenn sich Mitarbeiter in den Produktionsabteilungen mindestens einmal jährlich zu einem persönlichen Erfahrungsaustausch mit dem Abfallbeauftragten treffen. Sie haben damit die Gelegenheit, Ideen zur Abfallvermeidung zu entwickeln oder vorzuschlagen. Aus der Belegschaft kommen viele der besten Ideen, z.B. zur Vermeidung von Spraydosen oder der kostengünstige Eigenbau von Behältern zur entstehungsnahen Erfassung von großvolumigen Abfällen zur Verwertung wie Styropor und Folie.

Die Kennziffernbildung, also der Bezug auf eine physikalisch und technisch sinnvolle Basisgröße (zum Beispiel Lackschlamm pro Quadratmeter lackierter Oberfläche, Papier pro Mitarbeiter, Stahlschrott pro kg ausgelieferten Stanzteil) erfolgt, um auch in einer Phase dynamischen Wachstums an einem Standort die Abfallvermeidung trotz steigender Gesamtstoffströme nachvollziehbar zu machen.

Produktintegrierte Abfallvermeidung

Nachdem die ersten großen Schritte zur Abfallvermeidung und Abfallkostenreduzierung erfolgreich bewältigt werden, wird in vielen Unternehmen klar, dass bestimmte Abfälle aus dem Produktionsprozess produktimmanent sind und sich nicht vermeiden lassen, ohne in die Herstellung des Produkts einzugreifen. Ein erfolgreicher und tiefer Eingriff in viele kostentreibende Abfallarten ist nur möglich, wenn das Produkt umgestaltet wird (Methoden 6 und 1 in der Systematisierung nach Abbildung 4.2.1). Dies habe ich bereits in Kapitel 4.1 (Materialeffizienz) ausgeführt und verweise hierauf.

Fazit

Die langfristige Optimierung von Abfallmengen und Abfallkosten in einem Industriebetrieb stellt eine permanente Aufgabe dar. Erfolg ist nur dann beschieden, wenn ökologische und betriebswirtschaftliche Methoden die Waage finden und alle Mitarbeiter langfristig von den Maßnahmen überzeugt werden. Werden kostengünstige Entsorgungswege für sortenreine Fraktionen gefunden, dann motiviert dies zur Getrennthaltung. Umgekehrt lohnen sich technisch komplexe und mühevolle Verfahrensumstellungen, wenn die Prozessinhaber wissen, dass eine Kostenreduktion die Folge sein wird.

Stoffstrommanagement von der Wiege bis zur Bahre setzt wie jede komplexe Managementaufgabe neben permanenter Präsenz voraus, dass Ergebnisse kontrolliert und die betrieblichen Parameter und Stellschrauben im Sinne eines technischen Regelkreises neu justiert werden. Ein tiefgreifender und dauerhafter Erfolg ist nur möglich, wenn der gesamte verfügbare Methodenkanon ausgeschöpft wird. Hierzu zählt nicht zuletzt ein Produktdesign, welches den Gesamtstoffstrom über den Produktlebenszyklus hinweg betrachtet. Gerade hier bestehen in fast allen Branchen und Unternehmen noch große Optimierungsmöglichkeiten.[67] Indikatoren, die berichtet werden sollten sind:

- Gesamtgewicht des Abfalls nach Art und Entsorgungsmethode (G4-EN23)
- Abfallmenge je Umsatzeinheit (kein GRI-Indikator)
- Abfallspezifische Kennziffern, also der Bezug der Menge einer Abfallart auf eine physikalisch und technisch sinnvolle Basisgröße (kein GRI-Indikator)
- Gewicht des transportierten, importierten oder exportierten oder behandelten Abfalls, der gemäß den Bestimmungen des Basler Übereinkommens, Anlage I, II, III, und VIII, als gefährlich eingestuft wird, sowie Prozentsatz des international transportierten Abfalls. (G4-EN25)

[67] Utermöhlen & Engel (2000)

Führungskräfte-Checkliste zur betrieblichen Abfallwirtschaft

1. Erfassen wir unsere Abfälle getrennt, soweit dies die Möglichkeiten der Verwertung oder der schadlosen Beseitigung verbessert?
2. Sind unsere Mitarbeiter in Belangen der Abfalltrennung geschult und verstehen getrennte Erfassung als normalen Prozess der täglichen Arbeit?
3. Führen wir die Nachweise über die erfolgte Entsorgung in einem nachweislich rechtskonformen Abfallregister?
4. Haben wir geprüft, ob unsere Entsorger den Abfall nach der Abholung aus unserem Unternehmen rechtskonform weiterbehandeln und rechtskonform entsorgen? Ist uns unsere Haftungsposition aus der Erzeugerverantwortung hierbei bewusst?
5. Haben wir nachweislich regelmäßig geprüft, ob es neue oder zusätzliche Möglichkeiten der Vermeidung von Abfällen gibt?
6. Messen wir die Verwertungsquote unserer Abfälle und können wir sie erhöhen? Kann durch die zuständigen Abteilungen belegt werden, dass regelmäßig aktiv nach neuen oder besseren Verwertungsmöglichkeiten gesucht wird?
7. Werden die Abfallkosten dem betriebsinternen Verursacher auf die jeweilige Kostenstelle aufgelastet und entsprechend nicht als Gemeinkosten verbucht?
8. Können wir die Gesamtkosten durch Abfallentstehung pro Umsatzeinheit messen und dauerhaft reduzieren?
9. Werden bei den Abfallkosten nicht nur die Entsorgungskosten, sondern auch der verlorene Materialwert betrachtet?
10. Finden regelmäßige dokumentierte Begehungen zum Thema Abfallvermeidung und Abfallgetrennthaltung statt?
11. Ist Abfallvermeidung ein regelmäßiges Kommunikationsthema für unsere Mitarbeiter?
12. Verfügen wir - soweit sinnvoll - über Kennziffern für einzelne Abfallarten (wie zum Beispiel Lackschlamm pro Quadratmeter lackierter Oberfläche, Papierabfall pro Mitarbeiter usw.)?
13. Haben wir regelmäßig Möglichkeiten der Umgestaltung von Produkten im Sinne der Abfallvermeidung im eigenen Unternehmen und bei Kunden geprüft? Wurden hierbei Reparaturfreundlichkeit und Langlebigkeit einbezogen?
14. Stellen wir Einwegartikel her, die von Verboten oder erhöhten Umweltabgaben bedroht sind? Falls ja, haben wir eine Strategie, unsere Umsätze mit Einwegartikeln zu Gunsten von langlebigen Gütern zu verändern?
15. Haben wir geprüft, ob für unsere Produkte Ersatzteile und Reparaturmaßnahmen im Sinne einer Abfallvermeidung für unsere Kunden verfügbar sind? Können wir aus Ersatzteilgeschäft und Reparaturmaßnahmen einen besseren, margenstarken Umsatzanteil generieren?
16. Haben wir alle genannten Maßnahmen in ein regelmäßig fortgeschriebenes Abfallwirtschaftskonzept eingebracht und eine quartalsweise aktualisierte Abfallbilanz vorliegen?

4.3 Energieeinsatz, Energieintensität der Prozesse und Produkte sowie Energieeffizienz

Fragen rund um den Energieeinsatz, die Energieintensität der Prozesse und Produkte und zur Energieeffizienz haben seit Mitte der 2000er Jahre für Unternehmen erheblich an Bedeutung gewonnen. Dies liegt zum einen an der Kostenentwicklung, da bedingt durch die Entwicklung von Energieträgern auf den Weltmärkten und im besonderen deutschen Fall durch die sogenannte Energiewende, die Energiekosten dynamischer stiegen als nahezu alle anderen Kostenblöcke in Unternehmen. Zum anderen haben Energie- und Klimaschutzthemen in der gesellschaftlichen Diskussion und somit auch in der Wahrnehmung aller „Stakeholder“ an Bedeutung gewonnen. Sichtbare Energieverschwendung und wahrnehmbare Ineffizienz bei der Energienutzung ist aus Sicht von Kunden, Mitarbeitern und anderen Anspruchsgruppen schlicht nicht mehr akzeptiert, also rückt Energieeffizienz in den Fokus.

Zunächst ist festzustellen, dass nach einer repräsentativen Umfrage des DIHK aus dem Jahr 2012 zwar nur für 12 % der Unternehmen die Energiekosten (Strom, Wärme etc. kumuliert) mehr als 14 % des Umsatzes ausmachen. Für weitere 29 % der Unternehmen liegen die Energiekosten zwischen 4 und 14 % des Umsatzes und für knapp ein Drittel unter 2 % des Umsatzes.[68] Mit Blick auf die Umsatzrenditen von Unternehmen des produzierenden und verarbeitenden Gewerbes ist damit aber auch festzustellen, dass die Energiekosten für zahlreiche Unternehmen in der gleichen Dimension oder gar höher liegen als der Gewinn vor Steuern - Verbesserungen der Energieeffizienz und damit Senkung der Energiekosten haben also eine deutliche Ergebniswirksamkeit. Weiterhin gilt, dass in nahezu allen Unternehmen zumindest mittelfristig, also selbst wenn die sogenannten „low hanging fruits“ bereits geerntet sind, immer noch erhebliche Energieeffizienzpotentiale schlummern, ohne dass die Unternehmen dafür internen Anspruchsgruppen etwas wegnehmen müssen wie z.B. bei Senkung der Personalkosten.

Die Energiewende

Bevor wir uns der Energieeffizienz und den Energiekosten im Unternehmen zuwenden, sollten ein paar Gedanken auf die Energiewende zielen, da diese

[68] DIHK (2012), S. 11

den Rahmen des Themas bildet.[69] Sie ist seit 2011 eines der am häufigsten diskutierten Themen mit einer hohen medialen und emotionalen Aufmerksamkeit und sicher eines der ambitioniertesten langfristigen Projekte, sowohl aus politischer und technischer, als auch aus gesellschaftlicher Sicht.

Es geht um nicht weniger als die Systemmigration einer auf fossilen Energieträgern plus Kernenergie basierenden Versorgungsstruktur auf im Idealfall 100% erneuerbare Energien innerhalb von drei bis vier Jahrzehnten.

Warum ist die Energiewende ein so heißes Thema und warum wird so kontrovers diskutiert? Aus meiner Sicht basiert die Kontroverse auf Problemfeldern, deren Eckpunkte drei Aspekte bilden:

1. Der tatsächlich zu lösenden Infrastruktur- und Investitionsaufgabe
2. Dem marktwirtschaftlichen Wettbewerb um Gewinne aus dem Energiemarkt
3. Der Betroffenheit der Bürger und der Unternehmen

Die tatsächlich zu lösende Infrastruktur- und Investitionsaufgabe hat mit der bestehenden Energieversorgungsstruktur und den nur teilweisen Gleichzeitigkeiten von Bedarf und regenerativer Erzeugung[70] zu tun. Die auf Hochleistung, 100%ige Verfügbarkeit und Komfort getrimmte deutsche Energieversorgung basiert vereinfacht dargestellt auf einem Kraftwerkspark in Größenordnung 100 GW plus einem Stromnetz der verschiedenen Spannungsebenen sowie einem Gasverbundnetz, regionalen Nah- und Fernwärmenetzen, zahlreichen dezentralen Einrichtungen und dem Tankstellennetz für zwei bis drei Treibstoffarten. Dazu kamen im Jahr 2014 installierte Leistungen von ca. 83 GW an erneuerbaren Energien, hierbei Wind mit 34 GW und Photovoltaik mit 37 GW als Haupttechnologien. Die installierte Leistung an Erneuerbaren ist allerdings von jener in konventionellen Technologien insofern streng zu unterscheiden, als dass ein konventionelles Kraftwerk theoretisch über 8000 Stunden im Jahr zur Verfügung steht, während Windanlagen ca. 2.500 Vollbenutzungsstunden (offshore auch mehr) und PV ca. 1000 Vollbenutzungsstunden pro Jahr erreichen. Die erzielte Jahresarbeit pro GW installierte

---

[69] Der Abschnitt zur Energiewende ist eine aktualisierte Fassung eines bereits veröffentlichten Fachbeitrages: Utermöhlen (2013)

[70] Der Terminus „Energieerzeugung" ist physikalisch selbstverständlich nicht korrekt. Energie ist physikalisch vorhanden und kann nur in verschiedenen Erscheinungsformen bereitgestellt, aber nicht im eigentlichen Sinne erzeugt werden. „Energieerzeugung" wird in diesem Aufsatz als Begriff trotzdem verwendet, weil der Begriff sich in der allgemeinen Diskussion durchgesetzt hat, gemeint ist die „Bereitstellung von Energie in einer für den jeweiligen Bedarf geeigneten Form".

Leistung ist also deutlich geringer als im konventionellen Bereich. Insbesondere beim Strom sind die Kraftwerke regional so verteilt, dass nach regionaler Nachfrage und nach zeitlichem Bedarf Strom erzeugt werden kann; aus diesem Grund läuft ein Teil der Kraftwerke in Grundlast und je nach Bedarf werden andere Einheiten hoch- bzw. heruntergeregelt. Die Primärenergieträger enthalten die Energie in hochverdichteter Form, werden bereitgehalten bzw. kontinuierlich bezogen (Gas, Öl) und nach Bedarf verfeuert; dies heißt, die Erzeugung folgt dem Bedarf. Für Gas und Fernwärme für Endverbraucher gilt analog, dass nach dem Bedarf erzeugt und beliefert wird.

Da die regenerativen Energien Wind und Sonne bekanntermaßen zu bestimmten meteorologisch gegebenen Zeitpunkten und Orten zur Verfügung stehen und nur ein sehr geringer Teil der regenerativen Energien (Biomasse, Biogas) chemisch gebundenen ist, damit gelagert und nach Bedarf eingesetzt werden kann, muss die Infrastruktur komplett umgekrempelt werden: Es sind Transportnetze von den Orten, an denen viel regenerative Energie erzeugt werden kann (wind- und sonnenreiche Standorte) zu den Verbrauchsstellen zu errichten und ebenso Speicher für die anfallenden Energiemengen, die im Moment der Erzeugung gar nicht gebraucht werden, zu installieren. Gerade die Speicherung von Strom und Wärme in den erforderlichen Größenordnungen ist ein Innovationsfeld, welches noch erheblichen Entwicklungsbedarf hat, viele im Grundsatz funktionsfähige Technologien (Pumpspeicher, Fallwasserspeicher, Druckluftspeicher, Windgas usw.) bieten nur Lösungsansätze, stehen aber in der erforderlichen Kapazität noch nicht zur Verfügung.

Aktuell (d.h. im Frühjahr 2015) beträgt die Peakleistung an erneuerbaren Energien (die wie oben bereits erwähnt von der installierten Leistung abweicht, weil ja nie alle PV und Windanlagen gleichzeitig volle Leistung liefern) ca. 70 GW. Bis zum Jahr 2020 werden es ca. 105 GW_{peak} sein und für den notwendigen Ausbau der erneuerbaren Energien, um bis zum Jahr 2050 die nötige Versorgungssicherheit zu erzeugen, müssen ca. 260 GW_{peak} installiert sein. Die zeitlichen Abweichungen zwischen Erzeugung und Bedarf sind auszugleichen, daher werden in Studien stationäre Batterien in Größenordnungen von 24 GWh, Pumpspeicher von ca. 60 GWh, Wärmespeicher und Wärmenetze (Power to heat) von 370 GWh sowie Elektrolyseure (Power to Gas) mit einer Leistung von 33 GW_{el} prognostiziert.[71]

---

[71] Fraunhofer ISE (2015)

Es gilt somit, Investitionen von mehreren 100 Milliarden zu veranlassen. Die Schätzungen belaufen sich in einer Größenordnung von 335 bis 500 Mrd. EUR[72] bis zum Jahr 2031 allein für die Bundesrepublik in Netze, Speicher und Erzeugungsanlagen; dagegen stehen Kosten von ca. 100 Mrd. EUR, die jährlich für den Import fossiler Energieträger außer Landes fließen.

Der Investitionsbedarf ist sicher in sich kein Problem. Investitionen in der genannten Größenordnung innerhalb von 20 Jahren sind nur ein Bruchteil eines deutschen Jahres-BIP; Geld steht zur Verfügung und lukrative Projekte werden gesucht. An dieser Stelle tritt der Investitionsbedarf allerdings in Konflikt mit dem marktwirtschaftlichen Umfeld: Die bisherigen großen Teilnehmer auf dem Energiemarkt kämpfen um ihre lukrativen Marktanteile, haben Milliardensummen in konventionelle Kraftwerke investiert und wollen (verständlicherweise) deren Laufzeiten ausnutzen und mit den getätigten Investitionen die geplanten Erträge erzielen. Solange das EEG (welches zu lange den Konstruktionsfehler von nicht marktkonformen Festvergütungen hatte) nicht umfänglich novelliert ist und der Gesetzgeber teilweise populistisch, teilweise konzeptlos wirkend (wie der damalige Wirtschafts- und sein Umweltministerkollege im Februar 2013 mit einem Konzept zu rückwirkenden Kürzungen vorher gesetzlich garantierter Einspeisesätze) mit unstrukturierten Teileingriffen agiert, solange herrscht keine Investitionssicherheit. Die Energiewende braucht, wie oben dargelegt, Investitionen im Maßstab von mehreren hundert Milliarden EUR und benötigt daher unbedingt verlässliche Rahmenbedingungen. Wenn Gesetze, in welche vertrauend Investoren Projekte realisiert haben, rückwirkend gekippt werden, dann wird kein Unternehmen, geschweige denn internationale Investoren, Geld in Deutschlands Energiewende stecken bzw. es werden kostentreibende Risikoaufschläge kalkuliert. Dieses Dilemma wurde erst 2014/15 mit der EEG-Novelle zum Teil korrigiert.

Der dritte Eckpunkt des Konfliktfeldes ist die Betroffenheit der Bürger und Unternehmen. Die Energiewende betrifft Jeden: Verbraucherpreise sind gestiegen und dies wird teilweise berechtigterweise dem EEG angelastet. Häufig wird dabei aber der gestiegene Weltmarktpreis von Rohöl und Gas völlig außer Acht gelassen. Auch ohne Energiewende wären Energiepreise von 2008 bis 2013 nochmals deutlich gestiegen. Bürger sehen mit Sorge die steigenden Ausgaben für Energie. Unternehmen fürchten um ihre internationale Wettbewerbsfähigkeit, wenn Energie hierzulande deutlich

[72] Wirtschaftswoche (2011)

teurer ist als andernorts. Dazu kommt die regionale Betroffenheit: Windparks stören die einen in ihrer ästhetischen Wahrnehmung, die anderen fürchten (berechtigt) um Aspekte des Naturschutzes (Vögel, Meeressäuger) durch große Anlagen. Andere befürworten die Energiewende, wünschen aber keine Transportleitung in ihrem privaten Umfeld - auch hier wegen ästhetischer Bedenken oder gesundheitlicher Sorgen - so dass viele Vorhaben der Energiewende kaum oder nur verzögert durchgesetzt werden.

Als wäre das beschriebene Spannungsfeld nicht komplex genug, fehlt es zusätzlich noch an Ordnung in der öffentlichen Debatte, weil verschiedene Fehlannahmen und Denkfehler kommuniziert wurden, die ich wie folgt zusammenfassen möchte:

Der erste Kommunikationsfehler war, dass (vergleichbar mit der Kommunikation beim Projekt deutsche Einheit 1990) seitens der Politik kommuniziert wurde, die Energiewende würde niemanden stark belasten und es gäbe keine Verlierer der Energiewende. Viel zu lange haben sich Bürger und Unternehmen an sehr billige Energiepreise gewöhnt, weil weder hier noch in anderen Ländern die externen Kosten der Energieversorgung internalisiert wurden. Wir verfeuern jährlich eine Energiemenge, die vor Millionen Jahren innerhalb von Jahrhunderten gespeichert wurde. Wo noch vor ein oder zwei Generationen für eine ganze Familie wenige Räume beheizt wurden, beheizen und beleuchten wir heute für eine oder zwei Personen die dreifache Fläche. Wir führen einen energieintensiven Lebensstil mit permanentem Konsum energieintensiv hergestellter Güter und diese Energie soll möglichst wenig kosten. Wo steht eigentlich geschrieben, dass Energie so billig sein muss? Es handelt sich um eine endliche, knappe Ressource, die sehr wertvoll ist und die daher teurer sein müsste und es auch stets gewesen wäre, wenn die Umwelt- und Klimafolgen mit eingepreist worden wären und nicht auf künftige Generationen oder Gemeinkosten (aus Steuermitteln) umgelegt worden wären. Dazu kommt, dass die fossilen Energieträger eigentlich viel zu schade zum Verbrennen sind; künftige Generationen benötigen sie für andere Aufgaben, als Rohstoff für Materialien oder auch Medikamente. Die ehrliche Kommunikation wäre: *„Liebe Bürger und Unternehmen, Energie war immer zu billig, sie wird deutlich teurer werden (ob mit oder ohne Energiewende), stellt Euch darauf ein und lebt und wirtschaftet energieeffizienter oder nehmt die Kosten in Kauf.“* Es ist ein Irrweg, Unternehmen und Bürgern glaubhaft machen zu wollen, dass etwas so wertvolles und knappes Gut wie Energie dauerhaft so günstig zu erhalten sein wird. Das mag Politikern, die gewählt werden müssen, schwer über die Lippen gehen, wäre aber zumindest ehrlich.

Der zweite Irrweg ist eine zu betriebswirtschaftliche Fokussierung: Natürlich kosten steigende Energiepreise die Bürger und Unternehmen Geld. Fossile Energieträger werden zu fast 100% importiert, während eine Erzeugung regenerativer Energieformen in Deutschland oder Europa bedeutet, dass die Gewinne aus diesen Technologien hierzulande anfallen und für weitere Investitionen oder Binnenkonsum zur Verfügung stehen. Volkswirtschaftlich bedeutet die Energiewende eine Reduzierung ökologischer Folgekosten und eine Reduzierung des Abflusses von Vermögen, dass in Europa erwirtschaftet wurde und damit eine Reduzierung der Kosten von Bürgern und Unternehmen an anderer Stelle - dieses Argument wird viel zu wenig angebracht.

Der dritte Irrglaube ist, dass die Energiewende ein politisches Projekt wäre. Die Energiewende ist aber eine physikalische Notwendigkeit, nur der Zeitpunkt ist ein politisch gewählter. Ohne an dieser Stelle in die Diskussion einsteigen zu wollen, ob die fossilen Energieträger noch 50 oder 200 Jahre halten: Die Systemumstellung auf erneuerbare Energien muss von einer der drei bis fünf künftigen Generationen ohnehin bewältigt werden. Es nicht jetzt zu tun, würde lediglich bedeuten, die Emissionen klimaschädlicher Gase weiter zu betreiben und in Technologien zu investieren, die binnen weniger Generationen obsolet sind. Die Energiewende muss allerdings im europäischen Rahmen bewältigt werden, das ist die eigentliche politische Aufgabe; ein deutscher Alleingang ist schon wegen der infrastrukturellen Netzverknüpfungen nicht sinnhaft und er ist wegen der technischen Verknüpfungen im europäischen Verbundnetz eigentlich auch nicht möglich.

Schlussendlich wird zu wenig kommuniziert, dass die Energiewende eine gewaltige Chance für mehr Teilhabe ist: Während der bisherige Energiemarkt von einigen wenigen sehr großen und einer zweiten Reihe regionaler Großunternehmen dominiert wurde, bietet die Energiewende die Chance für Bürgerinvestitionen bzw. Investitionen kleinerer Unternehmen, regionale Strukturen und damit Teilhabe an einem Zukunftsmarkt. Ein lukrativer Markt wird neu aufgeteilt.

Die Energiewende vollzog sich lange in dem Irrglauben, man könne hier alles dem Markt überlassen, die besten Techniken setzen sich dann durch. Der Energiewende fehlte lange ein Masterplan, ohne einen solchen dauert sie zu lange und/oder wird zu teuer. Für einzelne Bundesländer, auch für Niedersachsen, und für Regionen gibt es solche Konzepte, sie sind aber bis dato nur Denkmodelle und nicht durch demokratische Beschlüsse legitimiert. Es sind sicher verschiedene Konzepte denkbar: Man kann verschiedene Mix-

Strukturen erneuerbarer Energien darstellen, die alle ein Für und ein Wider haben, aber ohne zumindest Leitplanken wird keine Investitionssicherheit herrschen. Diese Lücke wurde ab 2014 sukzessive mit der Zielarchitektur des Energiekonzeptes der Bundesregierung und der 2014 erfolgten Reform des EEG geschlossen, woraus sich unmittelbar veränderte Rahmenbedingungen für Unternehmen ergeben.

Schlussendlich steht die Energiewende auch immer in der Kritik, ein nationaler deutscher Alleingang zu sein. Das ist auf der Zeitachse richtig, insgesamt aber nicht: Deutschland hat wie so oft eine Vorreiterrolle; eine Energiewende, also der Umstieg auf erneuerbare Energien, vollzieht sich jedoch auch in anderen Ländern: Frankreich, Dänemark und Holland setzen zum Beispiel ebenfalls stark auf Erneuerbare und China hat aktuell gewaltige Zuwächse an Wind und PV-Anlagen.

Rahmenbedingungen für Unternehmen im Kontext der Energiewende

Deutschland ist wie nahezu alle Länder Europas ein Energieimportland, womit jedwede Einsparung von Primärenergieträgern bedeutet, dass - wie oben bereits erwähnt - hier erwirtschaftete Werte im Land verbleiben und für Binnenkonsum oder Investitionen zur Verfügung stehen. Das Energiekonzept der Regierung setzt somit auf eine sichere, wirtschaftliche und umweltverträgliche Zukunft der Energieversorgung und hat gleichzeitig in Abstimmung mit der EU-Klimaschutzstrategie ambitionierte Ziele gesteckt: Der Ausstoß von Treibhausgasen soll gegenüber dem Jahr 1990 bis zum Jahr 2020 um mindestens 40 % und bis zum Jahr 2050 um mindestens 80 % gesenkt werden. Erneuerbare Energien sollen hierzu bis 2030 die Hälfte der deutschen Stromversorgung übernehmen und Energieeffizienz als „zweite Säule“ der Energiewende noch erheblich in allen Sektoren (Industrie, Wohngebäude, Verkehr) verbessert werden. Gemäß dem ersten Fortschrittsbericht der Bundesregierung zur Energiewende[73] ist ein gutes Stück Arbeit bereits geschafft; so sind erneuerbare Energien mittlerweile die wichtigste Stromquelle in Deutschland und Energie wird immer sparsamer verwendet. In Zahlen sagt der Fortschrittsbericht u.a. folgendes aus:

- Der Anteil der erneuerbaren Energien am Bruttoendenergieverbrauch lag im Jahr 2013 bei 12,0 %.

[73] BMWi (2014), S. 12ff

- Der Anteil der erneuerbaren Energien am Bruttostromverbrauch ist gegenüber dem Jahr 2013 um 1,7 Prozentpunkte auf 25,3 % angestiegen. Im Jahr 2014 waren die erneuerbaren Energien erstmals wichtigster Stromerzeuger Deutschlands.
- Der Anteil erneuerbarer Energien am gesamten Wärmeverbrauch ging im Jahr 2013 leicht auf 9,1 % zurück (Anm. des Autors: Was vornehmlich an Witterungsbedingungen lag).

Dem unbenommen muss konstatiert werden, dass mit den bestehenden Maßnahmen das 40-Prozent-Ziel laut vorliegenden Abschätzungen nicht erreicht werden kann. Daher wurde ein „Aktionsprogramm Klimaschutz 2020" und ein ambitionierter „Nationaler Aktionsplan Energieeffizienz" aufgelegt, welche Maßnahmen und Programme enthalten, mit denen das nationale Treibhausgasminderungsziel von 40 % im Jahr bis 2020 noch erreicht werden kann.[74]

Die von der Regierung festgelegten Programme und Anreizinstrumente werden direkte Auswirkungen für Unternehmen haben: Bereits seit 2013 können Reduzierungen oder Spitzenausgleichsmechanismen von Energie- und Stromsteuer nur noch in Anspruch genommen werden, wenn ein strukturiertes Energiemanagement nachgewiesen werden kann. Für Unternehmen, die nicht die KMU-Definition der EU erfüllen und die gleichzeitig weder ein Umweltmanagement nach EMAS noch ein Energiemanagement nach ISO 50001 (dazu unten mehr) nachweisen, sind ab 2015 Energieaudits nach der Norm DIN 16247 verpflichtend durchzuführen (parallele Regelungen zu Energieaudits gibt es in allen anderen Ländern der EU, die Verpflichtung ergibt sich aus der europäischen Energieeffizienzrichtlinie). Auf der Anreizseite enthalten die Programme jedoch dafür auch attraktive Fördermöglichkeiten für Energieeffizienzinvestitionen.

Ein weiterer Aspekt der Energiewende ist für Unternehmen bei Investitionsentscheidungen ebenfalls beachtenswert: Da mit Ausnahme von Biogas und Biomasse, die einen relativ geringen Teil des Gesamtpotentials erneuerbarer Energie ausmachen, die gemessen in installierter Leistung und in Arbeit meisten regenerativen Energien (also Photovoltaik, Windkraft und Wasserkraft) direkt als elektrischer Strom anfallen, wird die Post-

[74] BMWi (2014/2)

Energiewende-Welt deutlich „elektrischer" sein, als wir es kennen. Das alte Theorem „Mache nicht aus Strom Wärme, weil das ineffizient ist" gilt nur, solange Strom mit einem mäßigen Wirkungsgrad von um die 40 % aus fossilen Energieträgern gemacht wird und dann nach Transportverlusten in Wärme verwandelt wird - das ist bezüglich der Primärenergieäquivalente tatsächlich ineffizient, weil dann je kWh Wärme mehr als 2,5 kWh Primärenergieträger verbraucht werden. Wenn jedoch Strom direkt aus regenerativen Energien zur Verfügung steht, dann kann es durchaus sehr nachhaltig sein, mit Hilfe von Strom - etwa durch Wärmepumpen, Induktion oder direkte Widerstandsheizung - Prozesse und Gebäude zu beheizen, insbesondere wenn Strom zu Zeiten genutzt wird, in denen er preiswert oder gar „überschüssig" ist.

Wider mancher Darstellungen seitens der Verbände gilt: Industrielle Prozesse und Unternehmen sind bis auf wenige Ausnahmen nicht energieeffizient im physikalischen Sinne. Sachlich korrekt wäre die Aussage, dass bereits viele Unternehmen erhebliche, sehr lobenswerte Anstrengungen zur Verbesserung der Energieeffizienz vorgenommen haben. Trotzdem ist im Durchschnitt der Energieverbrauch von Produktionsunternehmen weit höher als er aus rein physikalischen Gesichtspunkten für die jeweiligen Prozesse sein müsste. Prozesse, Produkte und Fertigungsverfahren sind jahrzehntelang nach allen möglichen Kriterien ausgelegt worden, aber fast nie nach Energieeffizienz. Bei mehr als 80 Projekten in Industrieunternehmen unterschiedlichster Branchen in den vergangen Jahren zu Energieaudits und zur Einführung von Energiemanagementsystemen habe ich mit meinen Mitarbeitern kein einziges Unternehmen angetroffen, dass kein interessantes Potential zur Verbesserung der Energieeffizienz hatte. Auch eine Studie aus dem Jahr 2015 der Wirtschaftsprüfungs- und Beratungsgesellschaft PWC (branchenübergreifende Befragung von 200 Führungskräften mittelständischer Unternehmen mit einem Umsatz von 50 Mio. bis 500 Mio. Euro) hat ergeben, dass sich in mehr als jedem dritten befragten Unternehmen die Energiekosten durch Investitionen in Energieeffizienz um 20 % und mehr reduzieren ließen, wodurch die Gesamtkosten um 3,6 % gesenkt werden konnten. Im Schnitt ließen sich die Energiekosten um 15,5 % senken. Für 89 % der Befragten ist dabei die Senkung der Energiekosten die treibende Kraft, gefolgt von dem Wunsch nach Modernisierung und Wertsteigerung ihres Unternehmens.[75] Für Unternehmen heißt das, dass eine professionelle Auseinandersetzung mit den

[75] PWC (2015)

Rahmenbedingungen während bzw. nach einer Energiewende wichtiges Element zur Zukunftssicherung eines Unternehmens ist.

Als Zwischenfazit lässt sich somit festhalten: Verbesserungen der Energieeffizienz und Einstellung auf die Folgen der Energiewende sind ein wesentlicher Faktor für die künftige Wettbewerbsfähigkeit von Unternehmen und wichtig bei jeder Migration der Wertschöpfungsketten in Richtung eines wirklich nachhaltigen Unternehmens, denn:

- Die Energiekosten entwickeln sich im langfristigen Kanal schneller nach oben als andere Kostenblöcke,
- Energieeffizienzpotentiale sind in fast allen Unternehmen vorhanden und erschließbar,
- mit Fortgang der Energiewende wird ein größerer Anteil der (regenerativen Energie) direkt als elektrische Energie zur Verfügung stehen, so dass auch die Nutzungsformen von Energie im Unternehmen langfristig überdacht werden müssen,
- die Energieeffizienz von Prozessen und Produkten wird nachvollziehbarer Bestandteil bei der Bewertung von Geschäftsmodellen durch Kunden und Geldgeber.

Wie also verhalten sich Unternehmen unter diesen Rahmenbedingungen strategisch geschickt und nachhaltig?

Energiemanagementsysteme

Die Einführung eines zertifizierten oder zumindest normkonformen Energiemanagementsystems (EnMS) nach der Norm ISO 50001 ist aus meiner Sicht unabdingbar für jedes Unternehmen, welches sich dem Thema Energieeffizienz widmet. In einem Satz ist ein Energiemanagementsystem die Festlegung der Zuständigkeiten (Aufbauorganisation) und der Soll-Abläufe in allen Prozessen, in denen Energie genutzt wird mit dem Gesamtziel, die Energieeffizienz zu verbessern (d.h. die eingesetzte Energiemenge je Wertschöpfungseinheit zu reduzieren).

Auf die Dauer können Unternehmen nur mit einem Energiemanagementsystem alle im Kontext einer nachhaltigen Entwicklung erforderlichen energiebezogenen Zielstellungen sämtlich und koordiniert erreichen. Ein EnMS dient dazu,

- die Energieeffizienz des Unternehmens kontinuierlich zu verbessern und die Energiekosten zu senken,

- den Wert des Unternehmens zu steigern
- gegen steigende Energiepreise gewappnet zu sein,
- Abweichungen vom geltenden Energierecht zu erkennen,
- eine Verbesserung der Produktions- und Arbeitsbedingungen und in einigen Belangen auch der Arbeitssicherheit zu erreichen (etwa durch bessere und doch effizientere Arbeitsplatzbeleuchtung, weniger „zu warme" oder „nicht behagliche" Arbeitsplätze),
- den Beitrag zum Klimaschutz zu leisten bzw. den Carbon Footprint des Unternehmens und von Produkten zu verbessern,
- den Immobilienwert zu erhöhen (bei Gebäudesanierung),
- Mitarbeiter und Bewerber zu motivieren,
- und nicht zuletzt auch die Sicherung von steuerlichen Rückerstattungen oder Ermäßigungen zu erreichen.

Wie alle Managementsysteme folgt auch EnMS einem Plan-Do-Check-Act-Kreislauf. Die Einführung eines EnMS ist ein Projekt, dass kein Unternehmen überfordert und welches mittelfristig mehr Kosten einspart als es verursacht. Insbesondere diese Aussage konnte ich mit meinen Kollegen in den durchgeführten Projekten immer wieder belegen. Bei einer angemessenen Ressourcenzuwendung (egal ob nur mit internen Ressourcen oder mit externer Unterstützung) nimmt die Einführung eines EnMS etwa ein Jahr bis 15 Monate in Anspruch (bei Bedarf kann es auch schneller vollzogen werden) und erfolgt in folgenden Schritten.[76]

1. Festlegen von Verantwortlichkeiten (Energieteam, Energiemanagementbeauftragte) und einer Energiepolitik durch die Geschäftsführung.
2. Bestandsaufnahme der geltenden Rechtsvorschriften im Energiebereich und deren Einhaltungsstatus.
3. Bestandsaufnahme: Energiedatenaufnahme, Ermittlung der wesentlichen Energiequellen und Energieverbraucher im Unternehmen.
4. Energetische Bewertung, Festlegung der energetischen Ausgangsbasis (als Basis für Messung von Verbesserungen) und Ermittlung von Energieleistungskennzahlen und erste Ermittlung von Energieeffizienzpotentialen.

---

[76] Leicht modifiziert nach: AGIMUS (2013)

5. Erstellung eines Maßnahmen-/ Aktionsplans bis zur Zertifizierung.
6. Erstellung und Verabschiedung der Dokumentation (Prozessbeschreibungen, Verfahrens- und Arbeitsanweisungen), Klärung der Verantwortlichkeiten und Bewusstseinsbildung.
7. Aufbau und Umsetzung eines Messkonzeptes, weiter- und tiefergehende Analyse der Daten zum Energieverbrauch und der Energieleistungskennzahlen.
8. Erste Festlegung von Energiezielen und eines Programms zur Verbesserung der Energieeffizienz.
9. Durchführung eines internen Audits.
10. Festlegen und Durchführen eventueller Korrekturmaßnahmen.
11. Durchführung von Schulungen.
12. Datenauswertung und Managementreview, Anmeldung zur Zertifizierung.

Diese zwölf Schritte können natürlich in der Reihenfolge teilweise vertauscht werden und sind zeitlich teilweise parallel bzw. überlappend durchzuführen, sie sollen lediglich eine grundsätzliche Projektstruktur erläutern. Selbstverständlich kann ein EnMS mit einem Umweltmanagementsystem (siehe Kapitel 7) verknüpft oder als Teilmenge in ein solches integriert sein, im Ergebnis läuft dies auf das gleiche hinaus.

Ein wesentliches prägendes Element eines EnMS (und für viele Unternehmen eine Neuerung) ist die Messung und Erfassung der Energieverbräuche im Unternehmen. Statt nur eine einzige Zahl für die elektrische Gesamtarbeit oder die verfeuerte Gas- oder Ölmenge zu messen, soll heruntergebrochen auf einzelne Produktionsschritte, Maschinengruppen, Gebäudeteile usw. der Energieverbrauch gemessen bzw. ermittelt und in kleineren Zeitintervallen als einem Jahr einem Controlling unterzogen werden. Oft ist zu hören, für ein EnMS müsse das Unternehmen „den Energieverbrauch jeder Maschine messen". Diese Aussage ist schlicht falsch. Die Erfassung der detaillierten Energieverbräuche soll lediglich „angemessen" sein, sie kann durch Messung, aber auch durch Hochrechnungen oder andere Ermittlungen erfolgen. Das Messen einzelner Maschinen kann, muss aber nicht sinnvoll sein, oft genügen Hallenabschnitte oder Maschinengruppen. Was „angemessen" ist, muss das Unternehmen - ggf. unter Beiziehung von Experten - selber entscheiden, um aus dem ermittelten Mengengerüst Effizienz- und Verbesserungspotentiale ableiten zu können oder Vergleiche zwischen einzelnen Maschinengruppen zu ziehen. Dem unbenommen ist der Aufbau einer angemessenen, vernünftigen Mess- und Erfassungsstruktur des Energieverbrauchs in Gebäude und Unternehmen die anspruchsvollste Kernaufgabe beim Aufbau eines EnMS.

Erst durch diese auf Prozesse oder Teilprozesse heruntergebrochene Erfassung der Verbräuche ist es möglich, detaillierte Kennziffern zu erheben, Effizienzpotentiale im Detail zu ermitteln und ein zum Unternehmen passendes Energieprogramm mit erreichbaren, aber auch nicht zu wenig ambitionierten Zielen aufzustellen, dessen Zielverfolgung dann dauerhaft erst Verbesserungen der Energieeffizienz ermöglicht.

Gerade der Bildung von Kennziffern (Energy Performance Indicators, EnPI) kommt eine besondere Bedeutung zu. Die EnPI sollten sorgfältig überdacht, ggf. auch erprobt und verworfen und durch andere Zahlen ersetzt werden, bis man ein aussagefähiges Zahlengerüst gefunden hat. Zu unterscheiden sind aggregierte Kennzahlen für das gesamte Unternehmen, z.B. kWh_{el} je Umsatzeinheit oder je produzierte Stückzahl, Heizenergie je m^2 Fläche usw. von tiefer heruntergebrochen Kennzahlen, z.B. kWh je produziertes Stück an einzelnen Maschinen, kWh je m^2 beschichteter Oberfläche o.ä.. Für die Entwicklung der kleinteiligeren Kennzahlen je Maschine oder je Fertigungsabschnitt sollten direkt die jeweiligen Produktionsverantwortlichen zuständig sein, für die aggregierten Kennzahlen das Managementteam oder das Controlling. Erst wenn die Energiekennzahlen in einer ähnlichen Intensität gemessen, kontrolliert, berichtet und einer unterjährigen Feinsteuerung unterzogen werden wie kaufmännische Zahlen, erst dann ist ein EnMS „richtig“ in Funktion.

Ein Gedanke, der bei Überlegungen zur Energieeffizienz meist zu wenig Berücksichtigung findet, ist der folgende: Der regelmäßige Energieverbrauch eines Unternehmens ist gebäude- und prozessimmanent. Ist ein Gebäude mit seiner Infrastruktur einmal errichtet bzw. ein Produktionsprozess geplant und mit den zugehörigen Betriebsmitteln und Maschinen installiert, dann ist der theoretische Mindestenergieverbrauch je Fertigungseinheit festgelegt. Dieser ist eben jener Verbrauch, der bei einer optimalen Einstellung und Nutzung der genutzten Betriebsmittel je Fertigungseinheit eingesetzt werden muss. Der tatsächliche Energieverbrauch liegt immer höher als dieser theoretische, weil in der Praxis natürlich Leerlaufzeiten, nicht optimale Einstellungen, Fertigungsausschuss usw. berücksichtigt werden müssen.

Dem Umstand, dass mit der einmaligen Planung und Errichtung eines Fertigungsprozesses der Energiebedarf je Fertigungseinheit festgelegt wird, ist es geschuldet, dass in den Energieprogrammen der meisten Unternehmen vornehmlich Punkte zu finden sind, die sich auf die sogenannten *Querschnitttechnologien* beziehen. Querschnitttechnologien sind Techniken, die in vielen Branchen Anwendung finden; entsprechend beziehen sich die meisten Energieprogrammpunkte auf Optimierungen / Ersatzvornahmen bei

- Elektrischen Motoren und Antrieben,
- Pumpen,
- Ventilatoren,
- Anlagen zur Wärmerückgewinnung (aus Raumlufttechnik oder Produktion),
- Drucklufterzeugern sowie Anlagen zur Wärmerückgewinnung in Drucklufterzeugern,
- Umstellung von Heizungsanlagen auf neuere oder effizientere Techniken oder auf Kraftwärmekopplung und
- Umrüstung von Beleuchtungsanlagen auf LED-Technik oder andere energieeffiziente Beleuchtungen.

Dazu kommen noch Vermeidung von Leerlaufverlusten, Ausschaltprogramme in Pausenzuständen usw., aber echte Eingriffe in Produktionsverfahren sind selten. Zugegebenermaßen sind in diesen Bereichen oft erstaunliche Verbesserungen zu erzielen (ein guter Leitfaden wurde mit dem entsprechenden BVT-Merkblatt seitens der europäischen Kommission geliefert), für eine strategische Verbesserung genügen sie allerdings nicht.

Dies ist auch der Grund, weshalb ich auch gut implementierte, zertifizierte Energiemanagementsysteme für eine zwar notwendige, aber nicht hinreichende Basis für strategische Verbesserungen erachte. Was „on top" erforderlich ist, will ich als „Energiemanagement advanced" bezeichnen und im nächsten Abschnitt beschreiben.

„Energiemanagement advanced" und Beispiele hierzu

Für mich ist ein zielgerechtes, für die Ausrichtung des Energiebedarfs eines Unternehmens im Kontext der nachhaltigen Entwicklung geeignetes Energiemanagement erst erreicht, wenn es neben den operativen Zielen und der Messung von EnPI folgende vier Elemente vollständig und konsequent berücksichtigt:

- Bei der Beschaffung bzw. dem Ersatz von energieverbrauchenden Aggregaten wird nach den günstigsten Gesamtkosten über den Lebenszyklus[77] inklusive der Energiekosten während der gesamten Nutzungsdauer beschafft und nicht mehr nach dem Kaufpreis,
- die langfristige Gestaltung von Produkten und Fertigungsprozessen erfolgt unter Berücksichtigung oder gar Weiterentwicklung der besten verfügbaren Technik, so dass diese möglichst energieeffizient sind und die Randbedingungen der Energiewende berücksichtigen,
- neue Gebäude oder Gebäudesanierungen werden unter den Gesichtspunkten der Energiewende geplant und
- die Integration der Eigenerzeugung erneuerbarer Energien in die Energieversorgungsstruktur des Unternehmens erfolgt regelmäßig und institutionalisiert.

Erst wenn diese vier Rahmenbedingungen ebenfalls erfüllt sind, werden mehr als inkrementelle Verbesserungen der Energieeffizienz erreicht und das EnMS liefert dem Unternehmen einen strategischen Mehrwert.

Um die Norm für Energiemanagementsysteme ISO 50001 an dieser Stelle aus der Kritik zu nehmen: Die Norm erwähnt völlig klar, dass die Berücksichtigung von Energieaspekten sowohl bei der Beschaffung als auch bei der Produkt- und Prozessplanung erfolgen soll und ist insofern bezüglich der oben angeführten Punkte durchaus eine ausreichende Grundlage. Einzig die Ausgestaltung dieser vier aus meiner Sicht essentiellen Punkte ist auch in vielen bereits zertifizierten EnMS noch nicht weitreichend genug und sollte von den Unternehmen daher immer weiter ausgedehnt werden. Dies sind somit Punkte, die beim Ausbau und der Fortschreibung des EnMS in den Fokus zu nehmen sind.

Mitwirkende, denen damit bei einem strategisch erfolgreichen EnMS eine besondere Aufgabe zukommt, sind somit Einkäufer und Produkt- bzw. Fertigungsplaner, dies sind Gruppen, die bei der ersten Einführung eines EnMS meist zunächst relativ unbeteiligt bleiben. Um die vier Elemente nicht nur abstrakt, sondern praxisnah zu beschreiben, möchte ich aus meiner Berufspraxis ein paar Beispiele nennen:

---

[77] Tools beispielsweise unter ZVEI (2012)

- Einer meiner Kunden entwickelt und baut große Filteranlagen, die bei Feinschleif- und Zerspanungsprozessen eingesetzt werden. Hunderte dieser großen Maschinen stehen bei Betrieben auf der ganzen Welt. Das Unternehmen hat im Bereich der eigenen Fertigung und bei einem Hallenneubau viele großartige Energieeffizienzverbesserungen durchgeführt, bei einer Gesamtbetrachtung kam aber völlig klar heraus: Eine Filtermaschine verbraucht während ihres jahrelangen Einsatzes deutlich mehr Energie als für die eigene Herstellung der Maschine benötigt wird - selbst unter Berücksichtigung aller vorgeschalteten Materialerzeugungsschritte. Die vielen hundert Filtermaschinen, die weltweit ausgeliefert wurden, haben entsprechend einen viel höheren Energieverbrauch als der Fertigungsbetrieb in Deutschland. Seit einigen Jahren gibt es die Möglichkeit, die Filtermaschinen jeweils in der energieeffizientesten Variante mit Antrieben, Steuerungen usw. der gerade allerbesten Energieeffizienzklasse zu bestellen. Dann ist die Maschine natürlich etwas teurer als die Standardversion, aber diese Mehrkosten amortisieren sich auch für den Anwender im Laufe der Nutzung der Filtermaschine innerhalb weniger Jahre - die Lebenszykluskosten der energieeffizientesten Maschine sind also deutlich geringer. Die wichtigste Maßnahme zur Verbesserung der Gesamtenergieeffizienz des Filteranlagenherstellers ist es also, dass die Entwickler stets die beste verfügbare Technik bei der Konstruktion der neuesten Maschinen nutzen oder vorantreiben und der Vertrieb den Kunden die Mehrkosten bei der Beschaffung über die niedrigeren Lebenszykluskosten attraktiv macht. Gleichzeitig wird ein Wettbewerbsvorteil erreicht.
- Ein großer Kunststoffspritzgussbetrieb in der Automobilzulieferindustrie hat im Rahmen des Energiemanagementsystems eine Spritzgussmaschine, bei welcher die Hydraulikantriebe gegen moderne Servoantriebe ausgetauscht wurden und die Beheizung und die Antriebe mit einer Steuerung der neuesten Generation ausgestattet waren, mit einer konventionellen Maschine im gleichen Fertigungsverfahren verglichen: Gleiches Werkzeug, gleiche Taktzahl, gleiche Gesamtdauer. Der Vergleich ergab, dass die umgerüstete Maschine 35% weniger Energie je Werkstück benötigt als die herkömmlich ausgestattete. Seitdem werden bei jeder sich bietenden Gelegenheit Maschinen umgerüstet (Amortisation ca. 4 Jahre) und neue Maschinen stets nach dem neuen Prinzip beschafft.

- Mehrere Kunden von mir in verschiedenen Branchen haben für die Einkäufer Checklisten entwickelt, die bei der Beschaffung von energieverbrauchenden Gütern benutzt werden müssen; es werden neben den Investitionskosten die Energiekosten über eine prognostizierte Lebensdauer und die Wartungs- und Instandhaltungsmaßnahmen mit angesetzt, so dass nach Lebenszykluskosten beschafft werden kann. Für die Energiekosten werden noch dazu verschiedene Entwicklungsszenarien angesetzt (gleichbleibender Energiepreis, steigende Energiepreise). Die Vergleichsrechnung vor der Beschaffungsentscheidung ist zwingend und muss vom Energiemanagementbeauftragten bestätigt werden, bevor die Beschaffung ausgelöst werden kann. Für Aggregate, die laufen müssen - etwa große Absaugmotoren - und deren Ersatz durch hocheffiziente Antriebe sich nicht wirtschaftlich rechnet, werden vorsorgliche Berechnungen vorgenommen, um bei Ausfall eines Aggregates bereits zu wissen, welches das nach Lebenszykluskosten attraktivste Ersatzaggregat ist. Dies ist dann im Voraus zu disponieren um nicht bei Ausfall in Zeitnot die Suche zu beginnen.
- Ein weiterer meiner Automotive-Kunden betreibt als First-Tier-Supplier hochkomplexe Montageprozesse für ganze Baugruppen von Automobilen, die dann just-in-sequence ans Band der OEM geliefert werden. Die Betriebsmittel werden selber konstruiert und gebaut. Vor einigen Jahren kamen die Betriebsmittelkonstrukteure auf die Idee, dass die Fügetechnik „Toxen" in einigen Montageprozessen an Stelle von Schweißen eingesetzt werden könnte - mit einer verblüffenden Verbesserung des Gesamtenergiebedarfs der Montage, weil durch diesen Ersatz viele ganztägig laufende Schweißrauchabsaugungen eingespart werden können.
- Ein anderer meiner Kunden hat ähnliche Erfahrungen gemacht, indem er seine neueste Produktgeneration so gestaltete, dass an Stelle von Schweißprozessen Induktionslöten eingesetzt wird.
- In der Gießereiindustrie (Druckguss) konnte ich über viele Jahre beobachten, wie mit Hilfe moderner Simulationsprogramme und Rechentools die Werkstücke bei gleicher Außengeometrie immer dünnwandiger und materialsparender konstruiert werden konnten und gleichzeitig die Angussstücke immer kleiner gestaltet wurden, so dass sukzessive immer weniger Metall je Werkstückgewicht erschmolzen werden muss - was Energie und Material spart.

- Auch die bereits beschriebene Rücknahme von Produkten und die Wiederverwendung in Form von ETN-Teilen (ETN = equivalent-to-new) ist eine Maßnahme, die gleichzeitig Material und Energie einspart, nähere Ausführungen dazu erfolgten bereits in Kapitel 4.1.
- Die bereits erwähnte, früher völlig verpönte Beheizung von Gebäuden und Prozessen mit Hilfe von Strom ist im Zusammenhang mit der Energiewende ebenfalls erwägenswert. Denkbare Handlungsachse hierbei ist u.a. die Beheizung von Gebäudeabschnitten oder Niedertemperaturprozessen (Badtemperaturen bis 60°C) mit Hilfe von Umgebungswärme, deren Temperaturniveau mit Wärmepumpen auf ein höheres Niveau gebracht wird. Gerade bei der Beheizung von Gebäuden sollte immer bedacht werden, dass die gesetzlichen Vorgaben (z.B. laut EnEV) das wiedergeben, was in jedem Gebäude machbar und zumutbar ist - bei einer Individualbetrachtung geht es oftmals noch effizienter.
- Ebenso sollte neben der Wärmerückgewinnung aus Prozessen und der Eigenerzeugung von Strom und Wärme vor Ort (Kraft-Wärme- oder Kraft-Wärme-Kältekopplung) die direkte Einbindung erneuerbarer Energien in die Energieversorgungsstruktur eines Unternehmens regelmäßig geprüft werden. Eine komplette regenerative Versorgung im „Inselbetrieb“ ist aktuell sicher nicht wirtschaftlich, aber z.B. die Einbindung von Techniken solarer Kühlung oder Photovoltaik zur Eigennutzung haben wirtschaftlich attraktive Amortisationszeiten erreicht.
- Bei den Möglichkeiten der Abwärmenutzung wird ebenfalls in vielen Betrieben zu begrenzt gedacht - wenn der Betrieb selber die Abwärme nicht nutzen kann, ist dann vielleicht ein Nachbarbetrieb oder eine benachbarte Siedlung dazu geeignet? Obwohl die Enquete-Kommission des deutschen Bundestages „Schutz der Erdatmosphäre“ bereits 1994 zu dem Schluss gekommen war, dass eine Wärmenutzungsverordnung eine wesentliche Handlungsoption sei, wurde eine derartige Verordnung - auch auf Grund des Industriewiderstands - bislang nicht erlassen. Ich erwarte dem unbenommen, dass vergleichbare Initiativen wieder aufgenommen werden - sinngebend wäre es. So z.B. haben wir u.a. ein Konzept realisiert, in welchem die ganzjährig vorher ungenutzte Abwärme eines kunststoffverarbeitenden Betriebs zur Versorgung einer Fleischwarenfabrik mit Warmwasser genutzt wurde.

Es ist nicht Aufgabe dieses Buches, alle denkbaren attraktiven Energieeffizienztechniken zu erwähnen oder gar Prüf- und Entscheidungsmechanismen für bestimmte Techniken darzulegen. Das Energiekonzept jedes Unternehmens muss individuell betrachtet werden und ist stets eine maßgeschneiderte Konzeption durch Fachleute - was in einem Betrieb gut funktioniert, mag in anderen Betrieben unsinnig sein. Auch mag keines dieser Beispiele völlig überraschend sein, nichts ist „Hexerei" und die Beispiele sind auch nicht für jeden Betrieb zur Nachahmung geeignet, sie sollen lediglich das Denkmodell darlegen: Nicht nur inkrementelle Verbesserungen in peripheren Prozessen, sondern kritisch-kreatives Herangehen an die Fertigungsverfahren, die Beschaffung und die Produktentwicklung sind erforderlich, um wirklich Verbesserungssprünge zu erlauben. Wichtig ist auch stets, dass die entsprechenden Wege institutionalisiert werden, das heißt es muss zu einer regelmäßigen, geregelten und kontrollierten Aufgabe der Einkäufer, Planer und Entwickler werden, die Energieeffizienz bei jeder Tätigkeit zu berücksichtigen und der nächste Beschaffungs- bzw. Entwicklungsschritt darf erst möglich werden, wenn ein kontrolliertes „Gate" passiert ist.

Last but not least sollte bei allen Maßnahmen auf die Vermeidung bzw. Antizipation von „Rebound-Effekten" geachtet werden (unter Rebound-Effekt versteht man die durchaus menschliche Haltung, z.B. ein hocheffizientes Leuchtmittel auch in Zeiten leuchten zu lassen, in denen die Beleuchtung gar nicht benötigt wird, weil der Anwender meint, das Leuchtmittel sei ja vielfach effizienter als das vormalige - mit dem Effekt, dass Teile der avisierten Einsparung nicht erzielt werden).

Gebäudezertifizierungen nach Energiestandards

Das Thema „energieeffizient Bauen" ist ein komplexes Fachthema und Gegenstand von kompletten Büchern; es soll in diesem Werk daher der Orientierung halber nur gestreift werden.

Aus der europäischen Richtlinie EPBD (Energy Performance of Buildings Directive) ergeben sich gesetzliche Vorgaben für die Energieeffizienz von Gebäuden, umgesetzt in Deutschland durch die sogenannte Energieeinsparverordnung (EnEV). Ziele der Verordnung sind die weitere Steigerung der Energieeffizienz von Gebäuden und die Verbesserung der Information der Nutzer durch Energieausweise; bereits jetzt müssen in Gebäuden mit öffentlicher Nutzung und in Wohngebäuden Energieausweise ausgehängt oder vorlegbar sein. Weiterhin ist bei Neubauten stets ein - je nach Nutzungsart unterschiedlicher - Anteil erneuerbarer Energie einzubinden und Neubauten sollen ab 2021 grundsätzlich „klimaneutral" errichtet werden.

Dem unbenommen können Zertifizierungen von Gebäuden für Unternehmen neben der Zertifizierung von Energie- und/oder Umweltmanagementsystemen ebenfalls Sinn geben, z.B. um:

- Weitere Verbesserungen der Energieeffizienz der Gebäudesubstanz besser zu strukturieren;
- Vermietbarkeiten zu verbessern;
- Imagegewinne zu erzielen.

Ein klassischer Standard seit Ende der 1990er Jahre ist das aus Großbritannien stammende System BREEAM (Building Research Establishment Environmental Assessment Method). Weltweit am verbreitetsten ist das System LEED (Leadership in Energy and Environmental Design) aus den USA und in Deutschland hat sich zusätzlich das Gütesiegel DGNB (Deutsches Gütesiegel Nachhaltiges Bauen) etabliert. Neben der energetischen Optimierung spielen bei allen drei Systemen auch die Auswahl von Baumaterialien und soziale Faktoren (z.B. behindertengerechte Zuwegungen und Wege im Gebäude, Tageslichtanteile, Sichtverbindungen nach außen usw.) eine wichtige Rolle. Während BREEAM und LEED den Schwerpunkt auf Energieeffizienz haben, wurde im (jüngeren) DGNB-System der Ansatz mehr in Richtung des gesamten Nachhaltigkeitsbegriffs verschoben: Ökologie (22,5 %) und soziale Aspekte (16 %) sind ebenfalls von großer Bedeutung, werden aber mit der Ökonomie (22,5 %) und technischen Aspekten (22,5 %) vergleichbar gestellt. Während funktionale Aspekte (6,5 %) und Planungsprozesse (5 %) höher bewertet werden, tritt der Bau- und Betriebsprozess (3 % und 2 %) deutlich in den Hintergrund.[78]

Ob eine Gebäudezertifizierung angestrebt werden sollte oder andere Schwerpunkte der Energieeffizienz für ein Unternehmen wichtiger sind, ist eine Individualentscheidung - erwogen werden sollte eine solche unter Beiziehung von Fachleuten.

---

[78] Zimmermann (2011)

Fazit, Indikatoren und Handlungsempfehlung

Unternehmen sollten die Energieeffizienz der Wertschöpfungsketten und den Energieaufwand zur Herstellung der hergestellten Produkte und Dienstleistungen messen und berichten können, um die Werte langfristig zu verbessern. Notwendige Basis hierfür ist ein Energiemanagementsystem nach ISO 50001. Ein solches ist strategisch allerdings nicht hinreichend, es bedarf vielmehr zusätzlich einer integrierten Berücksichtigung des künftigen Energiebedarfs bei der Beschaffung von Produktionsmitteln, Gebäuden und Anlagen sowie bei der Planung von neuen Produkten, Dienstleistungen und Herstellungsprozessen. Wenn größere Gebäude bewirtschaftet werden, sollte zusätzlich eine Gebäudezertifizierung nach LEED oder einem vergleichbaren Standard erwogen werden. Als Maxime gilt es zu berücksichtigen: Der belegbare Nachweis von Energieeffizienz und Energieaufwand bei der Herstellung von Produkten und Bereitstellung von Dienstleistungen wird künftig noch mehr als heute Entscheidungskriterium von Kunden bei ihrer Beschaffungsentscheidung.

Die in einer Nachhaltigkeitsberichterstattung bzw. einer Nachhaltigkeitsstrategie zu berichtenden bzw. dauerhaft zu verbessernden Indikatoren sind:

- Energieverbrauch innerhalb der Organisation (G4-EN3),
- Energieverbrauch außerhalb der Organisation (G4-EN4),
- Energie Intensität (also z.B. in kWh Gesamtenergieverbrauch je Umsatz oder pro Bruttowertschöpfungseinheit) (G4-EN5),
- Verringerung des Energieverbrauchs (G4-EN6),
- Senkung des Energiebedarfs für Produkte und Dienstleistungen (G4-EN7).

Zusätzlich können bzw. sollten als „Unterbau“ für diese aggregierten Indikatoren intern weitere unternehmens-, prozess- und produktspezifische Indikatoren existieren.

Führungskräfte-Checkliste zu Energieeinsatz, Energieintensität und Energieeffizienz

1. Wurde ein zertifizierungsfähiges Energiemanagementsystem (EnMS) nach ISO 50001 eingeführt?
2. Liefert das Mess- und Erfassungssystem für den Verbrauch der verschiedenen Energieträger zufriedenstellende, zur Steuerung der Energieeffizienzverbesserungen geeignete Werte?
3. Werden aus diesen Messwerten geeignete Energieindikatoren (Energy Performance Indicators - EnPI) abgeleitet, die zur Steuerung geeignet sind?

4. Sind die Messwerte und EnPI hinreichend tief heruntergebrochen, so dass Verbesserungen für einzelne Prozesse, Maschinengruppen, Gebäudeteile oder Produkte möglich sind?
5. Werden diese EnPI unterjährig in einem geeigneten Rhythmus kontrolliert und regelmäßig an das Top-Management berichtet?
6. Sind die Zuständigkeiten für Erfassung und Verbesserungen einzelner EnPI klar geregelt?
7. Kann für einzelne Produkte oder Dienstleistungen die aufgewendete Energiemenge zugewiesen werden?
8. Werden Kunden- bzw. Stakeholderanfragen zu Energieverbrauch und Energieeffizienz hinreichend beantwortet?
9. Wurden für alle angewendeten Querschnitttechnologien durch ein geeignetes Assessment bzw. Audit (ggf. unter Beiziehung externer Experten) innerhalb der letzten 24 Monate die Verbesserungsmöglichkeiten ermittelt?
10. Wurden bei den Konzepten zu Effizienzverbesserungen bei Querschnitttechnologien die BVT-Empfehlungen der europäischen Kommission berücksichtigt?
11. Werden bei der Beschaffung energieverbrauchender Güter regelmäßig die Energieeffizienz und die Energiekosten über den Lebenszyklus angemessen bei der Beschaffungsentscheidung berücksichtigt und ist dieser Berücksichtigungsprozess institutionalisiert?
12. Werden bei der Planung von neuen Produkten und Dienstleistungen regelmäßig die Energieeffizienz und die Energiekosten als Planungskriterium berücksichtigt und ist dieser Berücksichtigungsprozess institutionalisiert?
13. Werden bei der Planung von Fertigungsprozessen regelmäßig die Energieeffizienz und die Energiekosten als Planungskriterium berücksichtigt und ist auch dieser Berücksichtigungsprozess institutionalisiert?
14. Wird bei der Planung zur Errichtung und zur Sanierung von Gebäuden zusätzlich zu den gesetzlichen Vorgaben zur Einbindung erneuerbarer Energien und zu Energieeffizienz mit Experten geprüft, welche zusätzlichen Maßnahmen im Individualfall sinnvoll sind?
15. Wurde eine Gebäudezertifizierung (etwa nach LEED oder DGNB) erwogen und hierzu eine begründbare Entscheidung getroffen?
16. Wurden die Möglichkeiten einer Eigenerzeugung (KWK, KWKK, erneuerbare Energien) ggf. unter Einbeziehung von Experten innerhalb der letzten zwei Jahre geprüft?
17. Wurden sämtliche Möglichkeiten der Wärmerückgewinnung oder Abwärmenutzung inklusive der Nutzung externer Wärmesenken (etwa bei Nachbarbetrieben) ggf. unter Einbeziehung von Fachleuten innerhalb der letzten zwei Jahre geprüft?
18. Wurden sämtliche Möglichkeiten der Zwischenspeicherung von Wärme oder elektrischer Energie ggf. unter Einbeziehung von Experten innerhalb der letzten zwei Jahre geprüft?
19. Wird bei allen umgesetzten Maßnahmen ein etwaiger Rebound-Effekt antizipiert?

Auch wenn diese Haltung als sehr streng angesehen werden kann: Nur wenn alle Fragen nachweislich und auch bei Hinterfragung der Antworten mit „ja" beantwortet werden oder für das jeweilige Unternehmen nicht zutreffend sind, ist ein Unternehmen in Belangen der Energienutzung komplett richtig aufgestellt.

4.4 Wasserverbrauch und Water Footprint

Wasser ist nicht nur der Ursprung des Lebens auf der Erde, Wasser ist auch wesentlicher Stoff für die kulturhistorischen Errungenschaften der Menschen. Wasser hat Stoffeigenschaften, die das Leben in der uns bekannten Form erst ermöglichen: Im Gegensatz zu anderen, unpolaren Molekülen gleichen Molgewichts hat Wasser den Siedepunkt erst bei 100 °C, bedingt durch die Clusterbildung von 6 bis 8 Molekülen des polaren Wassermoleküls. Ebenfalls durch die polaren Eigenschaften des Moleküls hat flüssiges Wasser bei einer Temperatur von + 4°C die größte Dichte, bei tieferen Temperaturen beginnen sich die Moleküle so gegeneinander zu orientieren, dass die Anordnung für Eiskristalle entsteht - diese Molekülanordnung braucht mehr Platz, die Dichte nimmt wieder ab. Man spricht von der Dichteanomalie des Wassers, die es ermöglicht, dass Gewässer im Winter nicht durchfrieren, sondern ganz unten eine Schicht von +4 °C ansteht, in welcher Fische und andere Lebewesen überwintern können. Wasser hat des Weiteren eine sehr hohe Wärmekapazität, das heißt, es nimmt je Anstieg der Temperatur um ein Kelvin Differenz sehr große Energiemengen auf - ein Effekt, der zu der Trägheit der Temperaturschwankungen zwischen Sommer und Winter in der Nähe der Küsten beiträgt. Wasser ist an Masse das „Hauptnahrungsmittel" des Menschen und nahezu aller Tiere, der Pflanzen sowieso. Erst die Überschwemmungen - z.B. in Mesopotamien und an den Ufern des Nils mit fruchtbarem Schlamm haben den Menschen die Möglichkeit gegeben, gezielten Ackerbau zu erlernen und damit in einer Jahreszeit Nahrungsmittelvorräte anzulegen, die ihnen genügten, in anderen Jahreszeiten davon leben zu können - und damit Zeit zu gewinnen. Zeit, die sie für Erfindungen, für die Entwicklung von Theorien, und für kulturelle Errungenschaften nutzen konnten.

Wasser und Gewässerschutz hat in Europa und weltweit völlig unterschiedliche Schwerpunkte. Global ist zunächst zu beachten, dass schätzungsweise 1,1 Milliarden Menschen weltweit keinen Zugang zu sauberem Wasser haben, was das bedeuten wird dazu mehr im nächsten Abschnitt. Im europäischen Raum ist Wasser - auch wenn die Länder Südeuropas zeitweise unter Wassermangel leiden - hauptsächlich ein Qualitäts-, Naturraum- und Infrastrukturproblem und ein Thema der biologischen Artenvielfalt; verdursten dürfte innerhalb der EU niemand.

Ähnlich wie bei den meisten Metallen wird Wasser (mit Ausnahme mengenmäßig wenig relevanter chemischer Reaktionen oder Elektrolyse) ebenfalls nicht im eigentlichen Sinne verbraucht. Wasserverbrauch und Entnahme sind wie folgt definiert: Frischwasserentnahme ist die Menge des Frischwassers (der deutsche Begriff „Süßwasser“ wird technisch und international kaum verwendet, daher wird im Folgenden meist der Begriff „Frischwasser“ verwendet), welche aus den zur Verfügung stehenden Reservoirs wie Seen, Flüssen, Grundwasser, Talsperren entnommen wird, um zur Bewässerung, für industrielle und gewerbliche Prozesse, Sanitärgebrauch usw. genutzt zu werden. Als „Wasserverbrauch“ wird der Anteil des entnommenen Wassers gewertet, der danach für eine Nutzung nicht mehr zur Verfügung steht - etwa weil er verdunstet ist, in Produkte eingegangen ist oder so stark qualitativ verschlechtert bzw. verunreinigt wurde, dass eine weitere Nutzung nicht möglich ist.

Je nach Geschäftsmodell haben Unternehmen sehr unterschiedliche Berührungspunkte mit dem Thema Wasser. Entsprechend sind einige der einführenden Unterkapitel hier für einen Teil der Leser eher allgemeininformatorischer Natur, für andere von konkretem Interesse für eigene Wertschöpfungsprozesse.

Meere als Bestandteil der weltweiten Wasserbewirtschaftung

Intuitiv wird mancher Leser in diesem Kapitel auch Ausführungen zu den Meeren erwarten. Die Weltmeere als größtes Wasserreservoir der Welt sind im Kontext der Nachhaltigkeit eines der wichtigsten Themen, da sie als Nahrungsquelle, Klimafaktor und Hort biologischer Vielfalt eine herausragende Rolle für das menschliche Leben spielen und durch unseren Lebens- und Wirtschaftsstil massiven Veränderungen unterliegen. Stressfaktoren sind die Versäuerung durch übermäßige Kohlendioxidaufnahme, Schmelze der Polkappen, Erwärmung und Vermüllung durch die Nutzung als Abfallhalde für vielfältige Abfälle unserer Gesellschaft. Ich habe mich entschieden, das, was Führungskräfte in Wirtschaftsunternehmen zum Thema „Meere“ wissen sollten, neben einem kurzen Abschnitt in Kapitel 4.5 (Beitrag zum Klimawandel) im Kapitel 4.7 (Biologische Vielfalt) zu beschreiben und dieses Kapitel 4.3 nur dem Thema „Süßwasser“ bzw. „Frischwasser“ zu widmen.

Frischwasserknappheit und weltweite Folgen

Im weltweiten Maßstab ist die Landwirtschaft mit 70 % der Frischwasserentnahme und 80 % des Verbrauchs an Frischwasser mit Abstand der Wirtschaftszweig mit dem größten Wasserbedarf, wobei meist in ohnehin schon wasserarmen Regionen der Wasserbedarf besonders groß ist, um ertragreiche Landwirtschaft betreiben zu können. Erst danach folgen Haushalte und Industrie. An der Spitze des Verbrauchs steht Asien, wo jährlich ca. 2.700 Kubikkilometer (2.700 Milliarden m^3) Frischwasser benötigt werden; es wird erwartet, dass dieser Wert bis 2020 auf ca. 3.300 Milliarden m^3 steigt. Zum Vergleich: Die jährliche Frischwasserentnahme in Europa beläuft sich auf „nur“ ca. 500 Milliarden m^3.

Auch im Anteil des Verbrauchs unterscheiden sich die Kontinente erheblich: Der Wasserverbrauch als Anteil an entnommenem Frischwasser beträgt in der EU und den USA 35 bis 40 %, in Asien ca. 60 % und in Afrika 70 %.[79] Als Faustregel kann man also sagen, dass die reichen, nördlichen Weltregionen weit weniger des entnommenen Frischwassers „verbrauchen“ als die ärmeren, südlichen Weltregionen - ein Aspekt, der den Süßwassermangel noch verstärkt. Wie sehr die Frischwasserentnahme ein Nachhaltigkeitsaspekt ist, der auch für wirtschaftliche Prozesse in Europa von zunehmender Bedeutung ist, zeigt der Anteil des entnommenen Frischwassers einer Region an den sich regelmäßig erneuernden Wasserreservoirs. Weltweit lag diese Zahl nach einer wissenschaftlichen Veröffentlichung aus dem Jahr 2011 im Schnitt zwar „nur“ bei 50,5 % (was aus Nachhaltigkeitsgründen durchaus akzeptabel wäre), aber in den verschiedenen Weltregionen ist der Wert sehr divergierend: In Südamerika liegt er bei nur 8 %, in einigen Regionen Zentralafrikas zwischen 2 % und 10 %, in der EU im Schnitt bei ca. 15 % (in einigen Südeuropäischen Regionen aber schon bis zu 31 %). Prekär ist die Lage in Teilen Asiens und Nordafrikas sowie in der Golfregion: In Nordafrika werden je nach Land zwischen 50 und 150 % des sich erneuernden Frischwassers entnommen (d.h. es wird mehr Wasser entnommen, als sich nach-

---

[79] Shiklomanov & Rodda (2003)

bilden kann), in Pakistan 81% und in Jordanien 90 % und einige Golfstaaten liegen ebenfalls über 100 %.[80]

Erschwerend kommt die Tatsache hinzu, dass die Industrien und Siedlungen in der nördlichen Hemisphäre einen weit höheren Anschlussgrad an kommunale und/oder industrielle Kläranlagen haben und somit die Abwässer relativ „sauber" wieder in die Umwelt eingeleitet werden, während in vielen Entwicklungs- und Schwellenländern Abwasser ungeklärt eingeleitet wird. Hierbei gelangen nicht nur Fäkalien ungeklärt in die Oberflächengewässer, sondern auch toxische Schwermetalle und persistente, also sehr schwer oder gar nicht abbaubare, giftige organische Schadstoffe. Zu dem ohnehin vorhandenen Quantitätsproblem gesellt sich somit in vielen Weltregionen ein erhebliches Hygiene- und Qualitätsproblem. Die Zahl der unter Wasserknappheit leidenden Weltbürger, wird sich nach UN-Prognosen von ca. 700 Millionen Menschen im Jahr 2007 bis zum Jahr 2025 auf 3 Milliarden Menschen vervielfachen. 2,6 Milliarden Menschen, also ca. 40 % der Weltbevölkerung, haben keinen Zugang zur sanitären Grundversorgung, also keine Toiletten und keinen Anschluss an Abwasserentsorgung. *"An schmutzigem Wasser sterben mehr Menschen als an Kriegen, Fünf mal mehr Kinder unter fünf Jahren sterben an wasserbedingten Krankheiten als an AIDS. 80 % der Erkrankungen in Ländern des Südens könnten durch sauberes Trinkwasser und eine adäquate Sanitärversorgung vermieden werden. Die durch Krankheit verursachten Arbeitsausfälle und versäumten Schultage lasten schwer auf den Volkswirtschaften. Afrika büßt dadurch jährlich 5% seiner Wirtschaftskraft ein."*[81]

Welche Auswirkungen der Klimawandel auf die Wasserknappheit haben wird, ist noch unklar, aber die meisten Studien prognostizieren, dass in einem erheblichen Teil der Weltregionen, in denen ohnehin schon Knappheit herrscht, die Wasserknappheit noch verstärkt wird. Es wird allerdings auch Regionen geben, die vom Klimawandel einen Vorteil in Belangen der Wasserbilanz haben.

Wie dramatisch menschliche Eingriffe in den natürlichen Wasserhaushalt enden können, zeigt das Beispiel des Aralsees, der vor einem halben Jahrhundert noch der viertgrößte Binnensee der Welt war und nun fast völlig verlandet ist. Dies gilt als eine der größten vom Menschen verursachten Umweltkatastrophen: Aus den Zuflüssen wurden jahrzehntelang große

---

[80] Klepper, Peterson & Oeberst (2011)
[81] Eid (2007), S.2

Wassermengen für die künstliche Bewässerung der Anbauflächen für Baumwolle in Kasachstan und Usbekistan entnommen. Die schnellere Aufheizung der geringeren Wassermenge führte zu mehr Verdunstung, zurück blieb an Stelle des Sees eine Art Salzwüste, in welcher ehemalige Bade- und Fischerorte liegen - nunmehr knapp 100 km vom Ufer des marginalisierten Restsees entfernt. Hinzu kommt, dass weite Teile dieser neu entstandenen Wüste durch die jahrelangen Schadstoffeinträge in den See mit Pestiziden und Schadstoffen verseucht sind, was für die verbliebene Bevölkerung mit höherer Kindersterblichkeit, geringerer Lebenserwartung und mehr Erkrankungen einhergeht.[82] Wer einmal in Videos die Verzweiflung der Menschen gesehen hat, die vor einer oder zwei Generationen vom Fischfang lebten und deren Boote nun in der Wüste verrotten, der kann sich ausmalen, was menschliche Eingriffe in den Wasserhaushalt anrichten können.

Fest steht, dass Wassermangel künftig in vielen Weltregionen zu einem Problem werden kann; das gilt nicht nur für die ohnehin konfliktreiche Region des Nahen Ostens und Nordafrika, sondern auch für die asiatischen Länder mit großem Wachstum und wasserintensiven Volkswirtschaften. Der altkluge Spruch der siebziger Jahre, dass die Kriege des 21. Jahrhunderts nicht um Öl, sondern um Wasser gehen könnten, hat daher leider einen sehr wahren Kern, dessen Grund ja auch logisch ist: Vom Öl können sich Volkswirtschaften wie in Kapitel 4.3 beschrieben unabhängig machen - vom Wasser nicht abhängig zu sein, ist einfach nicht möglich. Die Folgen sind jene, die im Kapitel 4.5 detaillierter beschrieben sind: Instabilität in den betroffenen Regionen, Klimaflüchtlinge und somit auch Unsicherheiten in Liefer- und Wertschöpfungsketten.

Das alles ist in sich bereits eine moralische und humanitäre Tragödie, was Grund genug wäre, zu handeln. Dramatisch ist, dass die weltweiten Handelsverknüpfungen diesen Aspekt noch verstärken. Zunächst ist nüchtern festzustellen, dass die Wasserpreise meist nicht den fairen Wert des Wassers widerspiegeln: Wasserentnahme ist zu billig! Diejenigen, die von der Wasserentnahme profitieren, zahlen zu wenig und schaden damit jenen, die ohnehin schon leiden. Als Faustregel kann man festhalten, dass der Wasserverbrauch in den armen Weltregionen je 1000 US-$ BIP deutlich höher ist als in den reichen Industrieländern, heißt, die südlichen, ärmeren Volkswirtschaften sind im Schnitt wassersensitiver.

---

[82] Die Welt (2015)

In diesem Zusammenhang ist der Begriff des Handels mit „virtuellem" Wasser zu erläutern: Da die Produktion von vielen Gütern, die in den Industrienationen verwendet werden, in tendenziell ärmeren Regionen preiswerter ist oder aus klimatischen Gründen erst dort möglich ist, werden sie bekanntermaßen von dort importiert. Das ist, sofern faire Preise und Löhne gezahlt werden und die Arbeitsbedingungen zumindest angemessen sind, ja in sich etwas Gutes, da es den ärmeren Ländern eine wirtschaftliche Basis und Entwicklungschance gibt. Problematisch ist, dass mit vielen dieser Produkte auch Wasser exportiert wird - und zwar nicht nur das Wasser, das im Produkt enthalten ist (also zum Beispiel mit einer 1 kg schweren Melone knapp 1 kg Wasser), sondern „virtuell" das gesamte Wasser, welches zur Zucht der Melone entnommen und verbraucht wurde - und das ist je nach Kulturmethode und Anbauort ein Vielfaches. Während man einer Melone, Obst, Gemüse und auch Fleisch den Wassergehalt noch ansieht, enthalten sehr viele Produkte und Industrieerzeugnisse virtuelles Wasser, die als Endprodukte „trocken" daherkommen wie z.B. Reis, Kaffeepulver, Teeblätter, oder Baumwolle (und somit T-Shirts und Jeans uvm.). Um nur ein Beispiel zu nennen: Nach der bereits oben zitierten niederländischen Studie[83] betrug der virtuelle Wasserverbrauch zur Herstellung von Kaffee im Schnitt knapp 21 m^3 Wasser pro kg geröstete Kaffeebohnen, in einigen Herstellländern (Ghana, Togo) werden sogar über 47 m^3/kg geröstete Kaffeebohnen benötigt. Dies bedeutet: Wenn wir in Deutschland ein Pfund Kaffee kaufen, dann halten wir mehr als 10 m^3 Wasserverbrauch in den Händen, der in anderen Weltregionen erfolgt ist. Schon ein kleines Land wie die Niederlande „importiert" (importiert in Häkchen, da das Wasser an sich in den Niederlanden ja nicht ankommt) auf diese Art und Weise allein in Form von Kaffee die unvorstellbare Menge von 2,9 Milliarden m^3 virtuellem Wasser. Kaffee ist nur ein plakatives Beispiel, es könnten mit Baumwolle und vielen anderen Produkten ähnliche Beispiele angeführt werden. In den letzten 40 Jahren ist der Handel mit virtuellem Wasser kontinuierlich gestiegen. Technologien, den Wasserbrauch gerade in der Landwirtschaft in Wassermangelregionen zu reduzieren gäbe es genug, etwa die punktgenaue und präzise dosierte Bewässerung von Pflanzen mit Hilfe von unterirdischen Schläuchen. Es wird geschätzt, dass ca. 16 % der weltweiten Wassernutzung als virtuelles Wasser gehandelt werden. Es gibt sehr umfängliche Studien zum Wasserverbrauch im Verhältnis zur volkswirtschaftlichen Gesamtleistung und dem Handel mit virtuellem Wasser, die aus Platzgründen hier im Detail nicht wiedergegeben

[83] Chapagain, Hoekstra (2007)

werden können; einen Einstieg für jene, die sich tiefer einlesen möchten, gibt der bereits zitierte Übersichtsartikel von Klepper et al., aus dem auch die letztgenannten Zahlen stammen.[84]

Um auch hier - diesen Hinweis gebe ich im Buch ja mehrfach - keinerlei falschen Eindruck aufkommen zu lassen: Der Handel mit virtuellem Wasser ist untrennbares, notwendiges Element der Weltwirtschaft und nichts per se Schlechtes, weil er zum Beispiel die Möglichkeit gibt, in wasserarme Regionen Produkte zu importieren, die in wasserreichen Regionen hergestellt werden, um so den Wasserverbrauch vor Ort zu reduzieren. Prekär und „nicht nachhaltig“ ist es jedoch, wenn wir durch Importe von Nahrungsmitteln oder Grundstoffen aus Entwicklungsländern mit ohnehin schon knappen Wasserressourcen die Knappheit und eventuell das Leid bzw. die Instabilität dort noch erhöhen.

In diesem Zusammenhang ist der Begriff des Water Footprints einzuführen, der komplexer ist als der „Carbon Footprint“ (vgl. Kap. 4.5). Der Water Footprint ist in erster Näherung die Menge „virtuellen Wassers“, die für ein Produkt in der gesamten Herstellungskette verbraucht wird. Jedoch: Während es für den Klimawandel unerheblich ist, ob eine Tonne Kohlendioxid in Nordamerika oder in China emittiert wird, ist es aus Nachhaltigkeitsgesichtspunkten eine völlig unterschiedliche Sache, ob ein Kubikmeter Wasser in Brasilien, Norwegen oder in Nordafrika verbraucht wird. Ich plädiere daher für einen Water Footprint, bei dem nicht die Gesamtmenge des Wassers eingeht (die im Prinzip zur Nachhaltigkeit nichts aussagt), sondern als Gewichtungsfaktor auch die Kritikalität des Wassers je nach Entnahme- und Verbrauchsregion. Wie Unternehmen damit umgehen sollten, dazu weiter unten.

Wasserbewirtschaftung und Wasser als Ressource in Deutschland und der EU

Die Situation zur Ressource Wasser ist in Europa natürlich weit weniger prekär als in den geschilderten Mangelregionen, aber aus Nachhaltigkeitsgesichtspunkten alles andere als rosig: Die EU-Kommission hat festgestellt, dass Qualität und Verfügbarkeit von Frischwasser abnehmen und dass der Klimawandel die Wasserknappheit (in Südeuropa) sowie Ausmaß und Häufigkeit von Überschwemmungen verstärken dürfte. Weiterhin wiegt schwer, dass viele Flusssysteme und andere Gewässer in Europa durch

---

[84] Klepper, Peterson & Oeberst (2011)

Wasserentnahme, Trockenlegungen und den Bau von Dämmen verändert wurden, was nach Erwartung der EU-Kommission oft zu schlechter Wasserqualität mit schweren ökologischen Schäden und möglichen Folgen für die Gesundheit führt und nur begrenzten Platz für natürliche Lebensräume lässt. Durch die Kommission wird geschätzt, dass in Europa 20 % bis 40 % des Wassers verschwendet werden und dass durch technologische Verbesserungen die Wassereffizienz um 40 % verbessert werden könnte.[85]

Wasser ist sowohl für die Bevölkerung als auch für das produzierende Gewerbe eine zentrale Ressource. Insgesamt 16 % des zur Verfügung stehenden Wassers werden in Deutschland für verschiedene Zwecke genutzt. Wichtige Bereiche des verarbeitenden Gewerbes wie z. B. die Chemische Industrie, die Metallindustrie oder der Bergbau benötigen in großem Umfang Wasser für die Produktion. Der größte Nutzer ist jedoch die Energiewirtschaft, die ca. 66 % des insgesamt genutzten Wassers für Kühlzwecke in den Kraftwerken beansprucht. Für die Versorgung der Bevölkerung mit Trinkwasser werden nur ca. 2 % der verfügbaren Wasserressourcen gebraucht.[86]

Deutschland kann durchaus als wasserreiches Land bezeichnet werden: Die zur Verfügung stehende nutzbare Menge an Süß- bzw. Frischwasser, welche sich aus Niederschlagsmenge, Verdunstung sowie Zu- und Abfluss errechnet, beträgt ca. 188 Milliarden Kubikmeter. Umgerechnet auf die Bevölkerung sind dies 2.300 Kubikmeter pro Kopf und Jahr bzw. 6.300 Liter pro Kopf und Tag. Der private Trinkwasserverbrauch wird hingegen mit lediglich 122 Liter pro Kopf und Tag angegeben. Nach Angaben des BMU und des statistischen Bundesamtes betrug die durch die öffentliche Wasserversorgung und Eigenförderung von Privatpersonen und Unternehmen entnommene Wassermenge 32 Milliarden Kubikmeter, also nur ca. 17 % des zur Verfügung stehenden Wassers.[87] Bezüglich der Entnahmemenge kann man also durchaus sagen, dass Deutschland und damit auch die Industrie mit den eigenen Wassermengen nachhaltig wirtschaftet.

Ziele einer nachhaltigen Wasserwirtschaft sind seitens der Wirtschaft zunächst ein Wasserangebot in hoher Qualität zu bezahlbaren Kosten für die Industrie sowie eine Siedlungswasserwirtschaft, die Privatnutzern und Gewerbebetrieben eine zuverlässige, kostengünstige Entwässerung zusichert. Jedoch kommt mit der langfristigen Qualität von Grundwasser und

---

[85] Europäische Kommission (2011)/1, S. 16
[86] BMWi (2015)
[87] BMUB (2012)

Oberflächengewässern ein weiteres Thema hinzu, welches seitens der Unternehmen nach meiner Beobachtung zu wenig beachtet wird.

Im Jahr 2000 wurde zu diesem Thema die EG-Wasserrahmenrichtlinie (WRRL) verabschiedet. Diese Richtlinie ist von allen europäischen Mitgliedsstaaten mittlerweile in das jeweilige nationale Recht transferiert worden Es gelten somit zu diesem Thema in allen Ländern für Unternehmen die gleichen Rahmenbedingungen.

Flussgebietsbezogen, das heißt von der Quelle bis zur Mündung, wird in der WRRL die Gewässerqualität betrachtet. Hierbei zählt neben der chemischen Wasserqualität auch die Anzahl und Vielfalt der Tiere und Pflanzen im Gewässer sowie die Gewässerstruktur. Ziele der Wasserrahmenrichtlinie sind das Erreichen

- eines guten ökologischen und chemischen Zustands aller natürlichen Oberflächengewässer in der EU (Art. 4.1 WRRL),
- eines guten ökologischen Potenzials und guten chemischen Zustands für künstliche und natürliche, aber erheblich veränderte Gewässer (Art. 4.1 WRRL),
- und eines guten chemischen und mengenmäßigen Zustands im Grundwasser (Art. 4.1 WRRL).

Der Gewässerzustand wird damit kombiniert nach chemischen, hydromorphologischen und biologischen Kriterien beurteilt. In allen europäischen Gewässern sollen nach Möglichkeit ursprüngliche, vom Menschen wenig veränderte Strukturen vorherrschen, wenig Schadstoffe vorkommen und der Lebensraum für die ursprünglich im jeweiligen Gewässer angesiedelten Tiere und Pflanzen dargeboten werden.

Hierzu werden durch die europäischen Staaten Maßnahmenprogramme und Bewirtschaftungspläne aufgestellt. Gemäß Art. 14 WRRL muss von den zuständigen Stellen eine verpflichtende Öffentlichkeitsbeteiligung durchgeführt werden, das heißt, auch Unternehmen und Privatpersonen können zu den Maßnahmenprogrammen eines Gewässers, welches sie betrifft, Stellung nehmen.

Die Wasserrahmenrichtlinie sieht vor, dass für die Gewässer die jeweiligen Ziele bis zum Jahr 2015 erreicht werden müssen, andernfalls sind eine Ausnahme oder Fristverlängerungen erforderlich. Nach einer Information des Umweltbundesamtes hatten im Juli 2013 90 % der Oberflächengewässer die jeweiligen Ziele noch nicht erreicht.[88] Häufigster Hinderungsgrund sind Querbauten in Fließgewässern sowie Begradigungen derselben und der nicht gute chemische Zustand durch Belastungen mit Schwermetallen und anderen Schadstoffen.

Die erforderlichen Maßnahmen zum Erreichen eines guten Gewässerzustands in ganz Deutschland sind vielfältig. Nach der Zusammenstellung lassen sie sich in sechs Schlüsselmaßnahmen (Das sind solche, von denen die wesentlichen Verbesserungen zum Erreichen der Ziele erwartet werden) einordnen:

- Verbesserung des hydromorphologischen Zustands von Gewässern,
- Verbesserung der linearen Durchgängigkeit,
- Reduzierung der Nährstoffeinträge aus der Landwirtschaft,
- Beratungen für die Landwirtschaft,
- Bau bzw. Nachrüstung von Kläranlagen,
- Forschung, Reduzierung von Unsicherheiten durch Verbesserung der Wissensbasis.

Als häufigste Hemmnisse, dass Ziele nicht rechtzeitig erreicht wurden, gelten fehlende finanzielle und personelle Ressourcen, ein Mangel an Akzeptanz für bestimmte Maßnahmen und ein Mangel an verfügbaren Flächen. Flächen sind zur Gewässerrenaturierung unabdingbar, sei es als Seitenstreifen oder sei es, um dem Fluss Raum zu geben, in eine naturgegebene Fließform zurück zu gelangen. Außerdem braucht Gewässerrenaturierung Zeit: die Gewässerunterhaltung muss optimiert werden, man lässt sich Gehölze im Uferbereich entwickeln, lässt Veränderungen des Flusslaufes (eigendynamische Gewässerentwicklung) und Habitatverbesserungen im Umfeld des Gewässers zu (zum Beispiel die Entwicklung von Auen) usw.. Besonders die lineare Durchlässigkeit ist eine essenzielle Voraussetzung für eine Wiederherstellung der Artenvielfalt in Fließgewässern, sehr viele Maßnahmen beziehen sich daher hierauf: Querbauwerke, kleine Wasserkraftanlagen und Wehre müssen hierfür entfernt werden oder durch Fischtreppen oder Bypässe umgebaut sein. Des Weiteren gab es immerhin auch in Deutschland noch mehr als 3000 Projekte zur Nachrüstung von Kläranlagen im Zuge der Umsetzung der Wasserrahmenrichtlinie. Hierbei geht es oft auch um die so genannte vierte Reinigungsstufe von Kläranlagen, die einen Teil der in Europa nicht geregelten Stoffe entfernen kann, welche die Gewässerorganismen stark belasten. Hierzu zählen Arzneimittel, hormonaktive Stoffe und auch Mikroplastik.

[88] UBA (2013)

Seitens der Umweltverbände wird trotz der vielen Maßnahmen zu Recht bemängelt, dass Fristverlängerungen nicht wie ursprünglich vorgesehen eine Ausnahme sind, sondern zur Regel werden. Sie fordern u.a. die Ausweitung der möglichen Maßnahmenträgerschaft auf Verbände und Stiftungen, ein besseres Flächenmanagement und den Erwerb größerer Flächen durch die öffentliche Hand, die drastische Senkung von Stoffeinträgen aus diffusen landwirtschaftlichen Quellen sowie ein massives Vorantreiben der Einführung der vierten Reinigungsstufe von Kläranlagen. Weiterhin werden seitens der Umweltverbände eine Beendigung der Klärschlammausbringung auf landwirtschaftlichen Flächen und eine verbesserte Regenwasserbehandlung zur Reduzierung der Schadstoffeinträge aus Niederschlagswasser in Städten und Gemeinden gefordert. Es wird auch bemängelt, dass bereits die flächendeckende Überschreitung der Quecksilber-Umweltqualitätsnormen in biologischen Kompartimenten dazu führt, dass kein Gewässer in Deutschland einen guten chemischen Zustand aufweist.[89]

Die Ausführungen zeigen, dass bezüglich Gewässerqualität auch in Europa und in Deutschland noch erhebliche Anstrengungen erforderlich sind. Eventuell werden Sie sich als Führungskraft fragen, welchen Nutzen, welchen Wert eine Gewässerrenaturierung für Ihr Unternehmen hat - hierzu verweise ich auf das Kapitel 4.7 zum Wert von Biodiversität und Ökosystemleistungen für die Gesellschaft und für Unternehmen.

Implikationen durch Wasserbewirtschaftung für Unternehmen und Handlungsmaximen

Wie oben bereits kurz angesprochen haben Unternehmen je nach Geschäftsmodell und Produktionsmethoden sehr unterschiedliche Verflechtungen mit der Ressource Wasser. Grundsätzlich gliedert sich der verantwortungsvolle und nachhaltige Umgang mit Wasser in folgende Aktivitätsfelder:

- Management der eigenen Entnahme und des eigenen Verbrauchs von Frischwasser,
- Management der Einleitungen und Belastungen von Oberflächengewässern und Grundwasser,
- Vorbeugender Gewässerschutz durch sorgsamen Umgang mit Stoffen und Abfällen sowie

---

[89] NABU (2015)

- Management der Verursachung von Wasserentnahme und Wasserverbrauch durch fremde Dritte in der Lieferkette und somit Management der Beteiligung am Handel mit virtuellem Wasser.

Die eigene Entnahme und der eigene Verbrauch von Frischwasser sind in Deutschland und allgemein in Europa auf Grund der engen gesetzlichen Regelungen sehr einfach zu erheben. Das Thema gehört eigentlich seit den 70er Jahren zum kleinen Einmaleins des betrieblichen Umweltschutzes und soll daher nur der Vollständigkeit halber und sehr kurz dargestellt werden. Ein kurzer Check gibt trotzdem Sinn, manchmal bestehen attraktive Verbesserungspotentiale.

Die meisten Unternehmen versorgen sich aus dem regionalen Trinkwassernetz, weitere Firmen durch Entnahme aus eigenen Brunnen oder aus Oberflächengewässern; immer noch relativ selten ist die eigentlich recht einfache und oft sinnvolle Nutzung von Regenwasser. Da bis auf ganz wenige Ausnahmen jedwede Wasserentnahme aus Grundwasser oder oberirdischen Gewässern einen wasserrechtlichen Benutzungstatbestand im Sinne des Wasserhaushaltsgesetzes darstellt, benötigt man hierfür eine Erlaubnis oder in seltenen Fällen eine Bewilligung (höhere Rechtsstellung). Jedes Unternehmen sollte relativ schnell in der Lage sein, eine betriebliche Wasserbilanz aufzustellen. Diese enthält die Input-Mengen von Wasser aus den verschiedenen Quellen (manchmal kommt ja Wasser auch mit Rohstoffen in das Unternehmen; ein gutes Beispiel ist die Zuckerindustrie, in der die Hauptquelle des betrieblichen Wassers die Zuckerrübe ist) und den Verbleib des Wassers durch Einleitungen, Versickerungen, Verkauf von Wasser mit Produkten sowie durch Verdunstung.

Für die meisten Unternehmen, die ich beraten habe, ist eine betriebliche Wasserbilanz recht einfach zu erstellen, aber erstaunlich oft liegt sie zunächst nicht oder nicht vollständig vor. Wenn die Bilanz Lücken hat oder „nicht zu schließen" ist (Wasserinput und gemessener Output stimmen nicht überein), dann sollten Unterzähler, Abwasserzähler (gibt es in sehr vielen Unternehmen nicht) und Zähler installiert werden, die es ermöglichen, die Menge verdunstenden Wassers zu messen. An dieser Stelle bin ich übrigens regelmäßig überrascht, wie viele Unternehmen für jeden m^3 gekauften Wassers auch die Abwassergebühr entrichten (das ist die übliche Abrechnungsmethode) obwohl ein Teil des Wassers verdunstet. Für Wasser, das nicht eingeleitet wird, muss auch keine Abwassergebühr entrichtet werden. Oft genügt eine Nachverhandlung mit dem Versorgungsunternehmen.

Die einzusparenden Summen sind in der Regel nicht gewaltig, aber lohnen doch die Mühe, zumal sie ja regelmäßig jedes Jahr eingespart werden.

Der Vollständigkeit halber sollte auch geprüft werden, ob eine der genutzten Quellen des entnommenen Wassers bezüglich der Entnahmemenge als kritisch zu betrachten ist. In aller Regel wird dies in Deutschland nicht der Fall sein, da es dann auch Limitierungen in der erlaubten bzw. bewilligten Entnahmemenge gäbe; bei Standorten in anderen Ländern, gerade in Südeuropa oder an außereuropäischen Standorten, sollte man hier schon etwas genauer hinschauen.

Da Deutschland im Regelfall (es gibt jedoch regionale und saisonale Ausnahmen) kein Wassermangelland ist, hat auch die Einsparung von entnommenen und verbrauchten Wassermengen in aller Regel keine allererste Priorität. Bei Produktionsstandorten in anderen Ländern kann das schon ganz anders aussehen. Nach Erstellung der Wasserbilanz sollte daher geprüft werden, ob Wasser eingespart werden kann und dies ökologisch oder ökonomisch sinnvoll ist: Etwa durch Kreislaufführung, innerbetriebliche Aufbereitung, Kaskadennutzung oder den Einsatz von Regenwasser. Ähnlich wie die möglichen Einsparungen an Energie (vgl. Kap. 4.3) ist das ein sehr betriebsspezifisches Thema, das aber auf Grund des geringen Preises Wasser in Deutschland oftmals nicht vollständig erschlossen wurde. Es gibt keinen Sinn, in einem übergeordneten Werk alle denkbaren Techniken der Wassereinsparung darzustellen, Führungskräfte sollten jedoch die bisherigen Methoden und Denkansätze des eigenen Betriebes hinterfragen und auf Konsistenz überprüfen.

Auch die Nutzung von Regenwasser für bestimmte Prozesse (Reinigung, Bewässerung von Außenanlagen, Kühlung) kann betriebswirtschaftlich und ökologisch sinnvoll sein. In vielen Fällen (regional und saisonal unterschiedlich) hat Regenwassernutzung auch noch den Nutzen, dass von Dächern und versiegelten Flächen im Falle von stärkeren Niederschlägen weniger Wasser abfließt, welches sonst sehr schnell in Richtung von Oberflächengewässern abfließen würde und deren Fließgeschwindigkeit erhöht.

Ich empfehle Unternehmen regelmäßig, eine Regenwassernutzung zu bedenken, oft mit attraktivem Erfolg. Oft wirken die Investitionskosten abschreckend hoch angesichts der einzusparenden Wasserkosten, die Baukosten für Rückhaltetanks, Zisternen oder Becken relativieren sich, wenn man sie im Verlauf anderer, ohnehin erforderlicher Baumaßnahmen mit macht - insofern ist es gut, Projekte zur Regenwassernutzung konzeptionell schon parat zu haben, wenn andere Bauvorhaben beginnen. Ein anderes Hindernis kostet ebenfalls Planungszeit: In manchen Fällen haben die Anbieter von wasserverwendenden Geräten wie Spülen, Kühlgeräten oder Waschautomaten ihre Gewährleistungsregelwerke nur auf die Nutzung von Trinkwasser ausgelegt und drohen, das bei Nutzung von Regenwasser jegliche Gewährleistungen entfallen. Technisch ist dies bis auf sehr wenige Ausnahmen lösbar; wichtig ist lediglich, dass beide Seiten wollen und es kostet einfach Planungszeit.

Das zweite betriebliche Wasserthema ist das Management von Einleitungen und Belastungen von Oberflächengewässern und Grundwasser. Natürlich ist in Europa auch dieses Thema sehr konkret gesetzlich geregelt. Begriffe, die jede Führungskraft kennen sollte, die sich mit dem Thema Nachhaltigkeit befasst, sind

- Direkteinleitung, das bedeutet die Einleitung von Abwasser direkt in ein Oberflächengewässer oder Grundwasser und
- Indirekteinleitung, das ist die Einleitung ohne direkte Benutzung eines Gewässers in die (meist öffentliche) Kanalisation, von wo aus die Abwässer nach Behandlung in der jeweiligen Kläranlage dann in ein Gewässer übergeben oder verregnet werden.

Die Mehrzahl der Unternehmen ist Indirekteinleiter. Für die Einleitung von Abwasser benötigt man im Falle der Direkteinleitung eine wasserrechtliche Erlaubnis. Für die Indirekteinleitung ist eine Genehmigung nach der örtlichen Satzung und dem jeweiligen Wassergesetz des Landes erforderlich. In der Erlaubnis bzw. Genehmigung sind die Grenzwerte für Schadstoffe festgelegt, meist als Konzentrationsgrenzwerte, zusätzlich oder alternativ auch als Frachten, also eine erlaubte Schadstoffmenge in kg je Zeiteinheit. Die Grenzwerte sind übrigens europaweit weitestgehend harmonisiert.

Dass Einleitungen erlaubt bzw. genehmigt sind, heißt absolut nicht, dass sie unschädlich oder gar unbedenklich sind. Grenzwerte, die Unternehmen einhalten müssen, sind in den meisten Fällen ein Kompromiss zwischen dem technisch und wirtschaftlich Machbaren, dem politisch Gewünschten und dem naturwissenschaftlichen Kenntnisstand.

Dies kann jeder auch ohne naturwissenschaftliche Vertiefung verstehen, wenn man (absichtlich streng vereinfacht) folgende Arten von Stoffen unterscheidet, die in Gewässer eingeleitet werden:

Abbaubare organische Stoffe wie die meisten Lösemittel, Nahrungsmittelreste oder auch Fäkalien sind, wenn sie als Einzelereignis ungeklärt in Gewässer gelangen würden, ein meist lokales Problem. Sie führen zur Überfrachtung eines Gewässers mit Nährstoffen. Bestimmte Mikroorganismen würden sich übermäßig vermehren, höhere Organismen wie Fische usw. würden verdrängt und das Gewässer wäre eine Zeit lang (wenn nicht permanent Nährstoffe nachlaufen) schmutzig, übelriechend und nicht nutzbar, würde sich jedoch regenerieren - immer unter der Voraussetzung, dass es sich im ein Einzelereignis handelt. Es ist daher eine der Hauptaufgaben kommunaler Kläranlagen, die abbaubaren Stoffe aus dem Wasser zu entfernen. Da der Abbau zum Teil durch Bakterien erfolgt, die dabei Sauerstoff benötigen (es gibt auch eine Abbaustufe ohne Sauerstoff) sind der biologische bzw. chemische Sauerstoffbedarf (BSB bzw. CSB) ein Maß dafür, ob Stoffe gut abbaubar sind. Je höher der Wert, desto schwieriger sind die Nährstoffe in einem Abwasser abbaubar. Abbaubare organische Stoffe wären, ein Anschluss an eine moderne gut geführte Kläranlage vorausgesetzt, kein Umwelt- bzw. Nachhaltigkeitsproblem. Da der Anschluss an Kläranlagen in vielen Ländern lückenhaft ist, ist es außerhalb Europas leider doch oft ein Problem.

Nicht oder schwer abbaubare organische Stoffe sind bestimmte Chemikalien, die in der Kläranlage kaum reduziert werden können und die sich danach im Gewässer wiederfinden - so gelangen sie ins Meer oder werden in bestimmten Umweltkompartimenten (Wissenschaftler sprechen von biologischen Senken) angereichert. Das kann ein Gewässersediment, das Fettgewebe, die Knochen oder die Leber von bestimmten Fischen oder Meeressäugern oder auch von in der Nahrungskette noch höher stehenden Organismen sein - z.B. auch der Mensch. Beispiele für entsprechende Chemikalien und Schadstoffe sind Nonylphenol, PAK und DEHP, aber auch Kunststoffpartikel (sogenanntes Mikroplastik) - einmal in der Umwelt sind sie für Jahrzehnte oder zum Teil sogar für Jahrhunderte eine Belastung.

Ähnlich verhält es sich mit Salzen von Schwermetallen. Sie sind biologisch und chemisch nur in andere Moleküle einbaubar oder oxidier- bzw. reduzierbar, aber nicht abbaubar. Ein Blei-, Cadmium oder Quecksilber-Ion, das mit einem Salz einmal in ein Gewässer gelangt ist, ist in der Umwelt und bleibt in aller Regel dort.

Um es ganz plakativ zu machen: Es ist durchaus möglich, dass Sie, während sie dieses Buch lesen, ein paar Bleiatome oder andere Schwermetalle im Körper haben - zum Beispiel eingebaut in Ihre Knochen - welche vor vielen Jahren durch Einleitung von Fabrikabwässern auf einem anderen Kontinent in ein

Gewässer und dann ins Meer gelangt sind und die Sie dann viele Jahre später mit einer leckeren Thunfischpizza oder einem Muschelgericht aufgenommen haben. Werden Sie daran erkranken? Vermutlich nicht. Ich bin als Chemiker im Umgang mit und bei der Betrachtung von einzelnen Schadstoffbelastungen relativ gelassen; wäre jede Berührung, jeder Kontakt mit einem Schadstoff gleich krankheitsauslösend, wäre es um uns alle schlecht bestellt. Aber: Es gibt absolut keinen Grund zur Bagatellisierung. Die permanente Belastung von Gewässern (und der Luft, siehe Abschnitt 4.6) mit persistenten oder schwer abbaubaren Chemikalien oder mit Schwermetallen durch industrielle Prozesse hat ein Maß erreicht, das nicht tolerierbar ist. Gewässerbelastungen sind auf anderen Kontinenten eine Tragödie großen Ausmaßes, unter der, wie oben ausgeführt, Milliarden Menschen leiden. Die ohnehin knappen Wasserressourcen stehen zur Trinkwassergewinnung und Sanitärnutzung nicht zur Verfügung, die Gewässer und Meeresufer sind als Nahrungsquelle nur eingeschränkt nutzbar; von dem, was wir Tieren und anderen Organismen damit antun ganz zu schweigen.

Selbst wenn wir in Europa auf Grund der Grenzwerte nur noch kontrollierte Mengen an solchen Schadstoffen einleiten, gibt es leider auch zahlreiche in den Verordnungen noch gar nicht erfasste Schadstoffe (das gilt z.B. für Hormone, Antibiotika und andere Medikamente). Außerdem sind die Sünden der Vergangenheit auch noch nicht ausgestanden, denn die Schadstoffe, die in früheren Jahrzehnten auch in Europa in die Umwelt gelangten, sind immer noch in Gewässersedimenten oder den Weltmeeren zu finden. Toxikologie ist ein weites Feld und am Ende ein statistisches Spiel: Ob jemand an einer bestimmten Menge eines Schadstoffes, der irgendwo auf der Welt in ein Gewässer gelangt, erkrankt und wer es persönlich ist, kann nicht prognostiziert werden, aber je höher die Gesamtschadstoffmenge in den Gewässern und Weltmeeren, desto häufiger und wahrscheinlicher der Kontakt und desto statistisch höher das Risiko, dass jemand erkrankt. Dazu kommt das Umweltproblem der nicht guten Gewässerqualität und der Störung der biologischen Vielfalt, hierzu wie oben bereits angesprochen mehr in Kapitel 4.7.

Als Faustregel kann gelten: Jedes unnötige Gramm eines solchen Schadstoffes ist ein Gramm zu viel. Unternehmen sollten sich in ihrer Nachhaltigkeitsstrategie daher keinesfalls damit begnügen, lediglich „legally compliant" zu sein, also die Grenzwerte einzuhalten. Es gilt, die Gesamtfrachten von schwer oder nicht abbaubaren Schadstoffen zu ermitteln, die aus eigenen Prozessen und aus Prozessen in der Lieferkette (sofern relevant) in die Gewässer gelangen, diese Frachten zu managen und sukzessive zu reduzieren. Für ein

Unternehmen, welches seinen Nachhaltigkeitsansatz ernst meint, ist die Einhaltung des Wasserrechts an dieser Stelle also nur eine selbstverständliche Basis. Die Ermittlung und Frachtreduzierung von schädlichen Stoffen, die aus den eigenen Wertschöpfungsprozessen in Gewässer gelangen - egal ob es sich um Stoffe handelt, die in den Regelungen mit Grenzwerten erfasst sind oder um nicht geregelte Stoffe - ist ein notwendiger Ansatz für nachhaltiges Handeln.

Als Praktiker ist mir vollumfänglich bewusst, dass die Ermittlung eigener Abwasserfrachten für Unternehmen keine wirkliche Schwierigkeit darstellt (ca. 500 deutsche Unternehmen müssen ihre Schadstofffrachten ohnehin im sogenannten PRTR-Register publizieren, hierzu hatte ich im Kapitel 4.2 Abfallwirtschaft bereits Ausführungen gemacht). Die Abwasserbelastungen in der Lieferkette erfordern hingegen Auskünfte und Informationen von Lieferanten und Vorlieferanten, die die Lieferanten gegebenenfalls ungern preisgeben.

Die Aufstellung einer vollständigen Bilanz der Abwasserfrachten einer Wertschöpfungskette ist mühsam und erfordert viele Gespräche mit den Lieferanten. Dem unbenommen ist dies angesichts des Zustands der Wasserwirtschaft weltweit ein absolut notwendiger Schritt für ein nachhaltiges Unternehmen, sofern die eigenen Produkte auf Vorprodukten basieren, die international beschafft werden und Gewässerbelastungen induzieren. Grundsätzlich gibt es natürlich die Möglichkeit, auf Datenbanken zurückzugreifen. Für die Erstellung von Ökobilanzen gibt es mehrere sehr umfängliche Datenbanken, aus denen man Werte für Umweltbelastungen durch beschaffte Güter extrahieren kann. Für z.B. eine Tonne Baumwolle einer bestimmten Verarbeitungsstufe steht dann dort, wie viel kg welcher Gase in die Luft und welche Schadstoffe in Gewässer gelangen. An diesen Datenbanken möchte ich grundsätzlich keine Kritik üben, es sind sehr mühevoll und sorgfältig zusammengestellte Instrumente, jedoch sind die Werte lediglich Durchschnittswerte, sie sagen über den Individualfall Ihres Lieferanten nichts aus und eignen sich nicht zum Controlling oder zum Management der ermittelten Indikatoren. Um die Abwasserbelastungen des Unternehmens oder eines Produktes in der Herstellkette zu bilanzieren, sollte ein Unternehmen daher trotz aller Mühe in direkten Dialog mit den Lieferanten gehen. Ich empfehle, lieber eine nicht ganz vollständige Bilanzierung nach dem Pareto-Prinzip zu erstellen und mit Daten von einem Viertel der Lieferanten vielleicht 80 % der Abwasserfrachten zusammen zu stellen. Zum Management und zur Reduzierung der Gesamtwerte genügt das allemal.

Natürlich sind, wenn man die Daten einmal hat, auch entsprechende Vereinbarungen mit Lieferanten zu einer nachweislichen Reduzierung von Abwasserfrachten alles andere als einfach zu erreichen - aber auch hier ist jede Vereinbarung mit Lieferanten ein wichtiges Signal im Interesse einer nachhaltigeren Produktionswirtschaft. Mehr zum Umgang mit Lieferanten lesen Sie in Kapitel 7.2 „Stakeholdermanagement".

Das dritte Handlungsfeld der betrieblichen Wasserwirtschaft ist der vorbeugende Gewässerschutz durch sorgsamen Umgang mit Stoffen und Abfällen. Auch hierbei handelt es sich um ein gesetzlich sehr eng geregeltes Feld, das von dem sogenannten Besorgnisgrundsatz ausgeht, nach welchem Anlagen zum Umgang mit wassergefährdenden Stoffen (wozu auch Abfälle zählen können) so zu betreiben sind, dass eine Verunreinigung der Gewässer (und somit auch des Bodens) nicht zu besorgen ist. Ob ein Stoff wassergefährdend ist oder nicht, darüber gibt das Sicherheitsdatenblatt des Herstellers Auskunft. In der Konsequenz sind die entsprechenden Anlagen nach einem umfänglichen technischen Regelwerk auszuführen, in welchem Auffangräume, Rückhaltevolumina, Sicherheitseinrichtungen, Überfüllsicherungen, Doppelwandigkeit usw. genau geregelt sind und für Anlagen ab einer bestimmten Gefährdungsstufe auch regelmäßige externe Überprüfungen vorgeschrieben sind. Abwasser gilt per Definition nicht als wassergefährdender Stoff; die im jeweiligen Landesrecht geregelte Sicherstellung der Dichtheit der betrieblichen Kanalisation gehört aber gleichfalls zu den Sorgfaltspflichten des vorbeugenden Gewässerschutzes. All dies gehört zum kleinen Einmaleins des betrieblichen Umweltschutzes und sollte unabhängig von einer Nachhaltigkeitsorientierung in jedem Unternehmen beherrscht werden. Der Nachweis erfolgt über ein Kataster mit allen Anlagen zum Umgang mit wassergefährdenden Stoffen sowie deren jeweiligen Prüfstatus und natürlich in letzter Konsequenz auch, indem nachweislich keine Stoffaustritte aus Anlagen in die Gewässer erfolgen.

Der Water Footprint

Eine Nachhaltigkeitsstrategie für ein Unternehmen, dessen Produkte mit einem relevanten Wasserverbrauch verknüpft sind, mündet im Management der Verursachung von Wasserentnahme und Wasserverbrauch durch fremde Dritte in der Lieferkette und somit im Management der Beteiligung am Handel mit virtuellem Wasser - um hier zu einem Zahlengerüst zu kommen, wurde seit 2002 das Konzept des Water Footprint entwickelt. Analog zu anderen ökologischen Fußabdruck-Konzepten wird hierbei der Versuch unternommen, den Einfluss des Produktes, eines Unternehmens, eines Konsumenten usw. auf den globalen Frischwasserhaushalt in einer Kennziffer auszudrücken. Die Erstellung eines Water Footprint ist noch deutlich komplexer als die eines Carbon Footprint (vgl. Kap 4.5). Bei beiden Konzepten gehen sowohl der eigene, direkte Einfluss als auch indirekte Einflüsse ein, wobei letztere natürlich deutlich schwieriger zu ermitteln sind.

Es gibt verschiedene Herangehensweisen. Eine sehr durchdachte und vollständige Möglichkeit ist die in den Niederlanden von einem Forscherteam um den Wissenschaftler Arjen Hoekstra entwickelte Methode, zu welcher auch ein gut verständliches Handbuch vorliegt.[90] Der Water Footprint eines Produktes ist das Volumen Frischwasser, welches über die gesamte Lieferkette zur Herstellung des Produktes benötigt wird. Es handelt sich aber nicht um eine einzige Zahl, sondern um einen multidimensionalen Indikator, der das Wasserverbrauchsvolumen nach Quellen, das verschmutzte Volumen nach Arten der Belastung usw. zeigt. Alle Komponenten des Water Footprint sind geographisch und zeitlich spezifiziert. Er unterteilt sich in drei „Unterabdrücke", den blauen, den grünen und den grauen Abdruck:

- Der blaue Water Footprint bezieht sich auf den Frischwasserverbrauch im Sinne der oben genannten Unterscheidung zwischen Entnahme und Verbrauch.
- Der grüne Water Footprint bezieht sich auf den Regenwasseranteil des Verbrauchs, der gerade für landwirtschaftliche Erzeugnisse besonders hoch ist.
- Der graue Water Footprint ist definiert als das Volumen von Frischwasser, welches benötigt wird, um die durch die Prozesse eingebrachten Verschmutzungen zu assimilieren und auf eine natürliche Hintergrundkonzentration mit einem Wasserqualitätsstandard zu reduzieren.

Wie weiter oben bereits kurz angesprochen, ist - anders als beim Carbon Footprint - die Unterscheidung des Wasserverbrauchs nach Quellen und Zeiten besonders wichtig. Eine schlichte Zahl von Wasserverbrauch für ein Produkt sagt nichts aus, wenn über die Nachhaltigkeit der Entnahme bzw. die Kritikalität des entnommenen Wassers nichts bekannt ist. Insofern ist die

[90] Hoekstra et al. (2011)

Erstellung eines Water Footprint sehr komplex und die meisten Unternehmen bedürfen mit Sicherheit externer Unterstützung dabei. Sicher benötigt nicht jedes Unternehmen einen Water Footprint, aber wenn die eigenen Prozessketten Wasser in einem relevanten Maß und insbesondere in kritischen Regionen benötigen, dann ist er mit Sicherheit ein wichtiger Beitrag zu einer Nachhaltigkeitsstrategie, dessen Erstellung erwogen werden sollte. Man bedenke: Die Produktion von 1 kg Rindfleisch erfordert 15.000 Liter Wasser (93 % grüner, 4 % blauer, 3 % grauer Water Footprint), wobei es allerdings große Abweichungen von diesem globalen Mittelwert gibt. Der genaue „Wasser-Fußabdruck" des Rindfleisches hängt von Faktoren wie der Art des Produktionssystems sowie der Zusammensetzung und der Herkunft des Rinderfutters ab.[91]

Ich bin überzeugt, dass es künftig für bestimmte solcher wasserintensiven Produkte mehr Konsumenten bzw. institutionelle Kunden geben wird, die den Wert in ihre Kaufentscheidung einbeziehen.

Dennoch möchte ich mich nicht dahin versteigen, jedem Unternehmen die Aufstellung eines Water Footprint für Produkte oder das Unternehmen zu empfehlen, denn anders als beim Energieverbrauch bzw. dem Verbrauch fossiler Energieträger, die für die Mehrzahl der Unternehmen relevant sind, haben nicht alle Unternehmen in einem wesentlichen Umfang Wasserverbrauch - weder direkt noch indirekt. Eine regionale Bank in Deutschland oder auch ein deutscher mittelständischer Nahrungsmittelproduzent mit rein deutschen oder nordeuropäischen Rohstoffquellen hat eventuell keinen berichtenswerten Water Footprint. Ich empfehle daher ein vorgeschaltetes Screening-Verfahren um zu ermitteln, ob das Volumen Frischwasser, welches über die gesamte Lieferkette zur Herstellung des Produktes benötigt bzw. verschmutzt wird, unter Berücksichtigung der Quellen wesentlich ist. Solch ein Screening kann, wenn es von erfahrenen Fachleuten gemacht wird, in sehr kurzer Zeit aussagen, ob ein Water Footprint empfehlenswert ist oder nicht.

Wie wird sich das Thema Wasser als relevante Ressource für Unternehmen entwickeln?

Das Thema Wasser und Wasserverfügbarkeit wird in den kommenden Jahren an Relevanz in der öffentlichen Diskussion gewinnen. Der Wassermangel in den oben beschriebenen prekären Regionen wird in Kombination mit den

---

[91] http://www.wasserfussabdruck.org/?page=files/home

Themen des Klimawandels zu Verwerfungen und Auseinandersetzungen führen, die neue Beurteilungen von Wertschöpfungsketten und Produkten notwendig machen. Die Berichterstattung in den Medien ist beim Thema Wasser immer besonders effektvoll, da Durst und Wassermangel für alle Menschen ein nachfühlbares Thema darstellen, schon dies wird die Öffentlichkeitswirksamkeit erhöhen.

Eine wachsende Zahl von Endverbrauchern, aber auch von institutionellen Kunden, wird von ihren Lieferanten verlangen, den Frischwasserverbrauch in der Lieferkette und die Schadstoffbelastungen von Gewässern offenzulegen. Öffentliche Berichtspflichten von solchen Emissionen haben in Deutschland bislang nur knapp 500 Betriebe. Etwa 400 Unternehmen haben die Verbringung von in Abwasser enthaltenen Schadstoffen in externe Abwasserbehandlungsanlagen gemeldet. Relativ wenigen Konsumenten, aber auch sicher nicht jeder Führungskraft ist bekannt, dass diese Werte im Internet aus dem so genannten PRTR-Register unter der Adresse http://www.thru.de/ bereits abgerufen werden können; jeder kann hier sehen, welche Abwasserfrachten von den meldepflichtigen Betrieben emittiert wurden. Die häufigsten gemeldeten Abwasserfrachten sind organische Kohlenstoffverbindungen, Zink, Nickel, Kupfer sowie die Nährstoffe Stickstoff und Phosphor. Diese Offenlegungspflichten werden zunehmen. Sie werden mehr Schadstoffe und mehr Unternehmen betreffen und das mobile Internet wird es möglich machen, solche Werte in Echtzeit in Kaufentscheidungen einzubeziehen.

Sicherlich nicht für alle, aber für viele Produkte - das gilt insbesondere für Produkte der Chemie-, Textil- und der Nahrungs- und Genussmittelindustrie - wird der beschriebene Water Footprint zu einem Standard-Informationsinstrument werden, eventuell ist er für ausgewählte Produktgruppen sogar verpflichtend anzugeben.

Fazit, Indikatoren und Handlungsempfehlung

Der eigene Wasserverbrauch, Einleitungen und vorbeugender Gewässerschutz sollten eigentlich in jedem Unternehmen schon aus Compliance-Gründen beherrscht werden, sie bilden aber auch eine Basis weiteren Handelns. Gerade aber in der Kenntnis zum Zustand der Gewässer, die ein Unternehmen in Form von Einleitungen oder Entnahmen direkt benutzt bzw. mit Indirekteinleitungen beeinträchtigt, haben viele Betriebe trotz jahrelangen betrieblichen Umweltmanagements noch Wissenslücken. Ein Unternehmen kann sich nicht als nachhaltig bezeichnen oder zu einem nachhaltigen Unternehmen werden, wenn es bereits hier Erkenntnislücken gäbe. Des Weiteren sollte eine Abwasserfrachtbilanz unter Einbeziehung der Lieferkette erstellt werden, ebenso wie eine überschlägige Ermittlung des Wasserverbrauchs inklusive des „virtuellen Wassers“ in der Wertschöpfungskette, um zu entscheiden, ob ein Water Footprint zu erstellen ist.

Analog zu den Ausführungen im Kapitel 4.5 zum Klimawandel lohnt auch die Untersuchung der Kapazitäten und Fähigkeiten des Unternehmens, um im weltweiten Geschäft mit Wassertechnologie gegebenenfalls ein künftiges Betätigungsfeld zu finden - der Weg zu einer nachhaltigen Wirtschaft braucht gerade im Themenfeld Wasser noch viele Innovationen.

Insofern lohnen die Nutzung der Führungskräftecheckliste und die Entwicklung der folgenden Indikatoren, die auch in die Nachhaltigkeitsberichterstattung einfließen sollten:

- Gesamtvolumen der Wasserentnahme aus den folgenden Quellen: (G4-EN8)
    - Oberflächenwasser, einschließlich Wasser aus Feuchtgebieten, Flüssen, Seen und Meeren;
    - Grundwasser;
    - Regenwasser, direkt von der Organisation gesammelt und gespeichert;
    - Abwasser einer anderen Organisation;
    - kommunale Wasserversorgung oder andere Wasserversorger.
- Durch die Wasserentnahme wesentlich beeinträchtige Wasserquellen (G4-EN9);
- Prozentsatz und Gesamtvolumen des aufbereiteten und wiederverwendeten Wassers (G4-EN10);
- Gesamtvolumen der Abwassereinleitung nach Qualität und Einleitungsort (G4-EN22);
- Gesamtzahl und -volumen signifikanter Verschmutzungen (G4-EN24);
- Bezeichnung, Größe, Schutzstatus und Biodiversitätswert von Gewässern und damit verbundenen Lebensräumen, die von den Abwassereinleitungen und dem Oberflächenabfluss der Organisation signifikant betroffen sind. (G4-EN26).

Führungskräfte-Checkliste für Fragen zum Thema Wasser

1. Haben wir für sämtliche Benutzungen von Gewässern (z.B. Wasserentnahme aus Grund- oder Oberflächengewässern, Einleitungen in Gewässer, Einleitungen in die Kanalisation) eine entsprechende Erlaubnis, Bewilligung oder Genehmigung?
2. Haben wir eine vollständige betriebliche Wasserbilanz (Input-Mengen von Wasser aus den verschiedenen Quellen und Verbleib des Wassers durch Einleitungen, Versickerungen, Verkauf von Wasser mit Produkten sowie durch Verdunstung) erstellt, die im Ergebnis plausibel ist?
3. Haben wir nachweislich geprüft, ob wir Abwassergebühren einsparen können, indem wir für verdunstetes Wasser keine Abwassergebühr entrichten?
4. Haben wir nachweislich geprüft, ob eine oder mehrere der genutzten Quellen des entnommenen Wassers bezüglich der Entnahmemenge als kritisch zu betrachten sind?
5. Haben wir nachweislich geprüft, ob Wassereinsparungen (z.B. Kreislaufführung, innerbetriebliche Aufbereitung, Kaskadennutzung) ökologisch oder ökonomisch möglich und sinnvoll sind?
6. Haben wir nachweislich geprüft, ob die Nutzung von Regenwasser für bestimmte Prozesse (Reinigung, Bewässerung von Außenanlagen, Kühlung) ökonomisch und ökologisch sinnvoll sein kann?
7. Halten wir sämtliche Abwassergrenzwerte in Konzentrations- und Frachtwerten nachweislich ein?
8. Haben wir für die eigenen, von uns selber verursachten Einleitungen eine Bilanz der Abwasserfrachten (kg Schadstoffe und Nährstoffe p.a.) erstellt und dabei auch ggf. relevante, nicht geregelte Stoffe berücksichtigt?
9. Haben wir eine entsprechende Bilanz der Abwasserfrachten auch für die wesentlichen Gewässerbelastungen durch unsere Vorlieferanten erstellt und entsprechende Vereinbarungen mit den Lieferanten zur Reduzierung der Frachten?
10. Haben wir eine dokumentierte Strategie mit klaren, quantifizierten Zielen zur Reduzierung der Abwasserfrachten je Produkteinheit oder Wertschöpfungseinheit?
11. Verfügen wir über ein Kataster mit allen Anlagen zum Umgang mit wassergefährdenden Stoffen und dem jeweiligen Prüfstatus und können belegen, dass nachweislich keine Stoffaustritte aus Anlagen in die Gewässer erfolgen?
12. Können wir die Dichtheit der betrieblichen Kanalisation belegen?
13. Haben wir mit einem Screening-Verfahren ermittelt, ob das Volumen Frischwasser, welches über die gesamte Lieferkette zur Herstellung des Produktes benötigt bzw. verschmutzt wird, unter Berücksichtigung der Quellen wesentlich ist?

14. Haben wir daraufhin eine dokumentierte Entscheidung getroffen, ob ein Water Footprint für das Unternehmen oder einzelne Produkte erstellt wird?
15. Falls vorliegend: Haben wir über unseren Water Footprint transparent und nachvollziehbar kommuniziert und sind unsere Aussagen belegbar?
16. Haben wir Möglichkeiten, unsere Fähigkeiten und unser Know-how bei der Bekämpfung weltweiter Wasserprobleme einzubringen?

4.5 Beitrag zum Treibhauseffekt, Emissionshandel, Carbon Footprint und Carbon Offset

Der Treibhauseffekt bzw. der damit einhergehende Klimawandel ist sicher eines der am vehementesten diskutierten Themen im Rahmen der nachhaltigen Entwicklung. Dabei ist vielen Menschen und damit auch vielen Entscheidungsträgern in Unternehmen nicht oder nur sehr vage bewusst, dass der Klimawandel ein Phänomen ist, das weit mehr Bedeutung hat als die offensichtlichen Veränderungen durch ein paar Wetterkapriolen, eine einige Tage früher beginnende Obstblüte oder den gegebenenfalls selber in den Alpen zu beobachtenden Gletscherrückgang und ein paar weniger Skitage im Jahr, denn

a) der Klimawandel wird zu einem weltweiten Stabilitäts- und Sicherheitsproblem und
b) der Klimawandel verändert die wirtschaftlichen Rahmenbedingungen drastisch und wandelt die Handlungsoptionen erheblich - im negativen (Einschränkungen) wie im positiven (Chancen) Sinne.

Ein paar sehr einfach verständliche Grundlagen zum Treibhauseffekt und zum Klimawandel

Voran ist zu stellen, dass der sogenannte Treibhauseffekt (englisch Greenhouse Effect, daher auch die in der Folge verwendete Abkürzung GHG = Greenhouse Gases für klimaschädliche Gase) nicht nur etwas auf der Erde natürliches ist, sondern auch Voraussetzung für das Leben auf der Erde, denn ohne den natürlichen Treibhauseffekt würde die Durchschnittstemperatur auf der Erde nicht ca. +15°C, sondern etwa -18 °C betragen: Die Sonneneinstrahlung erwärmt die Erdoberfläche und ein Teil der eingestrahlten Energie wird in Form von langwelliger, infraroter Strahlung von der Erde reflektiert. Ein Teil dieser reflektierten Wärmemenge wird dann allerdings in der Atmosphäre von Gasen wie Wasserdampf, Ozon, Kohlendioxid (CO_2) und Methan zurückgehalten bzw. erneut Richtung Erde eingestrahlt. Diese zurückgehaltene Wärmemenge wirkt für den Planeten wie im kleinen Maßstab die durch die Verglasung zurückgehaltene Energie für ein Treibhaus. Der natürliche Treibhauseffekt ist damit das, was die Temperatur in dem für uns gewohnten Bereich hält und Leben ermöglicht hat. Der natürliche Kreislauf des Kohlendioxids - d.h. Emission aus Verbrennungsprozessen, aus Vulkanen, aus Zersetzung organischer Materie und Ausatmen von aeroben Organismen wie Tieren, dagegen Bindung bei der Photosynthese in Pflanzenmasse - hält die Konzentration von CO_2 in der Atmosphäre im Gleichgewicht. Vor der Industrialisierung betrug die atmosphärische Konzentration in den letzten 3.000 Jahren[92] etwa 280 ppm (ppm = parts per million), also 0,028 %. Soweit, so gut.

Mit Beginn der Industrialisierung und den damit einhergehenden verstärkten Verbrennungsprozessen fossiler Energieträger wurden zusätzlich große Mengen CO_2 und andere Treibhausgase in die Atmosphäre emittiert, die nicht im gleichen Maße durch Photosynthese gebunden werden konnten; gleichzeitig wurde durch menschliche Aktivitäten die Bindungsfähigkeit der Biosphäre deutlich reduziert, indem Waldflächen durch Rodung und Abholzung reduziert wurden. Hierdurch stieg die Konzentration von CO_2 seit dem Jahr 1850 bis jetzt auf ca. 400 ppm im Jahr 2015 (wobei der Anstieg in den letzten 40 Jahren rapide steiler war) und zusätzlich emittieren menschliche Aktivitäten weitere Treibhausgase wie halogenierte Kältemittel oder Methan und N_2O. Diese erhöhte Konzentration von Treibhausgasen führte zu einem verstärkten Treibhauseffekt und damit Anstieg der globalen Durchschnittstemperatur, was man in Abgrenzung zum natürlichen Effekt „anthropogenen Treibhauseffekt“ nennt. Da verschiedene Treibhausgase einen unterschiedlichen Beitrag zum Treibhauseffekt haben (so zum Beispiel hat Methan ein zwanzigfaches Treibhauspotential im Vergleich zu Kohlendioxid) normiert man den Beitrag unterschiedlicher Gase in Kohlendioxid-Äquivalenten (CO_2eq), wobei wegen der ungleich größeren emittierten Gesamtmenge CO_2 den bei weitem größten Beitrag (ca. 77 %) zum globalen anthropogenen Treibhauseffekt hat. Trotzdem dürfen - insbesondere in bestimmten Branchen - die Beiträge von anderen Gasen wie Methan (ca. 14 % Beitrag zum anthropogenen Treibhauseffekt) und Stickoxiden (ca. 8 %) nicht vernachlässigt werden.

---

92 Es gab in der Erdgeschichte vor Millionen Jahren schon deutlich höhere Konzentrationen, aber dann herrschten jeweils auch völlig andere Lebensbedingungen.

Der im November 2014 publizierte fünfte Sachstandsbericht des Weltklimarats IPCC führt aus:

„Die bereits heute eingetreten Klimaänderungen haben weitverbreitete Auswirkungen auf Mensch und Natur.

Viele der seit den 1950er Jahren beobachteten Veränderungen sind zum ersten Mal seit Jahrzehnten bis Jahrtausenden aufgetreten. Die Atmosphäre und die Ozeane haben sich erwärmt, die Schnee- und Eismengen sind zurückgegangen und der Meeresspiegel ist angestiegen. Die weltweit beobachteten Temperaturen von Land- und Ozean-Oberflächen zeigen einen Anstieg von etwa 0.85 °C zwischen 1880 bis 2012. Jedes der letzten drei Jahrzehnte war an der Erdoberfläche sukzessive wärmer als alle vorangehenden Jahrzehnte seit 1850. Im Zeitraum 1901 bis 2010 ist der mittlere globale Meeresspiegel um etwa 19 cm gestiegen. Die Geschwindigkeit des Meeresspiegelanstiegs seit Mitte des 19. Jahrhunderts war größer als die mittlere Geschwindigkeit in den vorangegangenen zwei Jahrtausenden. Seit ca. 1950 wurden Veränderungen vieler extremer Wetter- und Klimaereignisse beobachtet, unter anderem ein Rückgang von kalten Temperaturextremen, die Zunahme von heißen Temperaturextremen, extrem hohen Meeresspiegelständen sowie der Häufigkeit von extremen Niederschlägen in einigen Regionen.“[93]

Folgen des Klimawandels für das Handlungsumfeld von Unternehmen

Die Beschreibung der durch den Klimawandel induzierten Phänomene allein genügt nicht, um sich die Konsequenzen für menschliches und wirtschaftliches Handeln klar zu machen. Über die reinen meteorologischen und geophysikalischen Veränderungen hinaus hat der „Wissenschaftliche Beirat der Bundesregierung Globale Umweltveränderungen (WBGU)“ bereits im Jahr 2009 gewarnt: *„Der Klimawandel hat das Potenzial, Gesellschafts- und Wirtschaftskrisen auszulösen. Arme Bevölkerungen sind besonders gefährdet, aber auch reiche Staaten sind nicht immun. Das gilt insbesondere bei einer Temperaturerhöhung um mehr als 2 °C.“*[94]

Mit folgenden Wirkungen müsste laut der Zusammenfassung des WBGU und auch laut diversen anderen Studien aus anderen Quellen und Ländern bei einem ungebremsten Klimawandel gerechnet werden:

---

[93] IPCC (2014), S.1
[94] WBGU (2009)

1. Die Wasserversorgung wird in vielen Ländern der Welt durch Wetterextreme, veränderte Niederschlagsmuster und den Rückgang der Gletscher gefährdet. Da bereits heute 1,1 Milliarden Menschen keinen sicheren Zugang zu Trinkwasser haben, könnte sich diese Situation weltweit für mehrere 100 Millionen Menschen verschärfen.
2. Die Nahrungsmittelproduktion wird voraussichtlich weltweit sinken, da Dürren und Bodendegradation zunehmen. Besonders in Südasien und Nordafrika sind die Flächenreserven für Landwirtschaft bereits heute weitgehend ausgeschöpft. Durch diese Effekte wird neben regionalen Ernährungskrisen auch die ökonomische Leistungsfähigkeit betroffener Staaten untergraben, was wiederum gesellschaftliche Destabilisierung und gewalttätige Konflikte nach sich ziehen kann.
3. Inseln, dichtbesiedelte küstennahe Regionen und Städte und damit gewaltige Immobilien-, Kultur- und Vermögenswerte wären mitsamt ihrer Infrastruktur durch den Anstieg des Meeresspiegels und die klimabedingte Zunahme von Sturm- und Flutkatastrophen gefährdet.
4. Die Erwärmung wird Gesundheitsrisiken durch die mögliche Ausbreitung von Infektionskrankheiten und Kreislauferkrankungen sowie Gefährdungen durch Extremwetterereignisse verstärken. Auch in Europa ist mit dem Auftreten von Krankheitserregern und -überträgern zu rechnen, die man in unseren Breiten bislang nicht oder kaum befürchtete.
5. Der Verlust biologischer Vielfalt und der damit verbundenen Ökosystemleistungen wird weltweit erhebliche Kosten verursachen. Hiermit sind zum Beispiel Effekte gemeint wie Ertragsverluste bei Apfelanbau in Europa durch verfrühte Blüte und höhere Anfälligkeit der Obstbäume für Schädlinge[95] bei wärmeren Temperaturen oder durch Bestäubungsausfall, weil die bestäubenden Insekten wegen des Klimawandels fehlen oder weniger zahlreich sind. Dramatisch kann auch der Verlust biologischer Vielfalt durch Versauerung der Ozeane werden; Korallenriffe sterben ab und das Meer als die Nahrungsgrundlage für zahlreiche Menschen verändert seine Qualität.
6. Da der Klimawandel die Lebensgrundlagen vieler Menschen in nahezu allen Weltregionen gefährdet, ist damit zu rechnen, dass die Zahl der

[95] Chmielewski et al. (2009)

Umweltmigranten, also von Menschen, die wegen verschlechterter Bedingungen ihre Heimat verlassen, deutlich zunehmen wird.

(Prognosen und Risikokonstellationen zusammengefasst nach zwei Veröffentlichungen des WBGU[96] , und aus Verständnisgründen ergänzt.)

Auch an ganz anderen Stellen wird das Thema mittlerweile aufmerksam beobachtet: Die Verteidigungspolitischen Richtlinien der Bundesrepublik vom Mai 2011 messen dem Klimawandel eine hohe Bedeutung zu. So hat das Planungsamt der Bundeswehr die Implikationen des Klimawandels für die Sicherheit und Stabilität im Nahen Osten und Nordafrika in einer Studie untersucht. Es kommt zu dem Schluss, dass die naturräumlichen Konsequenzen und mögliche Konflikte in Bezug auf Wasserressourcen sowie die Konzentration der Wirtschaftskraft einiger MENA-Staaten[97] auf wenige klimaintensive Sektoren wie Landwirtschaft und Tourismus die Region besonders anfällig für Klimafolgen machen: *„Der Klimawandel könnte die durch den Arabischen Frühling angestoßenen politischen Transitionsprozesse zusätzlich belasten und die Konsolidierung demokratischer Strukturen erschweren.“*[98]

Die aktuelle Krise in Syrien und die Flüchtlingswelle aus der Region steht mit hoher Wahrscheinlichkeit bereits in einem Zusammenhang mit dem Klimawandel. Eine extreme Dürre in den Jahren 2007 bis 2010 war in ihren Auswirkungen deutlich stärker als nach jahrhundertelangen Wetteraufzeichnungen der Region üblich. Ernteausfälle und ein Zusammenbruch der landwirtschaftlichen Versorgung in den wichtigsten Getreideanbaugebieten waren die Folge, viele Bauern verloren ihre Viehherden und eine Landflucht von ca. 1,5 Millionen vornehmlich jungen Menschen setzte ein. Ein US-Forscherteam hat hergeleitet, dass dies unter anderem zu den Demonstrationen und Unruhen geführt hat, die letztlich im Bürgerkrieg mündeten.[99] Man kann sicher nicht behaupten, alle Flüchtlinge aus der Region seien Umweltmigranten, aber mangelnde politische Stabilität plus klimainduzierte Unzufriedenheit bilden gemeinsam einen Auslöser. Die aktuellen Flüchtlinge sind somit nicht nur, aber auch Klimaflüchtlinge.

Die beschriebenen Konsequenzen werden nach aller Voraussicht umso geringer ausfallen, je deutlicher man die Emission von klimaverändernden

---

[96] WBGU (2009) und WBGU (2007)
[97] MENA = Middle East and North Africa
[98] Planungsamt der Bundeswehr (2012)
[99] Süddeutsche Zeitung (2015) und Kelley et al. (2015)

Gasen durch denkbare Maßnahmen beschränkt. Hierzu gilt es, die CO_2-Konzentration in der Atmosphäre auf maximal 500 bis 550 ppm ansteigen zu lassen: *„Um den mittleren Temperaturanstieg mit einer Wahrscheinlichkeit von zwei Dritteln auf 2°C zu begrenzen, dürfen bis zur Jahrhundertmitte (2050) weltweit nur noch rund 750 Mrd. t ausgestoßen werden. Beim derzeitigen Emissionsniveau wird dieses Globalbudget schon etwa 2035 ausgeschöpft sein - bei weiter steigenden Emissionen sogar noch schneller."*[100]

Bei Betrachtung dieser Effekte und Prognosen ist klar, dass aus dem Klimawandel - zusätzlich zu den ohnehin vorhandenen Risiken durch andere Effekte - die nationale und internationale Sicherheit in einem bisher nicht erahnten Ausmaß bedroht sind. Dies wiederum hat für Unternehmen ganz klare Konsequenzen, weil sich zum einen Abhängigkeiten, zum anderen aber Chancen der Differenzierung von Wettbewerbern ergeben:

a) Märkte bzw. sich gerade entwickelnde Märkte verändern sich bzw. fallen aus;

b) Rohstoff- und Beschaffungsquellen bzw. Lieferanten in der internationalen Zulieferkette fallen aus oder werden unzuverlässiger;

c) Produkte, die im Ruf stehen, besonders klimaschädlich zu sein, verlieren an Bedeutung;

d) Produkte und Dienstleistungen, die entweder den Klimawandel bzw. dessen Folgen antizipieren oder bei der Anpassung an den Klimawandel helfen können, haben neue Markteintrittschancen.

Eine der bedeutendsten Veröffentlichungen, aus denen sich die sich ändernden Rahmenbedingungen für Unternehmen sehr gut ableiten lassen, war in den letzten 10 Jahren sicherlich der sogenannte Stern-Review.[101] Diese Veröffentlichung war deshalb so bedeutend, weil hier nicht von Klimawissenschaftlern, sondern von einem ehemaligen Chefökonomen und Vizepräsidenten der Weltbank und seinem Team im Auftrag der britischen Krone die volkswirtschaftlichen Implikationen des Klimawandels untersucht wurden. Erstmals wurde evident gemacht, dass eine Vermeidung des Klimawandels zwar Geld kostet, aber der eintretende nicht gebremste Klimawandel sowohl Volkswirtschaften als auch Unternehmen am langen Ende deutlich teurer kommt.

[100] WBGU (2009)
[101] Stern (2007)/1

Besonders frappierend ist die Tatsache, dass die Auswirkungen des Klimawandels auf der Welt nicht gleichmäßig verteilt sind. Ausgerechnet die ärmsten Länder werden früher und stärker unter dem Klimawandel leiden als die Industrieländer, die für den Klimawandel hauptsächlich verantwortlich sind. Die indirekten Auswirkungen der beschriebenen Prozesse sind für die Industrieländer jedoch wirtschaftlich genauso bedeutend - zu verflochten sind mittlerweile die Wirtschaftsprozesse der Welt, als dass Veränderungen in den ärmeren Ländern der Welt nicht auch unverzüglich mittelbare Konsequenzen für Industrienationen hätten.

Nicolas Stern hat mit seinem Team sechs Maßnahmenpakete skizziert, mit welchen aus seiner Sicht die dramatischsten Auswirkungen des Klimawandels zu verhindern wären:

1. Zunächst müssten Emissionsziele (in Gigatonnen jährlicher Globalemissionen und einem Atmosphärenkonzentrationsziel von 500-550 ppm) für die ganze Welt und als pro-Kopf-Menge je Bürger festgelegt werden - und zwar nach dem Prinzip „Eine Person, ein Emissionsrecht". Tatsächlich ist ja auch nicht nachvollziehbar, warum Menschen in den reichen Ländern das Recht haben sollten, durch ihren Lebensstil deutlich mehr klimaschädliche Gase zu emittieren, als Menschen in ärmeren Ländern.

Die weltweiten Emissionen lagen im Zeitraum 1990 bis 2000 um 40 Gigatonnen Kohlendioxid-Äquivalente pro Jahr (CO_2eq), liegen jetzt aber über 50 Gigatonnen. Die erforderliche Halbierung gegenüber 1990 bedeutet eine Senkung der weltweiten Emissionen auf jährlich rund 20 Gigatonnen CO_2eq bis zum Jahr 2050. Proportional auf die Weltbevölkerung verteilt bedeutet das ein erforderliches Absenken von aktuell 7-8 t pro Kopf auf circa 2 t pro Kopf. Zum Vergleich: Aktuell emittiert jeder Deutsche durch seinen Lebensstil inklusive vorgeschalteter Prozesse circa 10-11 t CO_2eq. Für China würde dies die Senkung des Emissionsniveaus von aktuell circa 5 t auf 2 t pro Kopf bedeuten. Die Zielstellung wirkt ambitioniert, sie ist aber durchaus erreichbar; hierzu ist allerdings ein wesentlich effizienterer Verbrauch von Energie (die auch nach meinen persönlichen Beobachtungen in Industrie und Gewerbe trotz aller bisherigen lobenswerten Fortschritte immer noch stark verschwendet wird, siehe Kapitel 4.3 zum Thema Energie) in Gebäuden, Industrie, Verkehr, Stromerzeugung, Landwirtschaft usw. erforderlich.

2. Einbeziehung der armen Länder und der Entwicklungsländer: Für einige wirklich arme Länder bedeutet ein Emissionsniveau von 2 t

pro Kopf, dass die Emissionen noch ansteigen dürfen. Ziel der weltweiten Anstrengungen für die Entwicklungsländer muss es sein, ihre Strukturen und die Lebensstile von Anfang an auf 2 t pro Kopf auszurichten.

Weiterhin ist es für diese Länder möglich, durch Klimaschutzprojekte Investitionen anzuziehen - Wiederaufforstungsprojekte, Infrastrukturaufbau usw. können hier mit weniger Geld mehr Emissionsreduzierungen erreichen, als dies in den Industriestaaten möglich ist.

3. Das dritte Maßnahmen-Paket ist laut Stern die Einführung eines internationalen Emissionshandels. Auch wenn ein solcher funktionell bislang nur in Europa existiert, gibt es doch Anzeichen, dass andere Länder ähnliche Systeme einführen könnten. (Zur Funktionsweise des Emissionshandels siehe eigener Abschnitt.)
4. Das vierte Maßnahmenpaket ist ein Stopp der Entwaldung und weitere Wiederaufforstung. Entwaldung verursacht fast 20 % der gegenwärtigen Emissionen insbesondere durch Torfverbrennung und Brandrodung. Mit einem Einsatz von 15 Milliarden US-$ pro Jahr ließe sich laut Stern die Entwaldung um 50 % reduzieren. Insofern ist auch für Unternehmen ein Augenmerk darauf zu legen, dass in Wertschöpfungsketten und in Herstellprozessen für Produkte und Dienstleistungen keine Entwaldungsprozesse oder Stoffe enthalten sind, die mithilfe von Entwaldung entstehen.
5. Das fünfte Maßnahmenpaket ist der schnelle, breitere Einsatz bestehender Klimaschutztechnologien. Hierzu gehören Technologien der erneuerbaren Energien, LED-Beleuchtung, aber auch die so genannte CCS Technik (CCS = Carbon Capture and Storage) für emissionsärmere Gas- und Kohlekraftwerke sowie emissionsarme Antriebssysteme für Fahrzeuge und Individualmobilität, also Elektromobilität aus erneuerbaren Energien. Ebenfalls zu diesem Paket gehört die Entwicklung neuer Technologien, die noch nicht reif sind, aber starke Aussicht auf klimaschonende Nutzung haben. Hierzu gehört z.B. der Bereich der Biokohle oder die Nutzung von Kohlendioxid als Ausgangsstoff für chemische Synthesen oder auch die Vergasung von organischen Abfällen zu Synthesegas. Weitere Technologien, die durch Forschung verbessert werden können, sind die Nutzung der Solarenergie, leistungsfähigere Speicher für Strom

und Wärme, technische Nutzung der Photosynthese, Algen als Energiequelle sowie neue Generationen von Bio-Treibstoffen usw.

6. Erst der letzte Schritt ist die Anpassung an die nicht mehr vermeidbaren Konsequenzen des Klimawandels. Hierzu gehört ein verbesserter Hochwasserschutz, Entwicklung und Anwendung neuer, an den Klimawandel angepasster Nutzpflanzen, technische Unterstützung der Länder, die durch z.B. den Anstieg des Meeresspiegels große Teile ihrer Landfläche verlieren oder mehr und öfter Opfer von Überschwemmungen sind. Bezüglich des Themas „Anpassung an die unvermeidbaren Folgen des Klimawandels" ist die Botschaft des Stern-Berichtes ebenfalls eindeutig. Anpassung ist unvermeidbar und erforderlich, darf aber nicht in eine Konkurrenzsituation zur Mitigation, also der Vermeidung weiteren Klimawandels treten. Es darf - auch in Unternehmensstrategien - nicht um die Abwägung gehen „Vermeidung oder Anpassung", beides ist erforderlich.

Dass es all das nicht umsonst gibt, ist eindeutig: *„Solche tief greifenden Emissionsreduzierungen sind kostspielig. Das Stern-Review schätzt die jährlichen Kosten für eine Stabilisierung bei 500-550 ppm CO_2eq mit etwa 1 % des (weltweiten, Anm. d. Autors) Bruttoinlandsprodukts bis 2050 - ein Niveau, das erheblich, aber tragbar ist"*. Denn ohne Klimaschutz wird es für die Welt laut Stern-Review viel teurer: *„Bei einer Erwärmung von 5 - 6°C - was für das nächste Jahrhundert eine reale Möglichkeit ist - wird der Verlust an globalem Bruttoinlandsprodukt gemäß Schätzungen existierender Modelle, die die Risiken eines abrupten Klimawandels im großen Maßstab berücksichtigen, durchschnittlich 5 - 10 % betragen, wobei sich die Kosten für arme Länder auf mehr als 10 % des Bruttoinlandsprodukts belaufen werden"*.[102]

Sowohl im Stern-Bericht als auch nach vielen anderen Veröffentlichungen und Studien steht ein wesentlicher Aspekt für verbesserten Klimaschutz im Fokus: Die Preise von Produkten und Dienstleistungen müssen im Mittelpunkt der Klimaschutzmaßnahmen stehen. Wir leben in einer Welt, in welcher ökonomische und betriebswirtschaftliche Entscheidungen ein wesentlicher Treiber sind. Geld und Preise bestimmen nicht alles, aber vieles. Preise können sowohl Konsumenten als auch Produzenten die richtigen Anreize geben, etwas Klimaschonendes zu tun, also Emissionen zu reduzieren, andere Produkte oder Rohstoffe zu kaufen, anders zu reisen oder vergleichbare

[102] Beide Zitate aus Stern (2007)/2

Impulse zu setzen. Weiterhin können Preise dafür sorgen, dass Treibhausgasreduktionen zum günstigsten Preis erreicht werden, d.h. die Kosten der Klimaschutzmaßnahmen sollten dadurch so gering wie möglich gehalten werden. Der internationale Emissionshandel ist hierfür ein Beispiel.

Kurz ausgedrückt bedeutet dies, dass die Treibhausgasemissionen einen Preis bekommen, welcher sich im Preis für Produkte und Dienstleistungen niederschlägt: Klimaschädliche Produkte werden teurer, klimafreundliche Produkte damit im Vergleich preiswerter. Als Instrumente, um Treibhausgasemissionen im Preis abzubilden, gibt es Steuern, den bereits zitierten und unten geschilderten Emissionshandel sowie technische Regulierungen und technische Anforderungen an Produkte (zum Beispiel die Tatsache, dass eine Fahrzeugflotte im Durchschnitt nur eine bestimmte Zahl an CO_2 pro gefahrenen Kilometer emittieren darf oder bestimmte Produkte nur noch mit einer „gedeckelten" Maximalenergie auskommen müssen) - die damit erforderliche Entwicklung von Technologien schlägt sich dann im Preis der aus Klimaschutzgesichtspunkten verbesserten Produkte nieder. Bei der Einführung solcher Mechanismen muss nach meiner Auffassung auf eines geachtet werden: Es sollte klar sichtbar sein, dass es sich um eine Verteuerung der klimaschädlicheren Produkte durch eine Steuer, Abgabe oder Schutzgebühr handelt und gleichzeitig müssen durch Information und Kommunikation die umweltfreundlicheren Produkte auch „inhaltlich attraktiver" und „anerkannter" sein - sonst tritt der Effekt ein, dass eine reiche Teilgruppe der Gesellschaft meint, sich mit einem höheren Preis das Recht erkaufen zu können, guten Gewissens die Umwelt zu belasten.

Weltweit herrscht grundsätzlich nicht nur bei Klimaforschern und den einschlägigen Nichtregierungsorganisationen, sondern auch in der Politik und bei vielen Unternehmen Einigkeit, dass diese Maßnahmenpakete wie skizziert erforderlich sind. Dissens gibt es bei den jährlichen und wenig erfolgreichen Klimaschutzkonferenzen allerdings in einem wesentlichen Punkt: Wer soll welchen Anteil tragen, wer trägt die Kosten und wer unternimmt den ersten Schritt?

Auch wenn die führenden Industriestaaten auf dem G7-Gipfel am 8. Juni 2015 quasi eine Selbstverpflichtung zu einer Dekarbonisierung ihrer Energiesektoren bis 2050 eingegangen sind: Unabhängig von den Ergebnissen der Klimagipfel wird der Weg zu einer klimafreundlicheren Welt nach meiner Auffassung nicht vorrangig über internationale Vereinbarungen erfolgen, sondern es wird eher einen Klimaschutz „von unten" geben, und zwar durch

- wachsende Konsumentenschichten, die die Klimafolgen in ihre Investitions- und Kaufentscheidungen einbeziehen,
- Staaten oder Staatengruppen wie die EU, die durch Regelungen für Bürger, Bauherren und Konsumenten und Anreizsysteme für einen verbesserten Klimaschutz sorgen (Deutschland hat sich in Abstimmung mit den europäischen Partnern vorgenommen, die THG-Emissionen bis 2020 um mindestens 40 % gegenüber 1990 zu senken und dafür ein ambitioniertes Programm aufgelegt) und
- Unternehmen, die in Geschäftsmodellen mit seriösen Klimaschutzkomponenten ihre Chance sehen und attraktive, klimafreundliche Produkte anbieten.

Ein Absatz zu den sogenannten Klimaskeptikern

Trotz aller offensichtlichen Belege und wissenschaftlichen Ergebnisse zu einem anthropogenen Treibhauseffekt melden sich regelmäßig die sogenannten „Klimawandelkritiker" oder „Klimaskeptiker" zu Wort. Ihre Hauptargumente lauten in aller Kürze: Temperaturschwankungen habe es immer gegeben (wahr, aber nicht in so kurzen Zeiträumen), der Klimawandel fände zwar statt, sei aber nicht die Folge der menschlich emittierten Treibhausgase, sondern Wasserdampf habe einen viel größeren Beitrag (der Beitrag von Wasserdampf zum natürlichen Treibhauseffekt ist unstrittig, aber vom Menschen auch kaum beeinflussbar) oder die Sonnenaktivität habe den dominierenden Einfluss auf den Klimawandel. Nicht bestreitbar ist der messbare Anstieg der CO_2 Konzentration in der Atmosphäre in einem geologisch sehr kurzen Zeitraum von 160 Jahren. Ebenfalls nicht bestreitbar ist die makroskopisch zu beobachtende Häufung von Wetterextremen und Phänomenen wie längere Eisfreiheit in der Arktis, Gletscherrückgang, Anstieg des Meeresspiegels, Auflösung von Korallenriffen usw. Unbestreitbar ist auch, dass die vom Menschen aus industriellen Aktivitäten emittierten Gase wie CO_2, CH_4, N_2O usw. strahlungsphysikalisch die Eigenschaften haben, die auch für den (natürlichen) Treibhauseffekt erforderlich sind. Tatsächlich ist mir kein „Beweis" im Sinne einer absolut unanfechtbaren Herleitung bekannt, dass die seit der Industrialisierung emittierten „Mehrmengen" der direkte Verursacher dieser Phänomene sind, jedoch sind die „Klimagase" der einzige der möglichen Einflussparameter, der sich in dem beobachteten Zeitraum so drastisch verändert hat. Die weit überwiegende Mehrheit aller Forschungsergebnisse spricht dafür, dass es die durch Menschen verursachten

Mehremissionen an den daher sogenannten Klimagasen sind, die den beobachtbaren Effekt verursachen. Auch teilweise anonymisierte Umfragen unter Meteorologen, Geophysikern usw. (auch unter Beteiligung vieler, die nicht an der durchaus vorhandenen „wirtschaftlichen Klimamaschine" ihr Geld verdienen) zeigten immer wieder, dass die überwiegende Mehrheit der aussagefähigen Forscher sich dieses Ergebnisses sicher oder beinahe sicher ist. Daher verwenden auch die Berichte des IPCC Formulierungen wie *„Die Erwärmung des Klimasystems ist eindeutig und es ist äußerst wahrscheinlich (d.h. 95-100 %), dass der menschliche Einfluss die Hauptursache der beobachteten Erwärmung seit Mitte des 20. Jahrhunderts war."*[103] Begriffe wie „bewiesen" werden vermieden. Eine der treffendsten Bemerkungen über die Klimaskeptiker stammt von dem deutschen Forscher Mojib Latif, auf dessen Buch „Das Ende der Ozeane" ich im Kapitel 4.7 zur Biodiversität umfänglich ein gehen werde: *„Der Temperaturanstieg nach dem Höhepunkt der letzten Eiszeit vor etwa 20.000 Jahren bis zur gegenwärtigen Warmzeit betrug im globalen Durchschnitt circa 5 °C und dauerte etwa 10.000 Jahre. Seit 1900 haben wir einen Anstieg von fast 1 °C gemessen. Das ist eine ungefähr 20mal schnellere Erwärmung. Wer uns angesichts dieser rapiden Erwärmung und des rasant steigenden atmosphärischen CO_2-Gehalts, der übrigens schon heute einmalig in der Geschichte der Menschheit ist, weismachen möchte, dass es sich bei den gegenwärtigen Veränderungen hauptsächlich um natürliche Schwankungen handelt, den kann man einfach nicht mehr ernst nehmen."*[104] Dem habe ich nichts hinzuzufügen. Insofern ist für mich klar: Alle Möglichkeiten, den menschlichen Beitrag zu den beschriebenen Effekten zu reduzieren, sollten genutzt werden.

Der Emissionshandel - eine kurze Erläuterung

Da die Einführung eines Emissionshandelssystems als eines der wesentlichen, wirtschaftsnahen Instrumente für Klimaschutz gilt, sei die Funktion hier kurz erläutert.[105]

Im Kyoto-Protokoll hatte sich die Europäische Union dazu verpflichtet, ihre Treibhausgasemissionen bezogen auf das Basisjahr 1990 um 8 % bis zum Jahr

---

[103] IPCC (2014), S.2

[104] Latif (2014), S. 223

[105] Der Abschnitt zum Emissionshandel ist eine leicht veränderte Version eines bereits veröffentlichten Zeitschriftartikels: Utermöhlen (2014)

2012 zu senken. Deutschland allein hatte sich verpflichtet, eine Reduktion von 21 % zwischen 1990 und 2012 vorzunehmen.

Die Europäische Union unternimmt seit 2004 den Versuch, im Zusammenspiel mit anderen Maßnahmen, ihre Verpflichtungen aus dem Kyoto-Protokoll zum Klimaschutz durch Einführung eines Emissionshandels (Emissions Trade System = ETS) gerecht zu werden. Hiermit soll ein kosteneffizienter, marktkompatibler Beitrag zur Reduzierung von Treibhausgasen geleistet werden. Grundidee des ETS ist, dass jeder Emittent nur die Menge an Schadstoffen in einer Periode freisetzen darf, für die er Emissionsrechte (EUA) besitzt; eine EUA (EU Emission Allowance) berechtigt zur Emission von einer Tonne Kohlendioxid oder einer vergleichbaren Menge von Treibhausgasen.

Dem Emittenten steht zur Wahl, ob er diese Menge an Treibhausgasen freisetzt oder aber er versucht die Schadstoffmenge zu verringern. Dies kann durch Einsparungen, Veränderung der Einsatzstoffe, Verbesserung der Produktionsverfahren oder andere Innovationen geschehen. Emittiert die Anlage somit weniger Treibhausgase, besitzt der Betreiber überschüssige EUA. Diese kann er nun an Emittenten verkaufen, für die eine Verhaltensänderung höhere Kosten verursacht als der Erwerb zusätzlicher EUA. Es bildet sich ein Markt, auf dem die Emissionsrechte gehandelt werden können. Emissionsüberschreitungen ohne Berechtigungen werden mit Sanktionszahlungen geahndet.

Die erste Phase des ETS umfasste den Zeitraum von 2005 bis 2007, die zweite Phase den Zeitraum von 2008 bis 2012. Seit 2013 läuft die dritte Handelsperiode. In der Bundesrepublik wurde hierzu die „Deutsche Emissionshandelsstelle im Umweltbundesamt - (DEHSt)“ gegründet. Sie hat im Jahr 2004 ihre Arbeit vollumfänglich aufgenommen und ist seitdem unverändert die zuständige staatliche Stelle.

Aktuell nehmen in Deutschland ca. 1.800 Industrie- und Energieversorgungsanlagen am ETS teil. In den EU-Ländern plus Island, Liechtenstein und Norwegen sind es ca. 11.000 Anlagen; dazu kommen ca. 2.500 Luftverkehrsbetreiber. Das ETS ist damit das weltweit größte Emissionshandelssystem; unter dem Strich sind mit einem Emissionsvolumen von etwa 2,04 Milliarden Tonnen CO_2 (für 2013) und damit ca. 45 % der Gesamtemissionen an Treibhausgasemissionen in der EU im ETS erfasst und gedeckelt - das sind damit aber immer noch nur 4 % der globalen Emissionen.

Vom administrativen Ablauf ist es so, dass die Europäische Kommission für die am ETS teilnehmenden Unternehmen eine EU-weite Gesamtobergrenze für CO_2-Emissionen vorgibt und diese jährlich um 1,74 % reduziert wird („Cap“).

Die Teilnehmer müssen dann (stark vereinfacht dargestellt):

1. Eine Emissionsgenehmigung beantragen.
2. Für jede Handelsperiode einen Zuteilungsantrag stellen, in welchem nach einem komplizierten System eine für Industrieunternehmen teilweise kostenlose Zuteilung erfolgt, die auf Basis der Emissionen im Zeitraum davor berechnet wird. Nachdem in den ersten beiden Handelsperioden somit Anlagen besonders viele Gratiszertifikate erhielten, die vorher viel emittiert hatten („Grandfathering“) orientiert sich die Gratiszuteilung in der dritten Handelsperiode (HP3) nunmehr am Stand der besten verfügbaren Technologie, also dem Maß, wie hoch der Ausstoß eines modernen, emissionsarmen Werks der gleichen Kategorie ist. Ein weiterer Anteil der benötigten Emissionsberechtigungen muss ersteigert werden (Auctioning). Für das Jahr 2013 beträgt der Anteil zu ersteigernder Zertifikate 20 %, bis 2020 sollen dies 70 % sein; Stromproduzenten müssen ab 2013 bereits 100 % ihrer EUA bezahlen.
3. Jährlich eine Mitteilung zum Betrieb vornehmen, um Aktivitätsänderungen zu identifizieren, die zur Einziehung von zugeteilten Emissionszertifikaten führen würde.
4. Jährlich bis zum 31. März einen Emissionsbericht erstellen, der nach einem sehr präzise geregelten Verfahren von Sachverständigen geprüft wird und auf Basis der emittierten Mengen dann Emissionszertifikate zurückreichen. Mängel in den Emissionsberichten werden sehr stringent mit 100 EUR Strafgeld je nicht angegebene Tonne geahndet. Auch fallen 100 EUR Strafe an, wenn keine Emissionszertifikate zurückgereicht würden.

Da außer für verlagerungsgefährdete Betriebe (sogenanntes „Carbon-Leakage“) der Cap um 1,74 % p.a. stattfindet, ist damit automatisch eine Reduzierung der CO_2-Emissionen vorgegeben.

In der Praxis ist folgendes geschehen: Nachdem in der ersten Handelsperiode (HP1) im Jahr 2005 und 2006 der Preis der EUA zwischen 20 und 30 EUR/Tonne relativ hoch war, kam zunächst ein reger Handel in Gang, der dann aber verflachte, da die EUA der HP1 am Ende der Phase verfielen und der Wert gegen null ging. Die HP1 kann ohnehin als Testphase erachtet werden, um das System erstmals zu installieren.

In HP2 hatten die Zertifikate zunächst auch einen Preis zwischen 20 und 30 EUR je Tonne. Mit der Finanz- und Wirtschaftskrise verfiel Ende 2008 der Preis auf ca. 15 EUR je Tonne, da viele Unternehmen ihre Produktion und damit auch den CO_2-Ausstoß drosselten und somit Zertifikate übrig hatten.

Der Preis verblieb dann auf diesem Niveau bis 2011 und fiel dann weiter auf ca. 7 EUR in 2012, verursacht durch die EU-Schuldenkrise, die mit weiteren Produktionskrisen einherging. Da die Zertifikate von HP2 auf HP3 übertragen werden dürfen (ist langfristig im Interesse des Systems), ist nun ein Überangebot von ca. 1,7 Mrd. Tonnen Zertifikaten entstanden - was schlussendlich heißt, dass 1,7 Mrd. Tonnen weniger emittiert wurden, als ursprünglich von der Kommission budgetiert. Dieser Zertifikatsüberschuss ist wie zitiert der wirtschaftlichen Rezession in Europa geschuldet und durch den Ausbau der erneuerbaren Energien entstanden, der bei der Festlegung der Emissionsobergrenze wohl unterschätzt wurde.

Die Kommission hat hierauf im Februar 2014 reagiert und die Auktionsverordnung geändert. EU-weit sollen demnach im Zeitraum 2014 bis 2016 insgesamt 900 Millionen EUA weniger versteigert werden als vorher geplant. Diese Mengen sollen in den beiden letzten Jahren der HP3 (2019 und 2020) in den Markt zurückgeführt werden („Backloading"). Die EU will damit erreichen, dass zwischenzeitlich eine neue Knappheit entsteht und die EUA im Wert steigen, so dass Emissionsreduzierungen wieder attraktiver werden.

In der Wirksamkeitsbeurteilung ziehe ich folgendes Fazit:

Durch das ETS haben die Treibhausgasemissionen erstmals eine Wahrnehmung über die Fachabteilungen der Unternehmen hinaus bis in die Vorstandsetagen erlangt, dies ist ein positiver Effekt. Es ist ein ökonomisch bewertbares Gut entstanden, das als Produktionsfaktor wahrgenommen wird; die Verschmutzung der Atmosphäre hat damit einen Kostenwert bekommen, was der wichtigen Internalisierung der externen Kosten entspricht.

Ohne jeden Zweifel hat das ETS seine eigentliche Wirksamkeit noch nicht entfaltet: Zwar hat eine deutliche Reduktion der Gesamtemissionen aus den am ETS teilnehmenden Anlagen stattgefunden, die aber nur zu sehr geringen Teilen aus Investitionen in emissionsarme Technologien resultiert und vornehmlich aus Produktionssenkungen durch die Krisen, die in der zweiten und auch noch zu Beginn der dritten Handelsperiode Europa geprägt haben. Auch wenn man somit feststellen muss, dass die Emissionsminderungen vermutlich größtenteils auch ohne ETS geschehen wären: Dem Klima ist es - etwas zynisch ausgedrückt - vermutlich egal, ob durch die Krise oder das ETS weniger emittiert wird. Ich meine, dass man das ETS beibehalten und grundsätzlich auch ausbauen sollte; aus Gesichtspunkten der Logik wird es wirksam sein, wenn die Krisen enden und die Produktion wieder steigen sollte.

Vom manchmal erhobenen Vorwurf eines „Ablasshandels" muss man das ETS - anders als manche CO_2-Kompensationsmechanismen (Carbon Offset) bei aller Kritik freisprechen; mit dem Mechanismus „ich zahle Geld für meine Sünden" hat das ETS wenig gemein.

Wichtiger als die berechtigte Kritik am ETS in sich (administrativ kompliziert, kostenlose Zuteilungen trotz aller Mechanismen auch für einige, die es nicht verdient hatten, Cap für Stromerzeuger zu gering) wäre es, weltweit mehr Anlagen in das ETS einzubeziehen. Wenn es am ETS eine Hauptkritik für mich gibt, dann die, dass durch Verlagerung von Produktion auf Anlagen, die nicht am ETS teilnehmen (sei es außerhalb der EU, sei es auf Anlagen unter Schwellenwert) - mehr Emissionen verursacht werden. Es kann durchaus dazu kommen, dass hocheffiziente europäische Hersteller am Ende aus dem Markt herausfallen, weil sie mit der Ersteigerung der Berechtigungen und den „Cap" zusätzliche Kosten haben, die andere Wettbewerber auf dem Weltmarkt nicht haben und dann weit weniger effiziente Hersteller in Übersee am Weltmarkt verbleiben. Erreicht wäre dann genau das Gegenteil des gewünschten Effektes, nämlich Steigerung statt Minderung der Gesamtemissionen. Die Stahlindustrie ist hierfür ein Beispiel. Solange sich wichtige Industriestaaten wie China und die USA dem Anschluss an einen Emissionshandel verweigern, bleibt diese Gefahr bestehen. Dem ETS kann man dies nicht anlasten, sondern der an dieser Stelle versagenden Weltgemeinschaft und dem Einfluss von Lobbyisten. Die Schritte Chinas zu einem eigenen Emissionshandelssystem machen Hoffnung, gehen aber nicht weit genug. Insofern ist der m.E. grundsätzlich begrüßenswerte Ausbau des europäischen ETS erst sinnvoll, wenn alle wichtigen Industrieländer mitmachen, vorher halte ich ihn für kontraproduktiv.

Handlungsmaximen für Unternehmen

Aus den jetzt bereits spürbaren Folgen des anthropogenen Treibhauseffektes, den oben genannten sehr wahrscheinlichen Folgen eines weiteren ungebremsten Klimawandels sowie den notwendigen Maßnahmen, den Klimawandel innerhalb der Schranken des sogenannten 2°-Zieles zu halten, lassen sich für mich die Handlungsmaximen für Unternehmen sehr leicht ableiten:

a) Der Beitrag des eigenen Unternehmens und/oder der eigenen Produkte zum Treibhauseffekt (der sogenannte Carbon Footprint) sollte detailliert ermittelt und analysiert werden.
b) Risiken durch den Klimawandel in der eigenen Wertschöpfungskette und den eigenen Märkten sollten identifiziert werden.
c) Chancen für das eigene Geschäftsmodell im Umfeld des Klimawandels sollten identifiziert werden.
d) Der Carbon Footprint sollte kommunizierbar dargestellt werden und sukzessive reduziert werden, da er ein immer häufiger nachgefragter Imagefaktor und ein zusätzliches Entscheidungskriterium von Konsumenten (B2C-Geschäft) und von institutionellen Kunden (B2B) wird.
e) Schlussendlich sollte aus Analyse der Risiken und Chancen eine eigene Klimastrategie abgeleitet werden.

Diese fünf Maximen sollen in den folgenden Abschnitten kurz erläutert werden.

Der eigene Carbon Footprint

Bei einer sektoralen Betrachtung der globalen Treibhausgasemissionen ist zu sehen, dass energiebedingte Emissionen fast zwei Drittel der Gesamtemissionen an THG ausmachen, hierbei sind allerdings die transport- und verkehrsbedingten Emissionen den Energieemissionen zugeordnet.

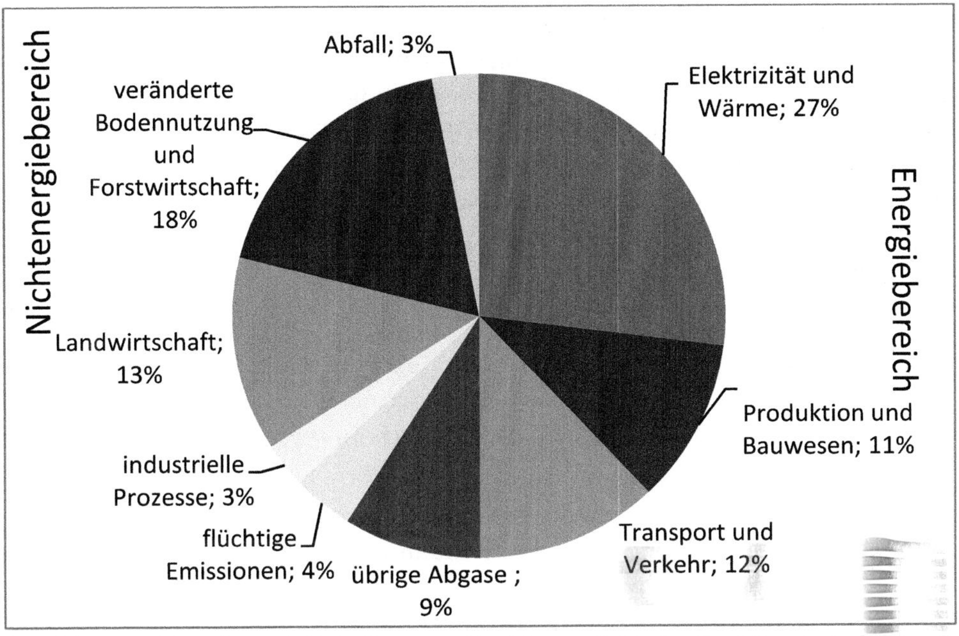

Abbildung 4.5.1: Sektorale Beiträge zum Treibhauseffekt. Quelle: Climate Indicators Analysis Tool. (CAIT). Version 5.0. (World Resources Institute 2008)

Der Beitrag einzelner Unternehmen und Produkte zum globalen THG-Inventar kann allerdings je nach Branche und Aktivitäten völlig anders strukturiert sein.

Die eigenen Treibhausgasemissionen eines Unternehmens zu einem Carbon Footprint zu bilanzieren, ist daher aus meiner Sicht ein Schritt, den Unternehmen heute im Rahmen ihrer Einstellung auf die Veränderungen durch den Trend zu einer nachhaltigen Entwicklung in jedem Falle leisten sollten, selbst wenn sie noch nicht zum Kreis der Unternehmen zählen, die zur THG-Inventarisierung verpflichtet sind (s.u.). Ohne eigene THG-Bilanzierung kann weder zu dem Thema angemessen kommuniziert noch eine Strategie festgelegt werden.

Wie weiter oben bereits angesprochen, bezeichnet der Begriff des Carbon Footprint die Summe der Emissionen an CO_2 und anderen Treibhausgasen bezogen auf ein einzelnes Produkt, eine Organisation oder einen Prozess.

Analog zum Wort „Carbon Footprint" werden auch die Begriffe CO_2-Bilanz, THG-Bilanz oder auch Treibhausgasinventar verwendet. Wichtig ist, dass alle sechs Treibhausgase des Kyoto-Protokolls und Stickstofftrifluorid bei der

Erhebung berücksichtigt werden: Kohlenstoffdioxid (CO_2), Methan (CH_4), Distickstoffoxid (Lachgas, N_2O), teilhalogenierte Fluorkohlenwasserstoffe (H-FKW/HFCs), perfluorierte Kohlenwasserstoffe (FKW/PFCs), Schwefelhexafluorid (SF_6) und Stickstofftrifluorid (NF_3). Diese Treibhausgase haben sehr unterschiedliche Beiträge zum Effekt, daher wird wie oben bereits angesprochen in CO_2-Äquivalenten (CO_2eq) bilanziert.

Zu unterscheiden sind der „Corporate Carbon Footprint" (CCF) und der „Product Carbon Footprint" (PCF):

- Beim „Corporate Carbon Footprint" (CCF) werden sämtliche Emissionen an Treibhausgasen eines Unternehmens pro Jahr bilanziert und zwar am Standort bzw. den Standorten des Unternehmens und entlang der Wertschöpfungsketten.
- Der „Product Carbon Footprint" (PCF) bilanziert hingegen die Treibhausgasemissionen eines definierten Produktes oder einer Dienstleistung entlang des Herstellungs- und Lebenszyklus (from cradle to grave).

Ob ein Unternehmen den CCF, den PCF oder sinnhafterweise beide Bilanzierungen aufstellt, ist für mich ohne allgemeine Präferenz, sondern einer Individualentscheidung innerhalb der Unternehmensstrategie zu überlassen. Bestimmte Unternehmen sind bereits heute zur Berechnung und Publikation eines CCF oder PCF verpflichtet. Hierzu zählen neben den zur Teilnahme am Treibhausgashandel verpflichteten Unternehmen zum Beispiel die Automobilhersteller, welche die durchschnittliche THG-Effizienz ihrer Automobile ausweisen müssen. Unternehmen mit mehr als 500 Mitarbeitern in Frankreich (nach dem 2010 verabschiedeten Gesetz Grenelle II) sowie börsennotierte Unternehmen im Vereinigten Königreich (UK Mandatory Reporting of GHG Emissions) gehören ebenfalls dazu.

Auf jeden Fall ist zu empfehlen, den CCF/PCF entsprechend eines anerkannten Standards aufzubauen. Das Greenhouse Gas Protocol (GHG Protocol)[106] ist ein international anerkanntes und verbreitetes Tool zur Ermittlung des Corporate Carbon Footprint bzw. zur Erhebung von betrieblichen Treibhausgasemissionen. Es wurde vom World Business Council for Sustainable Development (WBCSD) und vom World Resources Institute (WRI) entwickelt und im Jahr 2001 erstmals unter dem Titel "The Greenhouse Gas Protocol: A

[106] WRI & WBCSD (2012)

Corporate Accounting and Reporting Standard" veröffentlicht. Seitdem wurde es in verschiedenen Versionen fortentwickelt. Weiterhin gibt es mittlerweile auch eine internationale Normserie, die Norm ISO 14064 -1 und -3, an welcher man sich orientieren sollte. Das GHG Protocol und die ISO 14064 widersprechen sich nicht, sondern die Norm baut auf den Erkenntnissen des Protokolls auf und setzt einen freiwillig anwendbaren, dann aber verbindlichen Rahmen. Beide Standards teilen alle für ein Unternehmen relevanten Emissionen in drei Kategorien, sogenannte „Scopes" ein:

Scope 1 Emissionen sind direkte Emissionen aus eigenen Verbrennungsprozessen (beispielsweise aus eigener Strom- oder Wärmeproduktion), firmeneigenen Fahrzeugen sowie direkte Prozessemissionen aus chemischen Reaktionen, Leckagen u.ä.

Scope 2 Emissionen sind indirekte energiebasierte Emissionen aus dem Verbrauch von Sekundärenergieträgern (Strom, Fernwärme, Dampf, etc.), die vom Unternehmen gekauft und innerhalb der organisatorischen Systemgrenze genutzt werden.

Scope 3 Emissionen sind sonstige indirekte Emissionen in der vorgelagerten Wertschöpfungskette oder in der nachgelagerten Kette der Verteilung oder Nutzung von Produkten, die eine Konsequenz der Tätigkeit des Unternehmens darstellen, aber nicht an eigenen oder kontrollierbaren Quellen anfallen. Zu nennen sind hier Dienstreisen, Abfallaufkommen, Emissionen bei der Herstellung von Rohstoffen, Distribution von hergestellten Produkten mit Hilfe nicht eigener Transportmittel usw. Für den Scope 3 gibt es nach dem Greenhouse Gas Protocol 15 Unterkategorien, an welchen Unternehmen oder ihre Berater sich orientieren sollten, um keine möglichen Quellen zu übersehen.

Damit ist auch eindeutig: Wenn alle Unternehmen der Welt einen Carbon Footprint erstellen würden, dann wäre die Summe all dieser erstellten Carbon Footprints deutlich größer als die Gesamtemissionen der beteiligten Unternehmen. Dies liegt daran, dass die Emissionen, die bei einem Unternehmen im Scope 3 erfasst werden bei anderen Unternehmen Bestandteil von Scope 1 und 2 sind - dies zeigt einerseits die Grenzen solcher Systeme auf, ist andererseits als Phänomen aber auch aus der Ökonomischen Leistungsrechnung bekannt.

Empfohlen wird immer wieder, mit Scope 1 und Scope 2 zu beginnen, weil sich die Datengrundlagen einfacher ermitteln und saldieren lassen. Scope 3 wird als „optionale Kategorie" bezeichnet. Meine persönliche Erfahrung bei der Erstellung von CCF und PCF sagt hingegen, dass der wichtigste Erkenntnisgewinn oft bei der viel mühsameren Ermittlung der Daten zum Scope 3 liegt und erst mit den Emissionen aus dem Scope 3 eine wirklich umfängliche und vollständige Kommunikation möglich ist. Für viele Unternehmen dürfte die erstmalige Erstellung eines CCF bzw. PCF ohnehin nur unter Einbeziehung externer Experten in einem sinnvollen Zeitraum zu leisten sein, trotzdem sollen hier in aller Kürze die wesentlichen Schritte dargestellt werden:

1. Zunächst werden die Systemgrenzen festgelegt: Dies bezieht sich sowohl auf zeitliche Grenzen (Berichtszeitraum), im Falle des CCF auf Standort-Grenzen (für welchen Standort oder welche Standorte wird bilanziert?) als auf auch inhaltliche Grenzen - welche Teile der vorgeschalteten und nachgeschalteten Lieferkette können mit berücksichtigt werden?
2. Danach erfolgt die Identifikation von Emissions- und Datenquellen: Für Energieträger sind die Daten oft relativ einfach zu erfassen, bei Stoffströmen, eingesetzten Hilfsgütern, Dienstreisen usw. wird es bereits schwieriger und bei Detaildaten aus vorgeschalteten Prozessen für viele Unternehmen richtig aufwändig - das ist auch der Grund, weshalb die Erstellung eines CCF bzw. PCF mit Scope 3 ein echtes Projekt mit mehreren Monaten Dauer ist und nicht binnen weniger Wochen erledigt werden kann.
3. Für die anschließende Auswahl einer geeigneten Methode zur Berechnung der Emissionen stehen verschiedene Rechentools und Datenbanken zur Verfügung - im Prinzip wird hierbei aus erhobenen Aktivitätsraten wie „x Flugkilometer“ oder „x Tonnen eingesetztes Papier“ eine Emissionsmenge in CO_2-Äquivalenten (CO_2eq) errechnet. Das Greenhouse Gas Protocol stellt auf seiner Seite sehr umfängliche Tools zur Verfügung, die mit Daten hinterlegt sind. Ein gutes Hilfsmittel ist auch ein im Jahr 2015 veröffentlichter deutscher Leitfaden,[107] dessen Entstehungsprojekt ich als Umweltgutachter beratend flankieren durfte. WWF & CDP haben gemeinsam ebenfalls ein Tool veröffentlicht.[108]
4. Der letzte Schritt ist die verständliche Darstellung der errechneten Werte als betriebliche oder produktbezogene Treibhausgasbilanz -

[107] Vogel&Krebs (2015)
[108] Anlage zu WWF & CDP (2014) unter www.klimareporting.de

hierbei sind grafische Auswertungen und Erläuterungen von Annahmen und Randbedingungen unabdingbar.

Mehr soll an dieser Stelle nicht zur Erstellung erläutert werden. Die Methoden und Abgrenzungsschwierigkeiten sind Gegenstand zahlreicher Veröffentlichungen und Tools. Wie erwähnt sollte ein Unternehmen zumindest erwägen, sich für die Erstinventarisierung erfahrene Unterstützung zu holen.

Risiken durch den Klimawandel in der eigenen Wertschöpfungskette und den eigenen Märkten identifizieren

Immer wenn ich in der Situation bin, mit Unternehmen über den eigenen Beitrag zum Klimawandel und über Risiken für das eigene Geschäftsmodell durch den Klimawandel zu sprechen, dann stelle ich fest, dass gerade Mittelständler an dieser Stelle sehr unvollständig orientiert sind: „Wir liefern nicht in Länder, die stark vom Klimawandel betroffen sind“ oder „Unsere Lieferanten sitzen sämtlich in der EU“ sind gängige Antworten, die aber leider völlig an der Risikoallokation vorbei gehen.

Es ist im Rahmen dieses Buches nicht möglich - und auch nicht Aufgabe - eine Art „Kochrezept für die Identifikation von klimawandelbedingten Risiken“ vorzulegen - es bedarf für jedes Unternehmen einer echten, tiefen Individualbetrachtung, die nicht zwingend exorbitant teuer oder langwierig sein muss, aber die eben Sorgfalt und Nachdenken erfordert. Auch hierzu empfehle ich einen Ermittlungsprozess mit allen beteiligten Führungskräften und ggf. externen Moderatoren. Kein Kochrezept, aber die grundlegenden Denkansätze will ich in der Folge liefern:

a) Beschaffungsrisiken: Wenn Unternehmen den CCF oder PCF bereits aufgestellt haben, dann wissen sie im Regelfall, aus welchen Regionen der Welt die Rohstoffe und die dringend benötigten Dienstleistungen in der Vorkette kommen. Es ist nicht maßgeblich zu wissen, wo sitzt unser Lieferant, sondern wo kommen die Rohstoffe der Halbwaren und Fertigteile her, die wir von diesen Lieferanten beziehen? Sind hier Regionen dabei, die vom Klimawandel besonders betroffen sind, gibt es Alternativen? Können wir diese Rohstoffe im Bedarfsfall ersetzen und auf andere Rohstoffe ausweichen? Sind Rohstoffe in unseren Produkten enthalten, die eine besondere Verknüpfung zum Klimawandel haben? Hierzu gehört Fleisch aus neuen Weidegebieten Südamerikas ebenso wie Palmöl oder bestimmte Holzarten - Fachwissen und Recherchen sind erforderlich. Haben wir Absatzmärkte oder Rohstoffquellen, die von Überschwemmungen oder Extremwetterereignissen betroffen sein können? Hierzu zählen bekanntermaßen ja nicht nur Bangladesch oder Länder der Dritten Welt, sondern auch die Themsemündung, der Südosten der Vereinigten Staaten sowie einige europäische Regionen. Was machen Sie, wenn Ihr wichtigster Lieferant durch ein Hochwasser der Elbe oder des Rheins über Wochen nicht oder nur eingeschränkt liefern kann?

b) Produktionsrisiken: Wie hoch ist das eigene Risiko, von einem Extremhochwasser oder einer klimabedingten Naturkatastrophe getroffen zu werden? Könnten wir von Restriktionen in Bezug auf Produktionszeiten oder Wassernutzung betroffen sein? Die kalifornischen Obstbauern hätten sich sicher vor einigen Jahren auch nicht träumen lassen, dass sie ihre Pflanzen 2015 kaum noch wässern durften, weil die jahrelange Dürre Wassernutzungseinschränkungen nach sich zog - erhebliche Ernteausfälle waren die Folge.

c) Versicherungsrisiken: Ein Aspekt, den ebenfalls viele Unternehmen noch nicht durchdacht haben, ist die Tatsache, dass die Versicherer immer stärker vorausschauende Methoden entwickeln: Für einige Regionen wird die Erderwärmung dazu führen, dass Versicherungsschutz gar nicht mehr oder nur noch sehr teuer zu erhalten ist - oder nur, wenn die Versicherten selber gewaltig in Schutz- und Präventionsmechanismen investieren. Nach einer aktuellen Studie der Geneva Association, einer von den größten Versicherungen betriebenen Denkfabrik, gehören hierzu Überschwemmungsrisiken in Teilen Großbritanniens, Stürme in Florida und andere Beispiele.

d) Unternehmen können im Kontext des Klimawandels auch von regulatorischen Risiken bedroht sein: Verschärfung von Auflagen für die Produktion, Aufnahme in den verpflichtenden Emissionshandel, Mindeststandards für eigene Produkte oder eine immer wieder in Rede stehende CO_2-Abgabe (etwa für Hersteller elektrischer Geräte) verändern die Kostensituation und/oder Absatzchancen drastisch.

e) Ein ganz wesentlicher Punkt in der klimabedingten Risikoanalyse sind sicher auch Marktrisiken: Bedingt durch Veränderungen auf der Nachfrageseite erfolgen Veränderungen im Kundenverhalten. Der Kraftstoffverbrauch wurde schon seit langem ein Entscheidungskriterium, aber künftig ist damit zu rechnen, dass Produktgruppen, die das Image einer besonderen Klimaschädlichkeit haben, einer geringeren Nachfrage gegenüber stehen. Das betrifft nicht nur Produkte, die Jedermann sofort mit Energieverbrauch in Verbindung bringt, wie etwa Kraftfahrzeuge und Hausgeräte, sondern auch Nahrungsmittel (ein großer Teil der Menschen, die in jüngster Zeit zu einer veganen, vegetarischen oder fleischreduzierten Ernährung übergehen, geben als einen der wichtigsten Gründe neben Tierschutz den Klimaschutz an) oder etwa Baustoffe. Unternehmen sollten sich die Frage stellen, ob die eigenen Produkte hiervon betroffen sind.

f) Weiterhin sind Reputationsrisiken für viele Unternehmen ein wesentlicher Aspekt: Branchen, die im Fokus der gesellschaftlichen Diskussion stehen (Automotive, Energielieferanten) sind sicher besonders betroffen, aber die Brandmarkung als „Klimasünder" würde auch andere Unternehmen empfindlich treffen - nicht nur weil Kunden sich abwenden, sondern es auch schwer werden wird, gute Mitarbeiter zu finden.

g) Schlussendlich gibt es deutliche Finanzierungsrisiken: Im Mai 2015 kündigte einer der größten Investoren der Welt, der norwegische Staatsfonds, an mit seinen Geldanlagen Klimaschutzpolitik zu betreiben und nicht mehr in Unternehmen zu investieren, die in mehr als 30 % ihres Geschäftes von Kohle abhängig sind. Andere Investoren werden folgen oder haben dies bereits getan. Unternehmen ohne Klimaschutzstrategie haben es in der Refinanzierung künftig schwieriger.

Wie in anderen Situationen gilt auch hier: Gefahr erkannt, Gefahr gebannt. Insofern empfehle ich jedem Unternehmen, die eigenen klimawandelinduzierten Risiken im Rahmen der aufgezählten Risikoarten zu identifizieren.

Chancen und Differenzierungsmöglichkeiten durch den Klimawandel in der eigenen Wertschöpfungskette und den eigenen Märkten identifizieren

Wo Risiken sind, gibt es natürlich auch Chancen - alleine schon, wenn Wettbewerber die Risiken nicht vollständig identifizieren. Ich empfehle meinen Kunden, die Chancen in folgenden drei Gruppen zu suchen:

1. Deutliche, gut kommunizierbare Reduktion des eigenen CCF oder PCF, um Kunden, Investoren, Mitarbeiter und Bewerbern gegenüber ein

gutes Image zu gewinnen und Sympathie sowie positive Kaufentscheidungen zu induzieren.

2. Substitution von Rohstoffen, die klimaschädlich oder klimaanfällig sind (siehe Risikoanalyse), um die eigenen Risiken schneller als der Wettbewerb zu reduzieren.
3. Aktives, kreatives Suchen nach neuen Märkten oder neuen Produkten, die im Kontext des Klimawandels besondere Chancen haben können.

Alle drei Gruppen von Chancen will ich im Folgenden mit einigen Beispielen erläutern.

Wie die Reduktion des CCF bzw. PCF im Detail aussehen kann, dass lässt sich nur nach Aufstellung des eigenen CCF ermitteln - fest steht jedoch nach meinen Erfahrungen, dass nach Hebung der Potentiale im eigenen Energieverbrauch (siehe Kapitel 4.2 zum Thema Energie) ein erhebliches Potential im Bereich des Scope 3 schlummert: Welche Rohstoffe setze ich ein, woher beziehe ich sie, wie verteile ich meine Produkte, welche Transportaufwendungen induziere ich, welchen Energieverbrauch haben unsere Produkte während des Lebenszyklus? Hier sind meist Ansätze zu finden, die sich nicht auf den ersten Blick erschließen, aber in vielen Fällen auch mit Kostenvorteilen einhergehen.

Lobenswert, aber kein Allheilmittel, ist die Kompensation von Emissionen, der sogenannte Carbon Offset. Hierbei werden unvermeidbare Emissionen kompensiert, indem entweder an Stelle von „konventionellem Strom" direkt CO_2-neutraler Grünstrom beschafft wird oder andernorts Treibhausgase gebunden werden, etwa durch Moorvernässung oder Wiederaufforstung (meist in Übersee). Projekte gibt es zu Hauf und in einigen Branchen (Vorreiter sind u.a. Druckereien und Fluggesellschaften) ist es auch üblich geworden, Kunden den Service anzubieten, die Produkte „emissionsfrei" zu stellen, indem gegen ein Aufgeld die produktinduzierten Emissionen neutralisiert werden. Einen Überblick über Möglichkeiten des Carbon Offset und die etablierten Standards gibt eine Studie im Auftrag des Umweltbundesamtes, welche u.a. feststellt: *„Das Preisniveau für diese freiwilligen Kompensationen schwankt erheblich - abhängig vor allem vom genutzten Qualitätsstandard: Die Spanne reicht von 40 Cent bis zu 50 Euro pro Tonne CO_2,auch ausgewiesen hochqualitative Zertifikate (z.B. ausgestattet mit Zusatzstandards) sind schon für etwa 5 Euro pro Tonne CO_2 verfügbar."*[109] Ich persönlich empfinde Carbon Offset zwar grundsätzlich

[109] UBA/adelphi (2015)

als lobenswert, aber empfehle meinen Kunden, dies Instrument nur dann zu nutzen, wenn vorher sämtliche ökonomisch akzeptierbaren Effizienz- und Vermeidungspotentiale für Emissionen ausgeschöpft wurden und die ausgewählten Projekte nachweislich einen additiven Charakter haben, also die Maßnahmen zur Bindung von CO_2 nur dadurch stattfinden, dass das Geld dafür gewonnen wird und die Projekte nicht etwa ohnehin stattfinden. Wie in Kapitel 3.1 bereits angesprochen: Meine etwas düstere Prognose ist, dass wir in den kommenden Jahren einige Skandale im Bereich der THG-Kompensation sehen werden, etwa weil das gleiche Projekt trotz aller Kontrollen und Standards doppelt verkauft wurde (es ist schwierig zu überwachen, dass ein aufgeforsteter Waldbereich genau dieser ist, dessen Aufforstung durch Geld der Firma A bezahlt wurde und nicht dieselbe Fläche auch durch Firma B bezahlt wurde). Meine Kritik geht auch in die Richtung, dass THG-Kompensationen die Möglichkeit suggerieren, dass das Klimaproblem durch Geld lösbar sei: Es ist ein Weg, der auf Grund der Kosten nur wenigen offen steht und es kann nicht genug Projekte auf der Welt geben, das Problem des Klimawandels allein durch Kompensation zu lösen - wäre dem so, dann wäre das Problem viel kleiner. Diese Aussage soll aber das grundsätzlich gute Instrument der THG-Kompensationen nicht pauschal abwerten, sondern lediglich den Blick darauf lenken, dass Carbon Offset nur ein Baustein in den Klimastrategien sein kann, keine vollständige Problemlösung.

Die Substitution von Rohstoffen bei den Chancen geht in zwei Richtungen: Einerseits sollten Rohstoffe reduziert werden, die besonders klimaschädlich sind, andererseits geht es um grundsätzliche „Dekarbonisierung“, indem nachwachsende Rohstoffe (dann allerdings unter ökobilanzieller Gesamtbetrachtung) fossile Rohstoffe ersetzen oder z.B. CO_2 als Rohstoff (Kohlenstoffquelle) eingesetzt wird. Es kann z.B. wirtschaftlich sein, Kohlendioxid aus den Abgasen von Kraftwerken zu Methanol zu verarbeiten oder in Kunststoffe einzubauen.

Das letzte Element der Chancenanalyse gilt dem Durchforsten des eigenen Know-how. Viele Unternehmen können eigene Technologien und Fertigungsstärken für klimafreundliche Produkte nutzen: Wer Getriebe herstellen kann, kann das auch für Windkraftanlagen tun. Wer Motorsteuerungen baut, kann diese auch für besonders ökologische Motoren anbieten, Lifestyle-akzeptierte Textilien oder schmackhafte Nahrungsmittel mit nachweisbar geringem PCF sowie hochdämmende Baustoffe aus Recyclaten sind weitere Beispiele und selbst die Herstellung von Produkten, die der Klimaanpassung dienen (wie zum Beispiel Dammbau, Staumittel für Überschwemmungen) bietet Chancen für neue Produkte und Märkte.

Ohne jeden Anspruch auf Vollständigkeit will ich als Denkanstoß Themenkreise aufzählen, in welchen durch Klimawandel und Klimaanpassung besonders viel Innovationen oder Nachfrage induziert werden sollte:

- Technologien zur „Dekarbonisierung" bzw. „Kohlenstoffmanagement", also Entkopplung von Produkten von fossilem Kohlenstoff wie: Abscheidung von CO_2 aus Kraftwerken (Carbon Capture and Storage, kurz CCS), Biokohle-Herstellung, Bindung von CO_2 in Feststoffen wie Baustoffen, Grundchemikalien und Kunststoffen, neue Aufforstungstechnologien, solare Meerwasserentsalzungstechnik, Einsatz nachwachsender Rohstoffe an Stelle erdölstämmiger Stoffe.
- Techniken zur Zwischenspeicherung von erneuerbaren Energien zur Lösung des Gleichzeitigkeitsproblems, also des Effektes, dass erneuerbare Energien nicht immer dann anfallen, wenn sie benötigt werden: Leistungsfähige, leichte Batterien, Herstellung und Speicherung von Wasserstoff (z.B.: „Windgas"), Druckspeicherung von Wasserstoff, Methanisierung von Windstrom, Latentwärmespeicher usw.
- Klimaanpassungsmaßnahmen: Hochwasserschutz, Deichbau, Dammbau, Sturmfolgenprävention.
- Düngemittelmanagement: Vermeidung von Mineraldüngern in der Landwirtschaft
- Klimafreundliche Mobilität: Induktionsladen von Elektroautos, schnellere Ladezyklen, innovative Logistikkonzepte für Produkte.
- Auch das aktuelle Aktionsprogramm Klimaschutz 2020 der Bundesregierung[110] weist auf zahlreiche politisch unterstützte Maßnahmenbündel hin, in deren Folge sich Marktchancen für Unternehmen ergeben werden - insbesondere im Segment „klimaneutraler Gebäudebestand bis 2050": Plusenergiehäuser, neue Dämmmaterialien, weitere Verbreitung von LED-Beleuchtungen sind attraktive Märkte der Zukunft.
- Nicht nur physische Produkte, sondern auch geistige Leistungen und Dienstleistungen können einen Klimaaspekt haben: Bildungsinitiativen für Gebäudeeffizienz, Marketingideen, die klimafreundlichen Produkten einen attraktiven „Lifestyle-Touch" geben und

---

[110] BMUB (2014)

Versicherungskonzepte für klimafreundliche Produkte. So banal es klingen mag: Wenn ein Verlag und ein renommierter Koch ein Kochbuch mit dem Titel „Genussvoll fleischarm Kochen" herausbringen, in welchem z.B. der Carbon Footprint von fleischarmen, appetitlichen Gerichten im Vergleich zu fleischlastigen Klassikern ausgewiesen ist und damit viele Menschen, die vorher ggf. sensibilisiert waren, zu einer fleischreduzierten Ernährung motivieren, dann ist auch das Kochbuch ein Produkt im durch Klimawandel veränderten Markt.

Insbesondere dieser Punkt der Chancenanalyse kann in einem Buch mit allgemeinem Adressatenkreis nicht abschließend behandelt werden. Es geht mir hier lediglich darum, auf die prinzipielle Denkweise aufmerksam zu machen und anzuregen, Gedankenbarrieren zu überspringen, um sich die Frage zu stellen: „Was können wir anbieten, was als Produkt oder Dienstleistung im Rahmen des Klimawandels besonders attraktiv sein kann und neue Märkte für uns öffnet?" Auch soll nicht der Eindruck erweckt werden, der Klimawandel sei eine tolle Chance für Geschäftemacher - es geht schlicht darum, das sich ändernde Umfeld zu erkennen und die Geschäftsmodelle von Unternehmen daran anzupassen. Schlussendlich muss jedes Unternehmen, das diesen Weg gehen will, sein eigenes Know-how gegen Forschungsergebnisse und Forschungsbedarf in den genannten Gebieten „matchen" - ich bin nach meiner Beratungserfahrung sicher, dass nahezu jedes Unternehmen Kenntnisse und Fähigkeiten hat, die helfen können, Treibhausgasemissionen zu verringern oder die Klimafolgen zu lindern.

Die eigene Klimastrategie: Den Carbon Footprint kommunizieren und reduzieren, das Geschäftsmodell dem Klimawandel anpassen

Nach meiner persönlichen Auffassung sollten Unternehmen über ihren Beitrag zum Treibhauseffekt ehrlich kommunizieren, denn Transparenz ist wesentliche Basis der Handlungsfähigkeit. Mindestens aber sollten Unternehmen in der Lage sein, auf Nachfragen von Stakeholdern Antworten zu haben, die auf einer soliden Basis stehen. Des Weiteren gibt es handfeste wirtschaftliche Argumente für Klimatransparenz: Eine Studie des CDP zeigte unlängst, dass Unternehmen mit höherer Transparenzbewertung im Klimaschutz im Zeitraum 2005 bis 2013 im Vergleich zum Durchschnitt der Unternehmen im Global 500 Index eine um 33 % höhere Rendite erwirtschaftet haben.[111]

Die Veröffentlichung eines CCF oder des PCF eines Produktes - egal ob im B2C oder B2B-Geschäft - ist ein Schritt, der proaktiv erfolgen kann oder als passive, nur auf Anfragen reagierende Kommunikation. Bei der Entscheidung über die Art der Kommunikation spielt sicher auch eine Rolle, ob man sich an interne Anspruchsgruppen (Eigenes Management, Belegschaft) oder externe Anspruchsgruppen (Bewerber, Behörden, Kunden, Lieferanten, Investoren, Versicherer, NGO´s, Nachbarn) wendet:

- Einige meiner Kunden veröffentlichen den CCF oder PCF in Form einer ansprechend gestalteten Broschüre (meist nicht mehr gedruckt, sondern als Digitalveröffentlichung) - das ist professionell und besonders wirksam, wenn damit gleichzeitig ein Programm zur Reduzierung des CCF oder PCF veröffentlicht und mit Maßnahmen unterlegt wird.
- Andere Unternehmen antworten mit den CCF oder PCF nur auf Anfragen von Kunden, Aktionären, Journalisten oder NGOs, wenn sie befragt werden, haben dann aber zumindest eine belegbare und strukturierte Antwort vorbereitet.
- Weitere Unternehmen - insbesondere börsennotierte Aktiengesellschaften, aber nicht nur solche - sind quasi verpflichtet, sich den Befragungen des CDP zu stellen. (Das CDP - vormals Carbon Disclosure Project - ist die weltgrößte Investoreninitiative. Ihr haben sich weltweit 722 Großinvestoren angeschlossen, die zusammengerechnet 87 Billionen Dollar Vermögen verwalten [Dez. 2013]. Das 2002 gegründete CDP ist eine unabhängige, gemeinnützige Organisation, die sich im Auftrag ihrer Mitglieder jährlich an Tausende der größten börsennotierten Unternehmen und Organisationen aus allen Kontinenten wendet. Sie verlangt seit 2012 nicht mehr nur Emissionsdaten und Klimastrategien von Unternehmen, Zulieferern und Städten, sondern auch einen verantwortlichen Umgang mit Wasser, den Schutz von Primärwäldern und das Management von Umweltrisiken in der Zuliefererkette.[112])
- Die externe, neutrale „third-party-Testierung" des CCF oder PCF in Form eines von einem neutralen Dritten unterzeichneten Zertifikates,

[111] WWF & CDP (2014), S. 15
[112] Lexikon der Nachhaltigkeit 2015

das bestätigt, dass der ausgewiesene Footprint auf Basis nachvollziehbarer Angaben und Methoden erstellt wurde und einem international anerkannten Standard folgt, ist eine weitere mögliche Maßnahme, den Footprint zu kommunizieren.

Eine wachsende Gruppe meiner Kunden befragt ihre Lieferanten - etwa beim Einkauf von Stahlblechen, von Zink oder Aluminium - nach dem PCF der eingekauften Rohstoffe und bezieht diesen nach Preis und Lieferqualität als Entscheidungskriterium mit ein.

Wie oben bereits erwähnt, glaube ich, dass es in einigen Jahren Standard sein wird, dass Kunden im Endkundengeschäft schon im Supermarkt den PCF der Produkte abfragen können. Die britische Einzelhandelskette Tesco hat bereits vor einigen Jahren begonnen, den PCF von ausgewählten Artikeln ähnlich deutlich wie den Preis auszuweisen und verfolgt diesen Weg ebenso im Lieferantenmanagement.

Unternehmen, die von Kunden in dieser Art befragt werden und zum Ausweisen eines Footprints aufgefordert werden, wählen sicher eine andere Kommunikationsform als solche, die hier noch nicht im Fokus stehen.

Egal wie die Kommunikationsstrategie zum CCF oder PCF aussieht - sie sollte informationsbasiert und begründbar sein, immer mit einer Minderungsstrategie verknüpft sein und regelmäßig aktualisiert werden. Die Art der Kommunikation über den CCF oder PCF hängt mit Sicherheit von der Branche und dem Umfeld ab, in welchem man sich bewegt.

„Out of time" - also nicht mehr zeitgemäß ist es, wenn ein Unternehmen seinen Beitrag zum Treibhauseffekt nicht kennt. Im B2B-Geschäft, etwa als spezialisierter Zulieferer für technische Produkte oder als Maschinenlieferant mag das noch einige Jahre gehen, im B2C-Geschäft wird es nicht mehr lange möglich sein. Man stelle sich vor, ein Unternehmen wird von einer relevanten Interessen- oder Anspruchsgruppe nach dem eigenen Beitrag zum Treibhauseffekt befragt und hat keinerlei auf ermittelten Fakten basierende Antwort - in der heutigen Zeit wird daraus schnell eine kostspielige Situation.

Zur Kommunikation rund um den CCF bzw. PCF gehört wie bereits erwähnt neben ehrlicher Benennung von identifizierten Schwachstellen und Risiken auch eine Minderungs- bzw. Klimastrategie. Die eigene Klimastrategie ergibt sich aus der erfolgten Risikoanalyse, den identifizierten Chancen und den daraus gefällten Entscheidungen und stellt - idealerweise unterlegt mit konkreten, messbaren Zielen - folgendes dar:

a. Quantifizierte Ziele und Maßnahmen, um die Emissionen an THG durch unsere Geschäftsaktivitäten in den Kategorien Scope 1, Scope 2 und Scope 3 zu reduzieren.
b. Ausgewählte Methoden der Kompensation unvermeidbarer Emissionen (sofern eine Entscheidung für Kompensation gefällt wurde).
c. Identifizierte Risiken für unser Geschäftsmodell durch den Klimawandel und Methoden um die Risiken zu antizipieren oder zu reduzieren.
d. Maßnahmen, unser Geschäftsmodell und Know-how für alternative Märkte oder neue Produkte im Kontext des Klimawandels zu nutzen.

Nach meiner Überzeugung legt ein Unternehmen mit einer transparenten Kommunikation über den eigenen Beitrag zum Klimawandel und einer vollständigen Klimastrategie einen weiteren wichtigen Grundstein für geschäftlichen Erfolg im veränderten Umfeld durch nachhaltige Entwicklung.

Fazit, Indikatoren und Handlungsempfehlung

Unternehmen sollten den Corporate Carbon Footprint oder den Product Carbon Footprint der Wertschöpfungsketten des Unternehmens bzw. der hergestellten Produkte und Dienstleistungen messen und berichten können, um den eigenen Beitrag zum Treibhauseffekt langfristig zu reduzieren. Weiterhin sollte eine Klimastrategie aufgestellt werden, welche neben Reduzierung des Beitrages zum Treibhauseffekt auch Kompensationsmethoden, Maßnahmen zur Vorbeugung vor etwaigen Risiken für das eigene Geschäftsmodell durch den Klimawandel und Chancen für neue Märkte und Produkte enthält. Notwendige Basis hierfür ist neben den CCF bzw. PCF eine strukturierte und systematische Analyse der Risiken durch den Klimawandel sowie ein ergebnisoffener Prozess, um das eigene Know-how für neue Märkte und Produkte zu nutzen, die im Kontext des Klimawandels besonders gute Chancen haben. Als Maxime gilt es zu berücksichtigen: Unternehmen, die ihren eigenen Beitrag zum Treibhauseffekt nicht transparent kommunizieren und mit einer nachvollziehbaren Klimastrategie reduzieren, haben erhebliche Beschaffungsrisiken, Produktionsrisiken, Versicherungsrisiken, regulatorischen Risiken, Marktrisiken, Reputationsrisiken und Finanzierungsrisiken sowie schlechtere Renditechancen als Wettbewerber, die Folgen des Klimawandels für ihr Geschäftsmodell antizipieren.

Die in einer Nachhaltigkeitsberichterstattung bzw. einer Nachhaltigkeitsstrategie zu berichtenden bzw. dauerhaft zu verbessernden Indikatoren sind:

- Direkte THG Emissionen (Scope 1) [G4-EN15];
- Indirekte energiebezogene THG Emissionen (Scope 2) [G4-EN16];
- Weitere indirekte THG Emissionen (Scope 3) [G4-EN17];
- Intensität der THG Emissionen (also z.B. in Tonnen CO_2-eq je Umsatz oder pro Bruttowertschöpfungseinheit) [G4-EN18];
- Reduzierung der THG Emissionen [G4-EN19].

Zusätzlich können bzw. sollten als „Unterbau" für diese aggregierten Indikatoren intern weitere unternehmens-, prozess- und produktspezifische Indikatoren existieren.

Führungskräfte-Checkliste zum Thema Klimaschutz / Treibhauseffekt

1. Haben wir unsere wichtigsten Führungskräfte darüber informiert, welche Veränderungen unseres Unternehmensumfeldes durch den Klimawandel induziert werden?
2. Haben wir den Corporate Carbon Footprint (CCF) und/oder den Product Carbon Footprint (PCF) unseres Unternehmens / Produktes ermittelt oder zumindest eine Entscheidung herbeigeführt, dies zu tun?
3. Wurde hierbei nachweislich ein international anerkannter Standard verwendet und sind unsere Ergebnisse zum CCF/PCF nachvollziehbar und reproduzierbar?
4. Haben wir die Tools und die Expertise, den CCF/PCF regelmäßig fortzuschreiben?
5. Wurden alle Risiken unter Berücksichtigung von Beschaffungsrisiken, Produktionsrisiken, Versicherungsrisiken, regulatorischen Risiken, Marktrisiken, Reputationsrisiken und Finanzierungsrisiken in einem professionellen und systematischen Verfahren ermittelt?
6. Haben wir die Chancen, die sich aus dem Klimawandel für unser Geschäftsmodell und unser Know-how ergeben, in einem professionellen und systematischen Verfahren ermittelt?
7. Wurden hierbei die Möglichkeiten der Reduktion des eigenen CCF oder PCF, die Substitution von Rohstoffen und die Möglichkeiten neuer Märkte oder neuer Produkte, die im Kontext des Klimawandels besondere Chancen haben können, identifiziert?
8. Haben wir alle internen Anspruchsgruppen (Eigenes Management, Belegschaft) und externen Anspruchsgruppen (Bewerber, Behörden, Kunden, Lieferanten, Investoren, Versicherer, NGOs, Nachbarn) identifiziert, die berechtigtes Interesse an unserem CCF/PCF haben könnten?
9. Haben wir über unseren CCF/PCF transparent und nachvollziehbar kommuniziert und sind unsere Aussagen belegbar?

10. Wurde eine Third-party- Zertifizierung des CCF/PCF erwogen und hierzu eine dokumentierte Entscheidung gefällt?
11. Haben wir eine Klimastrategie, die mindestens die folgenden Komponenten enthält?
  a. Reduzierung des Beitrages zum Treibhauseffekt,
  b. Kompensationsmethoden,
  c. Maßnahmen zur Vorbeugung vor etwaigen Risiken für das eigene Geschäftsmodell durch den Klimawandel und
  d. Chancen für neue Märkte und Produkte
12. Ist die Klimastrategie verständlich, wird regelmäßig fortgeschrieben und hält auch den Ansprüchen und Nachfragen interner und externer Anspruchsgruppen stand?

Auch wenn diese Haltung als sehr streng angesehen werden kann: Nur wenn alle Fragen nachweislich und auch bei Hinterfragung der Antworten mit „ja" beantwortet werden oder nicht zutreffend sind, ist ein Unternehmen in Belangen der Klimastrategie komplett richtig aufgestellt.

4.6 Schadstoffemissionen in die Luft

Deutschland hat eine erfolgreiche Tradition in den Technologien des industriellen Immissionsschutzes. Ohne eine präzise historische Bewertung vornehmen zu wollen, war Deutschland sicher das erste Land der Welt, welches eine umfängliche Luftreinhaltepolitik nicht nur erlassen, sondern auch erfolgreich umgesetzt hat. Das ist sicher nicht immer aus ganz freien Stücken geschehen, in diesem Zusammenhang darf man nicht vergessen, dass in Deutschland eine der höchsten Industriedichten Europas schon in den siebziger Jahren des 20. Jahrhundert bestand. Ohne die Großfeuerungsanlagenverordnung in den achtziger Jahren wäre die Luftqualität in den industriellen Ballungsgebieten der Bundesrepublik mehr als bedenklich geworden.

Verschmutzte Luft, egal ob aus Fahrzeugen mit Verbrennungskraftmaschinen, Industriebetrieben oder aus privaten Heizungen, ist weit mehr als eine lokale Belastung. Schadstoffe wie Stickoxide, Schwefeldioxid, Feinstaub und Rußpartikel, Kohlenmonoxid sowie Schwermetalle haben verschiedene komplexe Umweltwirkungen. Bei hohen Konzentrationen, etwa in Großstädten mit dichtem Verkehr oder bei großer Industriedichte führt die Anwesenheit dieser Stoffe bei Einstrahlung von Sonnenlicht zur Bildung der so genannten Photooxidantien, in erster Linie bodennahes Ozon. Man spricht dann von so genanntem „Sommersmog". Dass dieses Phänomen seit vielen Jahren in Deutschland seltener geworden ist zeigt, wie wirksam viele

Umweltschutzmaßnahmen auf allen Ebenen waren. In anderen Ländern sieht das ganz anders aus; Smog ist in vielen internationalen Großstädten immer noch ein gewaltiges Problem.

Selbst wenn die Konzentrationen nicht reichen, solch akute und direkt wahrnehmbare Belastungen zu bilden, ist die Anwesenheit der genannten Schadstoffe in der Atemluft auch in geringeren Konzentrationen dauerhaft gesundheitsschädlich. Vielen Menschen ist nicht klar, wie wertvoll und essenziell eine wirklich saubere Luft ist. In vielen Ballungsräumen und dicht besiedelten Regionen auch der europäischen Gemeinschaft werden die Werte der Luftqualitätsnormen regelmäßig überschritten. Aus der Presse kennt jeder die „Umweltzonen" in Großstädten, die wegen Überschreitung des Grenzwertes für Feinstaub eingerichtet wurden. Bodennahes Ozon und Stickstoffdioxid sind die weiteren häufigen Problemstoffe. Nach Angaben des Umweltzustandsberichtes der EUA führen in Europa die Feinstaubkonzentrationen jedes Jahr zu 500.000 (richtig, fünfhunderttausend!) vorzeitigen Todesfällen - diese Zahl erscheint unglaublich, ist medizinstatistisch aber mehrfach abgesichert. Gerade Kinder, ältere Personen und Personen mit Vorbelastungen der Atemwegserkrankungen sind natürlich besonders gefährdet, aber auch ein gesunder Mensch nimmt ohne es zu merken Schaden an der Gesundheit wenn die Atemluft permanent mit den genannten Schadstoffen belastet ist. *„Studien haben gezeigt, dass aufgrund von Krankheiten, die auf Luftverschmutzung zurückzuführen sind, mehr Arbeitstage verloren gehen als erforderlich sind, um zusätzliche Maßnahmen zur Reduzierung von Schadstoffen zu bezahlen"* [113]. Auch die Bundesregierung ist im Juni 2015 wegen Überschreitung der Grenzwerte aus der europäischen Luftqualitätsrichtlinie für Stickstoffdioxid erneut zu Verbesserungsmaßnahmen aufgefordert worden. Deutschland soll darlegen, welche Maßnahmen getroffen werden, um die Stickstoffdioxid-Grenzwerte künftig einzuhalten. Luftreinhaltung ist also auch ein erhebliches volkswirtschaftliches Thema. Auch Schwermetalle, die trotz Einhaltung der Grenzwerte aus Großfeuerungsanlagen oder industriellen Prozessen in die Luft gelangen, tun ihr übriges: Hier ist analog zu meinen Erläuterungen im Kapitel 4.4 zum Gewässerschutz darauf hinzuweisen, dass Schadstoffe in ihrer Verteilung keine Grenzen kennen. Schwermetalle oder persistente organische Stoffe lagern sich in bestimmten Umweltkompartimenten ab und gelangen so in die Nahrungskette. Möchten Sie in Ihrem Abendessen Cadmiumbelastungen

[113] Europäische Kommission (2011)/1, S. 16

haben, weil Industriebetriebe irgendwo auf der Welt dieses vor ein paar Jahren emittiert haben?

Rechtlich ist das Gebiet des betrieblichen Immissionsschutzes ein umfänglich geregeltes Thema. In den Staaten der Europäischen Union ist das Recht zur Beurteilung und Kontrolle der Luftqualität einheitlich in der Luftqualitätsrichtlinie mit den so genannten Tochterrichtlinien geregelt. Hieraus leiten sich für alle Mitgliedsstaaten so genannte nationale Emissionshöchstmengen ab, das sind limitierte Gesamtfrachten für die Emissionen bestimmter Luftschadstoffe, die von den Mitgliedstaaten eingehalten werden müssen ab.

In Deutschland sind die beiden wesentlichen Umsetzungen der EU-Gesetzgebung zur Luftreinhaltung die Technische Anleitung Luft, kurz „TA Luft“ und das Bundesimmissionsschutzgesetz (BImSchG)mit mehr als 30 zugehörigen Verordnungen. In der TA Luft, die sich als Verwaltungsvorschrift zunächst einmal an die Behörden richtet, ist genau festgelegt welche Grenzwerte und Frachten für welche Schadstoffe in welchen Branchen zulässig sind. Im BImSchG sind die Pflichten der Betreiber von Anlagen und sonstige Anforderungen zur Reduzierung von Emissionen geregelt. Die Tatsache, dass auch Feuerungsanlagen im privaten häuslichen Bereich jährlich vom Schornsteinfeger überprüft werden resultiert ebenso aus einer Verordnung zum BImSchG wie die Anforderungen an Industriebetriebe. Für einen genau definierten Kreis an Anlagen ist in der 4. Verordnung eine Genehmigungsbedürftigkeit festgeschrieben. Solche Anlagen dürfen also nur nach Vorliegen einer behördlichen Genehmigung betrieben werden, die Zuwiderhandlung ist eine Straftat.

Ebenfalls hier geregelt ist, ob eine Umweltverträglichkeitsprüfung zur Erlangung der Genehmigung erforderlich ist und in einer weiteren Verordnung, der Störfallverordnung, ist festgelegt, welche Anlagen nur unter besonderen Sicherheitsvorkehrungen betrieben werden dürfen. Für Anlagen mit einem besonders hohen Umweltbelastungspotential, welche der so genannten IED-Richtlinie unterliegen, gelten noch höhere Anforderungen. Zum Beispiel ist bei wesentlichen Änderungen oder Neugenehmigung ein Ausgangszustandsbericht des Bodens erforderlich und die beste verfügbare Technik ist in so genannten BREF (Best Available Techniques Reference)-Dokumenten auf europäischer Ebene festgelegt. Außerdem sind die Anlagen regelmäßig an den Stand der Technik heranzuführen.

Ebenfalls aus dem internationalen Recht resultiert eine Überwachungspflicht von Anlagen, welche mit Kältemittel gefüllt sind. Je nach Ozonabbaupotenzial dieser Kältemittel oder nach ihrem Beitrag zum Treibhauseffekt müssen die Anlagen jährlich oder bei größeren Füllmengen an Kältemittel sogar halbjährlich auf Dichtheit überprüft werden.

Analog zu den Themen Abfallwirtschaft und betrieblicher Gewässerschutz gehört der Immissionsschutz zum kleinen Einmaleins des betrieblichen Umweltmanagements, das Thema sollte durch die entsprechenden Fachabteilungen im Unternehmen beherrscht werden. Daher möchte ich es mit dieser sehr knappen und naturgemäß inhaltlich nicht vollständigen Kurzübersicht bewenden lassen.

Da ich mit meinen Kollegen bei Bestandsaufnahmen doch immer mal wieder Aspekte des Immissionsschutzes finde, bei welchen auch gut organisierte Unternehmen Handlungsbedarf noch nicht erkannt haben, sind in der Führungskräfte Checkliste zu diesem Kapitel ein paar Kontrollfragen hierzu eingebaut.

Erwartungen zur Fortentwicklung des Immissionsschutzes

Auch wenn wie beschrieben das Thema in Europa schon sehr eng geregelt ist erwarte ich noch weitere Verschärfungen, die das Handlungsumfeld von Unternehmen beeinflussen werden. Konkret erwarte ich folgende Entwicklungen:

- Die nationalen Emissionshöchstmengen werden sukzessive weiter reduziert werden. Dies hat die Folge, dass Genehmigungen schwerer zu erlangen sind.
- Zur Schadstoffdeposition werden Massenstromregelungen und herabgesetzte Depositionswerte für Schwermetalle wie Blei, Cadmium, Quecksilber oder Chrom aber auch für organische Schadstoffe wie Benzoapyren und Dioxine eingeführt werden. Dies gilt insbesondere für Regionen, in welchen die sogenannten „Critical Loads“, also kritische Vorbelastungen bereits erreicht sind.
- Die Beurteilungsgebiete und Bagatellmassenströme in immissionsschutzrechtlichen Genehmigungsverfahren werden verändert werden, so dass die grundsätzliche Genehmigungsfähigkeit mancher Anlagentypen deutlich schlechter werden wird.
- Kontinuierliche Messverpflichtungen für Schadstoffe für Unternehmen, welche bislang nur alle drei Jahre Einzelmessungen vorzunehmen hatten, werden häufiger erlassen werden.

- Grenzwerte werden sich sukzessive immer weiter reduzieren und die Heranführung an den Stand der Technik beschleunigt werden. Für viele Anlagentypen wird es sehr konkrete Vorgaben geben, mit welchen Technologien sie zu betreiben sind.
- Die Meldepflichten im Schadstoffemissionsregister PRTR werden künftig auf wesentlich mehr Unternehmen ausgeweitet werden. In Deutschland hatten im Jahr 2013 nur etwas mehr als 1500 Betriebe Luftemissionen melden müssen. Hier sollten Unternehmen sich auf deutlich mehr Offenlegungspflichten vorbereiten.

Für Unternehmen, welche die Umwelt bzw. die Luft mit Emissionen belasten, bedeutet das hohe Kosten oder Verfahrensumstellungen.

Handlungsmaximen zur Luftreinhaltung

Die Einhaltung des geltenden Rechts im Immissionsschutz ist für Unternehmen nur die Pflicht. Weitergehend sollten in einem Emissionskataster die Mengen von Luftschadstoffen und Frachten, die von dem Unternehmen emittiert werden, bekannt sein. Darüber hinaus sollten Unternehmen identifizieren, ob es in der Lieferkette bei Zulieferern, gerade im Ausland, Unternehmen gibt, die einen erheblichen Beitrag zu Luftschadstoffen leisten. Eine dokumentierte Strategie mit klaren, quantifizierten Zielen zur Reduzierung der Emissionen je Produkteinheit oder Wertschöpfungseinheit sollte basierend auf der Bestandsaufnahme erstellt werden. Hier gelten die gleichen Herangehensweisen, die ich in Kapitel 4.4 zum Thema Wasser bereits beschrieben habe und auf deren Wiederholung ich hier verzichte.

Fazit, Indikatoren und Handlungsempfehlung

Wie bereits erwähnt sollten der betriebliche Immissionsschutz und Maßnahmen zur Luftreinhaltung eigentlich in jedem Unternehmen schon aus Compliance-Gründen beherrscht werden. In der Kenntnis zum Vorbelastungs-Zustand der Luft in vom Unternehmen beeinflussten Bericht und dem eigenen Belastungsbeitrag haben viele Betriebe trotz jahrelangen betrieblichen Umweltmanagements noch Wissenslücken. Ein Unternehmen kann sich nicht als nachhaltig bezeichnen oder zu einem nachhaltigen Unternehmen werden, wenn es bereits hier Erkenntnislücken gäbe. Auf jeden Fall sollte eine Frachtbilanz der Luftschadstoffe unter Einbeziehung der Lieferkette erstellt werden, hierbei sind mindestens die Schadstoffe NO_x, SO_2, Feinstaub und Stoffe mit Ozonabbaupotential einzubeziehen.

Analog zu den Ausführungen im Kapitel 4.5 zum Klimawandel lohnt auch die Untersuchung der Kapazitäten und Fähigkeiten des Unternehmens, um im weltweiten Geschäft mit Luftreinhaltetechnologie gegebenenfalls ein künftiges Betätigungsfeld zu finden.

Insofern lohnen die Nutzung der Führungskräftecheckliste und die Entwicklung der folgenden Indikatoren, die auch in die Nachhaltigkeitsberichterstattung einfließen sollten.

- Emissionen ozonabbauender Stoffe in Tonnen von FCKW-11-Äquivalenten (G4-EN20),
- Stickoxide (NO_X), Schwefeloxide (SO_X) und andere signifikante Luftemissionen (G4-EN21)

Führungskräfte-Checkliste zum Thema Luftreinhaltung

1. Wissen wir sicher, welche Anlagen genehmigungsbedürftig sind und haben für diese Anlagen eine immissionsschutzrechtliche Genehmigung?
2. Haben wir nachweislich geprüft, ob eine oder mehrere der genutzten Beurteilungsgebiete hinsichtlich der Vorbelastung als kritisch zu betrachten sind, so dass die Genehmigungsfähigkeit künftiger Vorhaben gefährdet wäre?
3. Haben wir nachweislich geprüft, ob Analgen der Störfallverordnung unterliegen und sind unsere Gefahrenabwehrpläne entsprechen aktuell?
4. Sind alle Anlagen, die F-Gase oder Stoffe mit Ozonabbaupotential enthalten (z.B. Klimaanlagen) jährlich oder halbjährlich auf Dichtheit geprüft. Wissen wir, wie viel Stoffe mit Ozonabbaupotential jährlich durch Leckagen emittiert werden?
5. Halten wir sämtliche Luftgrenzwerte in Konzentrations- und Frachtwerten nachweislich ein?
6. Haben wir für die eigenen, von uns selber verursachten Emissionen eine Bilanz der Abluftfrachten erstellt?
7. Haben wir eine entsprechende Bilanz der Abluftfrachten auch für die wesentlichen Emissionen durch unsere Vorlieferanten und entsprechende Vereinbarungen mit den Lieferanten zur Reduzierung der Frachten?
8. Haben wir eine dokumentierte Strategie mit klaren, quantifizierten Zielen zur Reduzierung der Emissionen je Produkteinheit oder Wertschöpfungseinheit?
9. Haben wir daraufhin eine dokumentierte Entscheidung getroffen, ob Zahlen zur Schadstoffemissionen in die Luft publiziert werden?
10. Falls ja: Haben wir über unseren Beitrag zu Emissionen in die Luft transparent und nachvollziehbar kommuniziert und sind unsere Aussagen belegbar?
11. Haben wir Möglichkeiten, unsere Fähigkeiten und unser Know-how in Technologien der Luftreinhaltung einzubringen?

4.7 Auswirkungen auf die Biodiversität - Ein wichtiges Thema für Unternehmen?

Die Berücksichtigung von biologischer Vielfalt und Ökosystemleistungen in Unternehmensentscheidungen ist ein Thema, welches vielen Unternehmern und Entscheidern nach meinen Erfahrungen schwer fällt. Wenn Unternehmen mit Biodiversität in Berührung kommen, dann bin ich leider recht häufig auf Unverständnis gestoßen, weil ein Vorhaben wegen Eingriffsregelungen oder Umweltverträglichkeitsprüfungen verzögert wird oder gar nicht stattfinden kann (wobei ich in jüngerer Zeit auch sehr erfreuliche Gegenbeispiele erlebt habe). Spott und Kopfschütteln über Magerrasen, Fledermäuse oder Hamsterpopulationen, welche wichtige Wirtschaftsvorhaben verhindern, herrschen dann vor.

Viel zu wenig transparent ist für die meisten Führungskräfte, wie sehr alle Wertschöpfungsprozesse von Biodiversität und Ökosystemleistungen abhängen. Dabei sind eine gesunde Umwelt und leistungsfähige Ökosysteme nicht nur unverzichtbar für unser Wohlergehen, sie sind auch Grundlage jedweder wirtschaftlichen Prosperität. Wegen der begründeten Sorge um den Erhalt dieser Güter wurden die Jahre 2011-2020 zur UN Dekade der biologischen Vielfalt ernannt und durch die EU die Biodiversitätsstrategie 2020 aufgelegt, in welcher die wichtigsten politischen Instrumente festgelegt wurden, um dem Trend zum Rückgang der Biodiversität entgegenzutreten. Was dies für Unternehmen bedeutet, will ich im kommenden Kapitel schildern.

Die Biodiversität besteht aus der Vielfalt der Lebensräume, der Vielfalt der Arten und der genetischen Vielfalt innerhalb der Arten. Sie ist Grundlage der so genannten Systemleistungen, von welchen unser wirtschaftlicher Wohlstand abhängt. Welche Klassen von Ökosystemleistungen es gibt, dazu im Folgenden mehr.

Um die Wichtigkeit dieser Naturgaben und in der Folge auch die Durchsetzungskraft von Schutzmaßnahmen zu verbessern, wurde im Jahr 2007 die internationale TEEB Studie begonnen. TEEB steht für „The Economics of Ecosystems and Biodiversity" (dt.: die Ökonomie der Ökosysteme und der biologischen Vielfalt).

Das Projekt wurde von Deutschland im Rahmen seiner G8-Präsidentschaft im Jahr 2007 gemeinsam mit der EU-Kommission initiiert und mit Hilfe zahlreicher weiterer Institutionen unter der Schirmherrschaft des

Umweltprogramms der Vereinten Nationen (UNEP) durchgeführt. Ziel der TEEB-Studie war es, den ökonomischen Wert der Leistungen der Natur abzuschätzen, die wirtschaftlichen Auswirkungen der Schädigung von Ökosystemen zu erfassen und ausgehend davon die Kosten eines Nicht-Handelns zu verdeutlichen.

Der deutsche Beitrag zu diesem internationalen Prozess kam im Jahr 2012 in seiner Einführungsstudie zu folgenden Kernaussagen:

„Der Verlust der biologischen Vielfalt, die Endlichkeit von Naturressourcen und die Schädigung von Ökosystemen zeigen sich immer häufiger. Der Wegfall von Ökosystemleistungen ist oft nur schwer und meist zu hohen Kosten auszugleichen, die sich vor allem volkswirtschaftlich niederschlagen und von der Allgemeinheit zu tragen sind. In vielen internationalen Beispielen konnte gezeigt werden: Der Schutz und die nachhaltige Nutzung von Natur und biologischer Vielfalt lohnen sich - auch ökonomisch gesehen. Dies haben die Ergebnisse der internationalen TEEB-Initiative The Economics of Ecosystems and Biodiversity (2007-2010) eindrucksvoll belegt."

- *Biologische Vielfalt und die Leistungen der Natur - unser Naturkapital - bilden die Grundlage für menschliches Wirtschaften und Wohlergehen. Natur ist neben dem Humankapital und dem Sachkapital ein Vermögen, aus dem wertvolle Leistungen hervorgehen.*
- *Der Wert der Natur bleibt oft verborgen, weil ihre Leistungen scheinbar unbegrenzt kostenlos zur Verfügung stehen. Daher wird er - trotz rechtlicher Anforderungen zum Schutz der Natur - in gesellschaftspolitischen und wirtschaftlichen Entscheidungen nicht ausreichend berücksichtigt. Dies hat weitreichende Folgen, denn die Natur stellt ihre wertvollen Leistungen nur dann dauerhaft zur Verfügung, wenn die dafür erforderlichen Prozesse und Funktionen erhalten werden.*
- *Eine ökonomische Perspektive hilft, den Wert der Natur und ihre vielfältigen Leistungen sichtbar zu machen und regt an, Lösungen für eine angemessene Berücksichtigung dieses Wertes in öffentlichen und privaten Entscheidungen zu entwickeln und umzusetzen. Sie liefert ökonomische Argumente für die Erhaltung des »Naturkapitals«, die ethische und ökologische Begründungen ergänzen können.* [114]

---

[114] Naturkapital Deutschland – TEEB DE (2012), S. 9

Ich selber habe bei vielen hundert Audits zu Umweltmanagementsystemen in Unternehmen in den letzten zwanzig Jahren nur vier Fälle erlebt, in welchen Unternehmen eine wirkliche und fundierte Biodiversitätsberücksichtigung im Rahmen ihres Umweltmanagements betreiben, die über die Bemessung der Versiegelung von Flächen deutlich hinausgeht. Biodiversität und Bodenschutz sind nach meiner Erfahrung die Stiefkinder des Umweltmanagements. Auch eine Studie der Wirtschaftsberatungsgesellschaft PWC im Mai 2012 bestätigt meine Erfahrung: Interessanterweise scheinen tatsächlich Konsumenten der Artenvielfalt mehr Bedeutung beizumessen als unternehmerischer Entscheider es tun. In der Studie bewerteten 43 % der Konsumenten den Biodiversitätsverlust als sehr wichtig, während nur 12 % der befragten Entscheidungsträger der Wirtschaft diese Meinung teilten.[115]

Tatsächlich ist der Nutzen für viele Unternehmen ja auch nicht sofort sichtbar. Bei Land- und Forstwirtschaft, die von Bestäubung und Ernte nachwachsender Rohstoffe abhängen, mag man den Zusammenhang noch sofort sehen. Dass naturnahe Auen als Hochwasserrückhalt auch Wirtschaftsgüter schützen, ist schon eher ein indirektes Instrument. Die Natur als Erholungsraum mag zwar jeder in seiner Freizeit schätzen, aber dass dieser Erholungsraum nur zur Verfügung steht, weil er nicht wirtschaftlich überstrapaziert wurde, ist ebenso indirekt wie die Natur als Speicher für Kohlendioxid dient. Die Natur ist unser Spender für Atemluft und sauberes Wasser, aber all das nehmen wir hin, weil keiner oder zumindest kein angemessener Preis bezahlt werden muss.

Um den wirtschaftlichen Nutzen der Biodiversität und der Naturleistungen zu erkennen, ist es hilfreich, eine Aufstellung zu betrachten, welche Klassen von Ökosystemleistungen es gibt.

Im Zuge des Projektes „Millennium Ecosystem Assessment“[116] wurde ein Konzept zur Klassifizierung der weltweiten Ökosystemleistungen erstellt und auch ermittelt, welche Rolle sie für Menschen und Unternehmen spielen. Das Konzept klassiert neben den Basisleistungen wie Bodenbildung, Photosynthese und Nährstoffkreisläufen die für den Menschen wichtigen Ökosystemleistungen wie folgt:

Versorgungsleistungen der Ökosysteme: Die Natur versorgt uns mit Sauerstoff, Nahrung (erjagtes, gesammeltes und insbesondere Meeresfische sind für weite Teile der Weltbevölkerung immer noch wesentliche Nahrungsquelle),

---

[115] Naturkapital Deutschland – TEEB DE (2013) und PWC (2012)
[116] Millennium Ecosystem Assessment (2005)

Trinkwasser, Holz, Fasern für Textilien, Brennstoffen, Grundstoffen für chemische Prozesse und Arzneimittel etc. Weltweit hängen mehr als 70 % aller Nahrungsmittelpflanzen von der Bestäubung durch Tiere ab. Noch vor zwei Jahrhunderten wurden nahezu sämtliche pharmakologischen Wirkstoffe aus der Natur gewonnen, aber auch heute noch versorgen Arzneimittelpflanzen und teilweise Tiere uns mit wichtigen Wirkstoffen.

Regulierungsleistungen der Ökosysteme: Die Natur reguliert unser Klima sowie den Wasserstand der Gewässer und sie reinigt Luft und Gewässer: Bäume und Grünpflanzen entziehen ebenso wie Moore der Luft das Kohlendioxid und andere Schadstoffe und binden hierdurch das Kohlendioxid in Zellmasse; Wälder filtern Feinstäube aus der Luft, Grünflächen verhindern die Aufheizung von Städten, versickerungsfähige Flächen ermöglichen die Grundwasserneubildung und verhindern ein zu schnelles Anschwellen von Fließgewässern bei starken oder längeren Regenereignissen - wobei all dies nur Beispiele sind, die Regulierungsleistungen sind wesentlich vielfältiger als die genannten Aspekte.

Kulturelle Leistungen der Ökosysteme: Die Natur stellt einen hohen ästhetischen Wert dar, sie ermöglicht Bildung und Erholung. Für viele Menschen ist Entspannung und Erholung ohne einen Zusammenhang mit der Natur kaum vorstellbar. Die Natur ist auch Vorbild für menschliches Verhalten. Musik und Kunst haben oftmals natürliche Prozesse als Ursprung oder werden von ihr inspiriert. Im weiteren Sinne kann auch die Vorbildfunktion für technische oder chemisch-pharmazeutische Prozesse, die sogenannte Bionik, zu diesen kulturellen Leistungen gezählt werden.

Mit diesen Leistungen stellt die Natur den wesentlichen Bestandteil der menschlichen Grundversorgung, Gesundheit und Sicherheit zur Verfügung. Alle technischen, kulturellen und industriellen Prozesse unserer modernen Gesellschaft sind Zusätze, Add-ons, die uns unser Leben angenehmer und bequemer machen, aber die Basisgüter zum Überleben kommen aus der Natur. Darüber hinaus „schenkt" uns die Natur mit ihren Leistungen auch erheblich finanzielle Werte. Nach einer Zusammenstellung aus anderen Quellen im Artenschutzbericht 2015 für Deutschland hatte die von bestäubenden Insekten abhängige Agrarproduktion 2005 einen Wert von 153 Mrd. EUR und allein in Deutschland betrug der Umsatz mit pflanzlichen Arzneimitteln 1,3 Mrd. EUR.[117]

---

[117] BfN (2015), S.8-9

All das ist sehr offensichtlich und mit einer ganz normalen Allgemeinbildung kann man verstehen, wie sehr der Mensch und damit auch Unternehmen von der Natur abhängen. Ich habe mich oft gefragt, warum dieser Nutzen der Ökosysteme bei so vielen Entscheidungen nicht oder zumindest so wenig berücksichtigt wird und meine, dass sich die Gründe im Dreieck folgender Gedanken befinden:

An erster Stelle ist da die lediglich mittelbare Betroffenheit: Nur wenige Menschen und Unternehmen sind von reduzierten Ökosystemleistungen oder vom Zusammenbruch eines Ökosystems direkt betroffen, und wenn, dann sind es oftmals nicht die Mächtigen oder Starken, sondern kleine Gruppen. Nach der ökologischen Tragödie im Golf von Mexico durch den Störfall an der Ölplattform Deepwater Horizon zum Beispiel haben neben der Umwelt zahlreiche Fischer, Touristikunternehmen usw. extrem gelitten, aber die weltweite Ölindustrie und auch die mächtigen Konsumgesellschaften in Europa und den USA waren nur sehr am Rand betroffen. Bei der Austrocknung des Aralsees (siehe Kapitel 4.3) sah es noch drastischer aus. Die Betroffenheit der ohnehin schon eher armen Menschen in der Region ist fatal, die direkte Implikation für die meisten westlichen Unternehmen gering. Wenn durch eine Überlastung eines Ökosystems die Erträge einer weltweit maßgeblichen Gruppe von Unternehmen gefährdet wäre, sähe es anders aus, aber eben das ist nur langfristig der Fall; die Rechnung zahlen meist nicht die heutigen Entscheidungsträger.

Der zweite Grund ist die mangelnde Sichtbarkeit von vielen Schäden an Ökosystemen: Verluste der Artenvielfalt geschehen oft schleichend über Jahre und für viele Menschen und Unternehmen kaum merkbar. Insofern kann man schon Verständnis haben, wenn ein Unternehmer nicht versteht, warum vor dem für die Unternehmenszukunft wichtigen Neubau eines Werkes an der gewünschten Stelle eine Zählung von Fledermäusen, Hamstern und anderer Arten stehen soll. Darüber hinaus ist selbst für Fachleute manchmal erst zu spät ersichtlich, welche Folgen das Aussterben eines bestimmten Insekts hat - welche Verkettungen daran hängen, welche anderen, für den Menschen wichtigen Leistungen ein oder zwei Schritte später reduziert werden, ist nicht immer voraussehbar. Der dritte Grund, warum der Nutzen der Ökosysteme nicht ausreichend berücksichtigt wird, ist ein ökonomischer Grund: Die Schäden an der Natur tauchen nicht in den Bilanzen der Unternehmen auf. Wenn die Schäden überhaupt „bilanziert" werden, sind es zunächst volkswirtschaftliche Schäden. Zu einer Belastung für Unternehmen werden sie erst, wenn der Staat sich mit erheblichen Mitteln bemüht, Schäden an der Natur zu

„reparieren“ (sofern das überhaupt geht) und dafür Steuern benötigt, die an anderer Stelle fehlen oder wenn sich die Ausfälle an Ökosystemleistungen dann zum Beispiel in Ertragsreduzierungen der Ernte, ausbleibenden Touristen o.ä. niederschlagen.

Auf dem Weg zu einer nachhaltigeren Wirtschaftswelt wird es meiner Meinung nach von entscheidender Bedeutung sein, Menschen und Unternehmen die Bedeutung der Biodiversität für die dauerhafte Prosperität unserer Gesellschaft näher zu bringen und verständlich zu machen. Um zu verstehen, dass Nachhaltigkeit bedeutet, Natur und Ökosysteme nicht über Gebühr zu belasten, sondern eben nur das zu entnehmen, was sich auch regenerieren kann, hilft ein Blick auf das, was schon zerstört oder beeinträchtigt ist, und welche Folgen das hat.

Beeinträchtigte terrestrische Ökosysteme

Fünf Hauptursachen üben Druck auf die Natur aus und verursachen einen Verlust biologischer Vielfalt: 1. die Einträge von Schadstoffen und Nährstoffüberschüssen in Luft und Gewässer, von wo aus sie die verschiedenen Ökosysteme erreichen, 2. der Klimawandel, 3. die Übernutzung natürlicher Ressourcen (also zum Beispiel Überfischung, zu große Entnahme von Holz), 4. die Zerstörung oder Veränderung von Habitaten, zum Beispiel durch Siedlungsbau, Flächenversiegelung, Verkehrswegebau, Zerschneidung großräumiger nicht gestörter Flächen und 5. die Ausbreitung invasiver Arten, also neuer Pflanzen oder Tiere, die an der Stelle des Vorkommens ursprünglich nicht heimisch sind und welche heimische Organismen verdrängen.

Das bereits zitierte Millennium Ecosystem Assessment hat im Jahr 2005 veröffentlicht, dass ca. 60 % der untersuchten weltweiten Ökosystemleistungen bereits weitgehend geschädigt sind oder sich gar in einem Zustand fortdauernder Zerstörung befinden. In der zweiten Hälfte des zwanzigsten Jahrhunderts war der menschliche Druck auf die Biodiversität und die Ökosysteme stärker als je zuvor in der Geschichte und hat sich in diesem Zeitraum noch dynamisch verstärkt. Der Nettoverlust der weltweiten Waldflächen betrug im ersten Jahrzehnt des 21. Jahrhunderts 5,2 Millionen ha im Jahr; die Rinderzucht, Papierproduktion, Palmöl- und Sojaanbau sind die größten Bedrohungen für die Wälder. Die Aussterberate (allein welch furchtbares Wort!) wird von Experten auf mehr als 100 mal, vielleicht gar 1.000 mal höher berechnet, als ohne menschlichen Einfluss.

Eines der Probleme, das in starker Wechselwirkung mit dem Druck auf Natur und Ökosysteme steht, ist der Hunger. Im Falle einer Hungersnot würde vermutlich jeder von uns den letzten Baum fällen, um Brennholz für eine Mahlzeit zu haben oder das letzte Tier einer Art erlegen, um den Hunger zu stillen. Wo Hunger herrscht, ist es schwer, den Druck auf die Natur zu mindern und umgekehrt treffen genau wie beim Klimawandel die ausfallenden Ökosystemleistungen oft zuerst die Armen dieser Welt: Beim Hunger und der Degradation der Leistungsfähigkeit der Natur ist schwer zu unterscheiden, was Ursache und was Folge ist - beides trägt beide Funktionen. Nicht zwingend Hunger, auch kulturelle Gewohnheiten belasten die Artenvielfalt: Der NABU schätzt, dass jährlich ca. 10 Millionen Singvögel allein in Ägypten zum Opfer eines dort legalen, zumindest aber nicht verfolgten Vogelfangs werden, um auf den Märkten als Nahrung verkauft zu werden.[118] Zu diesen Problemen kommt die in Kapitel 4.4 bereits beschriebene Übernutzung der Frischwasserressourcen dazu und die Überlastung der Ozeane ist ein weiteres dramatisches Thema; hierzu mehr im nächsten Abschnitt.

Auch europaweit sind wichtige Ökosystemleistungen in Gefahr. Die Ausweitungen von Flächenversiegelungen und das „Zerschneiden" von Flächen (nicht durch Verkehrswege zerschnittene, größere zusammenhängende Naturflächen sind für zahlreiche Organismen essentiell) durch Siedlungen und Verkehrsinfrastruktur und die jahrzehntelange Intensivierung der landwirtschaftlichen Produktion sind in Deutschland die wesentlichen Treiber. So zum Beispiel beträgt der Anteil nutzungsfreier Wälder, die für den Erhalt der Artenvielfalt unabdingbar sind, in Deutschland unter 5 % - das ist viel zu wenig, um dauerhaft genügend Rückzugraum für Arten zu haben. Die Zahl der unzerschnittenen Naturräume mit mehr als 100 km^2 Fläche betrug zum Zeitpunkt der Wiedervereinigung noch etwa 21 % der Fläche Deutschlands und ist dann innerhalb von 12 Jahren auf ca. 18 % zurückgegangen - das ist ein Rückgang um 14 %. Auch die für die Bestäubung der Nahrungsmittelpflanzen so wichtigen Honigbienen, aber auch Wildbienen (es gibt über 20.000 Bienenarten) haben in den letzten Jahrzehnten unter erheblichem Druck zu leiden, was ihre Leistungsfähigkeit stark beeinträchtigt. Wer schon einmal Bilder aus China gesehen hat, auf denen Arbeiterinnen auf Apfelbäumen jede einzelne Blüte mit einem Wattebausch betupfen, auf dem Blütenstaub haftet, weil Bienen und andere Insekten die Arbeit nicht mehr vollständig erledigen

[118] Schulz&Heins (2013)

können, der ahnt, welch Schaden entsteht wenn Ökosystemleistungen ausfallen.

48.000 Tierarten und ca. 9.500 wild lebende Pflanzenarten sowie 14.000 Pilzarten sind in Deutschland heimisch - nach den aktuellen „Roten Listen" sind 6 % der untersuchten Arten bereits ausgestorben oder verschollen, 30 % der Arten sind bestandsgefährdet und 8 % extrem selten. Weitere Arten stehen auf der Vorwarnliste oder die Daten sind ungenügend. Als ungefährdet gelten nur 37 % der in Deutschland beherbergten Arten.[119] Es ist nicht möglich und für dieses Buch auch nicht sinnhaft, die gesamte Komplexität der Gefährdungsursachen wiederzugeben. Wer sich hierzu einlesen möchte, dem sei der Artenschutzreport des Bundesamtes für Naturschutz zur Einstiegs-Lektüre empfohlen. Der Report nennt als Gefährdungsursachen an erster Stelle die Landwirtschaft (bzw. die Art, wie sie betrieben wird). So zum Beispiel steht eine Gruppe hochwirksamer Insektizide unter dem Verdacht, die Leistungen von Honigbienen deutlich zu beeinträchtigen und die von der Varoamilbe ohnehin schon belasteten Bienenvölker grundsätzlich zu schwächen. Auch wenn ein Kausalzusammenhang zwischen der Nutzung dieser Insektizide und Bienensterben nicht erbracht ist, ist eben auch das Gegenteil, die Unbedenklichkeit der Substrate, nicht sicher. Auch Wasserbau, Baumaßnahmen (immer noch beträgt die Netto-Neuversiegelung von Flächen 77 Hektar am Tag in Deutschland) und Sport- und Freizeitaktivitäten, diffuse Nährstoffeinträge, Fragmentierungen (also Zerschneidung größerer, nicht beeinträchtigter Flächen) und die Regulierung von Fließgewässern sind weitere in Deutschland wichtige Belastungsfaktoren. Auch der Klimawandel ist ein Treiber der Veränderungen der Biodiversität: Kältebedürftige Vogelarten und Insekten ziehen weiter gen Norden, wärmeliebende Arten dringen nach Deutschland vor. Das klingt nach belanglosem Ersatz - wo früher der Kuckuck flog, fliegt nun halt der Bienenfresser, der ist sogar hübscher anzusehen, weil schön bunt - aber auf Grund der Verkettungen kann solch eine einzelne Veränderung der Beginn des Aussterbens ganz anderer Arten sein, mit desaströsen Folgen volkswirtschaftlicher Art oder auch für Wertschöpfungen, von der ethischen Komponente ganz zu schweigen. Ökologische Wechselwirkungen sind ausgesprochen komplex, auch Fachleute sind bis heute nicht in der Lage hier jede Entwicklung vorherzusehen. Ich will nur einige Beispiele nennen, um Verständnis für solche Wechselwirkungen zu wecken: Pflanzen, die kältebedürftig sind, werden bei dauerhafter Erwärmung

---

[119] BfN (2015), S. 16

des Klimas durch eingewanderte Gräser oder Kräuter verdrängt, was dann Folgen für die Tierwelt hat, die die neuen Pflanzen gegebenenfalls gar nicht als Nahrung akzeptiert. Man spricht hier von einer Organismenkonkurrenz. Durch den Klimawandel schlüpfen manche Insekten einige Wochen vor der Verfügbarkeit ihrer Nahrung, wodurch sie am Standort nicht bestehen können. Auch dies hat Folgen in der Nahrungskette. In den Niederlanden wurde der Rückgang einer Vogelart, des Trauerschnäppers, beobachtet, weil die von ihm gefressenen Insekten bedingt durch den Klimawandel früher ausschlüpfen und er nicht genügend Nahrung vorfindet, wenn er aus dem Winterrevier eintrifft. Wenn sich dann die fraglichen Insekten ungestört vermehren können, treten natürlich weitere Folgen auf, bis hin zu einem Pflanzenbefall, dem dann wiederum mit mehr Insektiziden begegnet wird und so weiter - die denkbaren Konsequenzen kann sich jeder ausmalen. Die Natur verhält sich an der Stelle wie ein großer locker aufgeschütteter Haufen vieler Steine verschiedenster Größe - wenn ich irgendwo unten einen Stein herausnehme, rutscht es von oben nach, aber man kann nicht vorhersagen, bis zu welcher Stelle sich die Entnahme auswirkt und wann das Nachrutschen zum Stillstand kommt.

Vom Aussterben bedroht sind übrigens nicht nur viele Tier- und Pflanzenarten, sondern auch viel Wissen zur Biodiversität: Die taxonomische Ausbildung und die Fähigkeiten, Arten durch Beobachtung und Ansehen überhaupt zu identifizieren, geht in der modernen Ausbildung vielfach verloren, auch für viele Biologen. Ohne dieses Wissen können Umweltauswirkungen aber kaum erkannt werden.

Die beobachtete Degradation der biologischen Vielfalt, der Leistungs- und Regenerationsfähigkeit der Systeme und an vielen Stellen der Welt auch eine zunehmende Desertifikation stellen eine ernsthafte Gefahr für das menschliche Wohlergehen und die künftige Prosperität auch einer nachhaltigen Wirtschaft dar, hierin sind sich alle Experten einig.

Es soll nicht unerwähnt bleiben, dass es auch gute Nachrichten gibt: Beschränkungen bei Pflanzenschutzmitteln, die bewusste Schaffung von Rückzugräumen und Schutzgebieten sowie Gewässerrenaturierungen haben partiell auch zu Verbesserungen geführt und dazu, dass die Bestände einiger wichtiger Tier- und Pflanzenarten wieder wachsen; zusammenfassend kommt der Artenschutzreport dennoch zu dem Fazit, dass der Zustand der Artenvielfalt in Deutschland alarmierend ist.

Überlastete Weltmeere

Das Sondergutachten des wissenschaftlichen Beirates der Bundesregierung zu globalen Umweltveränderungen aus dem Jahr 2006 zur Zukunft der Meere sagt bereits im Titel in drei Schlagworten sehr viel aus: *Zu warm, zu hoch, zu sauer.* In der Zusammenfassung heißt es: „Die *Oberflächenschichten erwärmen sich, der Meeresspiegel steigt immer rascher an, die Meere versauern zunehmend und die Meeresökosysteme sind bedroht. Die Menschheit ist dabei, Prozesse im Meer anzustoßen, die in den letzten Jahrmillionen ohne Beispiel sind, gleichzeitig aber wegen der erheblichen geophysikalischen Verzögerungseffekte den Zustand der Weltmeere für Jahrtausende bestimmen werden. Damit greift der Mensch an entscheidender Stelle in die Funktionsweise des Erdsystems ein, wobei viele Folgen noch nicht genau vorhersehbar sind.*“[120]

Eine der aktuellsten Zusammenfassungen zum dramatischen Zustand der Ozeane ist das Buch „Das Ende der Ozeane“ des deutschen Klimaforschers Mojib Latif. In seinem sehr lesenswerten und aufrüttelnden Werk ist gut dargestellt, dass der Umgang des Menschen mit den Meeren und ihren für den Menschen unersetzlichen Ökosystemen einem Tanz auf der Rasierklinge gleicht. Es ist nicht möglich, alle Facetten des dramatischen Zustands der Weltmeere in einer Zusammenfassung darzulegen, aber für alle Entscheidungsträger in Wirtschaftsunternehmen, die sich dafür interessieren, welche Bedeutung die Umweltveränderungen und die nachhaltige Entwicklung für künftige Geschäftsmodelle haben, können einige Fakten aus dem Buch und den anderen zitierten Quellen zum Einstieg dienen.[121] Als wesentliche Stressfaktoren für die Weltmeere zählen die Verschmutzung mit Chemikalien, die Überdüngung mit Nährstoffen, der Temperaturanstieg durch den Klimawandel und die Versauerung durch die marine Kohlendioxidaufnahme wie auch die Fischerei und Schifffahrt. Unter anderem wird von Wissenschaftlern erwartet, dass aufgrund der Erwärmung und der Eisschmelze in der Arktis die atlantische Umwälzbewegung (von welcher der für das moderate Klima in Europa ursächliche Golfstrom eine Teilmenge ist) sich in den kommenden Jahrzehnten abschwächen wird - mit erheblichen klimatischen und auch ökologischen Folgen.

Durch die marine Aufnahme des überschüssigen Kohlendioxid in der Atmosphäre aus der Verbrennung fossiler Energieträger ist der pH-Wert innerhalb der letzten zwei Jahrhunderte von etwa 8,2 auf 8,1 gesunken, was

---

[120] WBGU (2006)/1, S. 13
[121] Latif (2014)

aufgrund der logarithmischen pH-Skala eine Zunahme von circa 26 % der säurebildenden Hydroniumionen bedeutet - das Meerwasser der Ozeane ist somit im Schnitt circa 26 % saurer als vor Beginn der Industrialisierung. Eine der Folgen ist das auch in den Massenmedien bereits des Öfteren beschriebene Phänomen der Korallenbleiche und die Zerstörung von Korallenriffen. Der pH-Wert hat auch negative Auswirkungen auf Vermehrungsraten des Plankton und da die Versauerung der Ozeane in den polaren Meeren auf Grund der geringeren Temperatur schneller von statten geht, werden durch Versauerung, den Temperaturanstieg und die übermäßige Befischung die Bestände des antarktischen Krill, eines weit vorne in der Nahrungskette stehende Minikrebses, stark beeinträchtigt. Da vom Krill viele Seevögel wie Albatrosse, Sturmvögel und Pinguine, alle antarktischen Robben, fünf Walarten, mehrere Fischarten und Kalamare abhängen,[122] kann hierdurch das gesamte antarktische Ökosystem und in der Folge auch eine wichtige Erwerbsquelle für viele Menschen dauerhaft gestört werden. Nach Angaben der Landwirtschaftsorganisation der Vereinten Nationen gelten durch nicht nachhaltige Fischereipraktiken weltweit 32 % aller Fischbestände als überfischt und 53 % als vollständig ausgeschöpft. Damit ist die wesentliche Proteinquelle von rund 3 Milliarden Weltbürgern gefährdet - vom Verlust der biologischen Ressource ganz zu schweigen.[123]

Mit den anderen in Kapitel 4.5 bereits beschriebenen Phänomenen des Klimawandels geht auch einher, dass die Durchschnittstemperatur der Ozeane seit Beginn der Industrialisierung um circa 1 K gestiegen ist. Aus der Erwärmung und der Eisschmelze resultiert der Anstieg des Meeresspiegels, was zahlreiche Inseln und niedrig liegende Küstengebiete mitsamt sämtlichen in diesen Gebieten installierten Werten gefährdet oder definitiv vernichten wird, weil sie schlicht unter der künftigen Wasserlinie liegen. Auch wenn nicht alle Zusammenhänge bei der Bildung von Wetterkapriolen präzise nachvollzogen werden können, besagt der Stand der Forschung, dass es durch die Erwärmung zwar nicht zwingend mehr tropische Wirbelstürme, aber mehr sehr starke solche Stürme geben wird.

Ein weiterer Teil der Tragödie ist die Benutzung der Weltmeere als Müllkippe: Bereits in den 1990er Jahren wurde die jährlich ins Meer gelangende Abfallmenge auf 6,4 Millionen Tonnen geschätzt. Circa 150 Millionen Tonnen Plastikabfall sollen sich in den Meeren befinden. Teile davon sinken auf den

---

[122] Lighthouse Foundation (2005)
[123] TEEB (2012), S. 11

Meeresboden ab, andere sammeln sich aufgrund der Strömungen an bestimmten Stellen im Meer. Der „Great Pacific Ocean Garbage Patch" soll angeblich zwischen 50 und 100 Millionen t Kunststoffabfall enthalten, die durch das Meer treiben. Die großen Kunststoffstücke, etwa Plastiktüten oder Teile von größeren Folien sind eine Gefahr für Schildkröten und Wale, die zum Teil elendig verenden, weil sie das Plastik für Nahrung halten. Aufgrund der biologischen und mechanischen Zersetzung ist das Meer allerdings auch voll von Feinstteilchen an Mikroplastik, welche sich in Muscheln und anderen Meeresfrüchten finden und so zurück auf unsere Teller gelangen. Die zahlreichen Ölunfälle durch Bohrplattformen und Tanker belasten das Meer durch giftige Abbaustoffe der Mineralöle; Studien ergaben einen Zusammenhang zwischen Herzfehlern bei Fischen und Delfinen und den Abbauprodukten von Ölunfällen. Um das Maß voll zu machen, werden nicht nur konventionelle Abfälle durch Menschen in den Meeren entsorgt, sondern auch radioaktive Abfälle und Atommüll aus Kernreaktoren. Die Gesamtmenge radioaktiver Abfälle in den Meeren soll bis zu 100.000 t betragen - auch von diesen radioaktiven Isotopen wird sich das eine oder andere in Nahrungsmittel verirren. Ich hatte im Kapitel 4.4 zum Thema Wasser bereits erläutert, dass Schadstoffe keine Grenzen kennen und sich in Senken sammeln können, letztlich aber ausgehend von einer Quelle weltweit verteilt werden können. Dürfen wir ernsthaft dem Gedanken arglos begegnen, dass sich in einem Fischgericht gesundheitsschädliche Substanzen oder radioaktive Isotope in einem gesundheitsschädlichen Maß befinden?

Moderne Technologien wie der Untersee-Bergbau sind eine weitere drastische Belastung der Ozeane. Beinahe alle an dem Thema arbeitenden Wissenschaftler sind sich einig, dass die Weltmeere durch den Lebens- und Wirtschaftsstil der heutigen Weltgemeinschaft komplett übernutzt werden. Latif bringt es in seinem Buch treffend auf den Punkt: *„Der Verlust intakter Ozeane wird alle Menschen treffen, auch wenn die größten Meeresschäden in weit entfernten Gegenden der Welt liegen, etwa in Süd Ost Asien. Auch die Menschen in den Industrieländern werden das zu spüren bekommen, denn der Ozeanwandel kennt keine Sieger, er kennt nur Verlierer. Und der Ozeanwandel kennt keine Grenzen. [..] Allein der Temperaturanstieg der Ozeane als Folge der globalen Klimaerwärmung setzt die Meeresökosysteme unter einen enormen Anpassungsdruck. Viele Meeresorganismen besitzen keine große*

Temperaturtoleranz, selbst moderate Erwärmungen können sie nicht verkraften, wenn sie von Dauer sind."[124]

Wenn die Menschen die Funktion der Ozeane einigermaßen intakt halten wollen, dann sind schnelle und drastische Verhaltensänderungen erforderlich: Der WBGU schlug unter anderem vor, zur Bewahrung der biologischen Vielfalt im Meer und zur Stärkung der Resilienz der Meeresökosysteme mindestens 20-30 % der Meeresfläche für ein ökologisch repräsentatives und effektiv betriebenes Schutzgebietssystem auszuweisen. Weiterhin sollte die Bewirtschaftung der Meeresressourcen einem nachhaltigen Ansatz folgen, indem die subventionierte Überfischung der Meere beendet wird, Fangüberkapazitäten abgebaut und destruktive Fischereipraktiken eingeschränkt werden.[125] Gegen die Versauerung und den Meeresspiegelanstieg werden die gleichen Maßnahmen empfohlen wie zur Begrenzung des Klimawandels generell, also massive Einschränkung der fossilen Kohlendioxidemissionen. Hierzu haben Sie im Kapitel 4.5 bereits Ausführungen gelesen.

Ich empfehle Unternehmen, deren Herstellung und Wertschöpfungsprozess direkt oder indirekt mit einer Nutzung der Meere einhergehen, sich in das Thema der Belastung der Ozeane sehr detailliert einzuarbeiten, das Werk von Mojib Latif und das ältere Gutachten des WBGU bieten eine gute Einstiegsmöglichkeit, weil sie sehr viel wissenschaftliche Originalliteratur zitieren. Jedes Unternehmen sollte für sich feststellen, ob und in welcher Form es zusätzlich zum Ausstoß von Klimagasen für die inakzeptable Überlastung der Ozeane eine weitere - und sei es noch so kleine - Mitverantwortung trägt.

Unternehmen und Biodiversität: Unterschiedliche Betroffenheiten

Wenn Energiepreise steigen, dann ist nahezu jedes Unternehmen betroffen - die einen mehr, die anderen weniger, aber jedes Unternehmen erhält eine höhere Rechnung. Bei Verlusten der biologischen Vielfalt oder dem teilweisen Ausfall der Leistungen der Natur sieht es ganz anders aus - manche spüren es direkt, andere zunächst gar nicht, aber eigentlich sind alle Unternehmen betroffen.

Für mich sind die Betroffenheiten in drei Gruppen einzusortieren:

---

[124] Latif (2014), S. 301
[125] WBGU (2006)/1, S. 13

Unmittelbar betroffene Branchen: Hierzu gehören Unternehmen des Primärsektors, also Anbau und Ernte landwirtschaftlicher Erzeugnisse, Imkereien, Forstwirtschaft, Jagd und Fischfang sowie die Rohstoffwirtschaft wie Steinbrüche, Tagebauten und Bergbau. Diese Unternehmen spüren Verluste der Leistungsfähigkeit der Natur etwa durch Bestäubungsverluste, Insektenplagen usw. sofort. Zu den direkten Betroffenheiten zählen aber auch Eingriffsregelungen, Ausweitung von Schutzgebieten usw., die durch den Staat in Folge der Bedrohungen der Natur angeordnet werden. Die unmittelbar betroffenen Branchen haben aber auch die größten Stellschrauben, durch Veränderung ihres Verhaltens die Belastungen der Biodiversität zu reduzieren.

Mittelbar betroffene Branchen: Nahrungsmittelverarbeiter, Handelsketten und das Gastgewerbe bzw. Tourismusunternehmen sind hierfür Beispiele. Sie spüren den Verlust oder die Verteuerung des Angebotes an Nahrungsmitteln auf der Einkaufsseite oder das Ausbleiben von Buchungen in Feriengebieten, die ehedem als naturnah und erholungsspendend galten, nun aber belastet oder weniger schön sind: Gletschergebiete in den Alpen, Skiorte, die wegen des Klimawandels bereits aufgegeben haben, Meeresküsten, die von einem Ölunfall verschmutzt sind oder an denen das Wasser spürbar weniger sauber ist als früher, Naturwandergebiete, die nicht mehr so viel Natur bieten, dass Touristen kommen wollen. Auch diese Unternehmen haben sehr große Einflussmöglichkeiten: Wenn z.B. ein Handelskonzern bevorzugt regionale und saisonale Ware anbietet, Fisch ausschließlich aus MSC-zertifizierten Fängen oder nachhaltiger Aquakultur einkauft, nur Produkte akzeptiert, in welchen zertifiziertes Palmöl nach dem Mindeststandard des Runden Tischs für Palmöl (RSPO) enthalten ist und für bestimmte Obst und Gemüsesorten untersuchen lässt, ob es Implikationen mit dem Verlust biologischer Vielfalt gibt, dann ist das ein sehr großer Hebel. In den 1980er Jahren wirkte der Slogan „Kein Urlaubsort, wo Vogelmord" auf Italien und Frankreich, Reiseanbieter hätten hier für Ägypten einen ähnlichen Hebel.

Auch eine Bank kann mit einem internationalen Finanzierungsvorhaben etwa für einen Staudamm schnell zu den mittelbar betroffenen Branchen mit großem Hebel gehören.

Ausschließlich indirekt betroffene Branchen: Die Gruppe dieser Unternehmen ist bei weitem die größte. Wie ist ein Maschinenbauunternehmen oder ein Elektronikkonzern betroffen? Wenn man den Fall eines Werksneubaus unter Verbrauch von Fläche außer Acht lässt, dann ist die Betroffenheit hier tatsächlich meist sehr indirekt: Hier lassen lediglich vertiefte Recherchen in der Lieferkette - etwa zur Herkunft von Seltenen Erden, Sondermetallen usw. Schlüsse darauf zu, ob es in der Lieferkette Verknüpfungen mit dem Thema Biodiversität gibt. Mehr hierzu im kommenden Abschnitt. Trotzdem sind auch diese Unternehmen betroffen, nämlich in Form der Belastung durch Reputationsverluste, falls doch eine Implikation publik wird, die das Unternehmen nicht antizipiert hat sowie durch die volkswirtschaftlichen Schäden.

Letztere sind nicht wirklich bezifferbar, das Vorhaben „Naturkapital Deutschland" hat zumindest einige Zahlen zusammengestellt.

Der ergangene Ertrag aufgrund der Übernutzung der weltweiten Fischgründe wurde durch die oben bereits erwähnte TEEB-Studie auf jährlich 50 Milliarden US-$ weltweit geschätzt. Die volkswirtschaftlichen Schäden des Elbe-Hochwassers 2002, das durch eine intaktere Gewässernatur und verfügbare Auen deutlich geringer hätte sein können, beliefen sich auf mehr als 11 Milliarden Euro. Die Kosten der Bodenerosion in Europa betragen 53 Euro pro Hektar/Jahr und eine Reduktion der Bestäubungsleistungen der Bienen um nur 10 % würde allein in Deutschland mit 200 Mio. EUR zu Buche schlagen. Die Kosten der Bekämpfung des Neophyten Beifuß-Ambrosie, die bedeutsame allergische Atemwegserkrankungen auslösen kann, sowie die Behandlung der Allergiker werden ebenfalls auf 200 Mio. EUR geschätzt.[126] Welche Kosten das Aussterben einer bestimmten Tier- oder Pflanzenart hingegen hat, ist oft gar nicht bezifferbar: Zu ungenau sind die Kenntnisse auch der Fachleute zu vielerlei Verkettungen und Implikationen.

Welche Veränderungen im Handlungsumfeld von Unternehmen durch die Themen Biodiversität / Ökosystemleistungen werden geschehen?

Die Bedeutung des Themenfeldes und der Handlungsbedarf sind von Politik und Verwaltung, aber auch von Konsumenten und NGOs sowie von vielen Unternehmen bereits erkannt worden. Dennoch bin ich in Gesprächen mit Unternehmern, Geschäftsführungsmitgliedern und anderen Führungskräften immer wieder überrascht, wie wenig die sich abzeichnenden Konsequenzen bekannt sind. Ich prognostiziere, dass das Handlungsumfeld - teilweise analog zu den anderen Themen wie virtuelles Wasser, Klimawandel usw. - sich aus drei Richtungen verändern wird: Durch mehr Auflagen und legislative Akte,

---

[126] TEEB (2013), S. 14, zusammengestellt dort aus anderen genannten Quellen

durch Monetarisierung und durch den „Druck von unten" - also verändertes Kaufverhalten von Unternehmen und Endverbrauchern.

Auf Seiten der Auflagen und der Legislative ist der Blick zunächst auf die EU-Biodiversitätsstrategie 2020 zu richten. Diese verfolgt parallel sechs Ziele: 1. Vollständige Umsetzung der Vogelschutz- und der Habitat-Richtlinie, 2. Erhaltung und Wiederherstellung von Ökosystemen und Ökosystemleistungen, 3. Erhöhung des Beitrags von Land- und Forstwirtschaft zur Erhaltung und Verbesserung der Biodiversität; 4. Sicherstellung der nachhaltigen Nutzung von Fischereiressourcen; 5. Bekämpfung invasiver gebietsfremder Arten und 6. Intensivierung der Maßnahmen zur Bewältigung der globalen Biodiversitätskrise.

Während die Formulierung dieser sechs Ziele noch relativ abstrakt wirkt, sind die 20 Maßnahmenpakete zu den Zielen teilweise bereits deutlich konkreter. Die EU-Mitgliedstaaten waren verpflichtet, bis 2014 die Leistungen der Ökosysteme auf ihrem jeweiligen Hoheitsgebiet zu erfassen und die Ökosystemleistung beschreibende Indikatoren und Messvorschriften zu entwickeln; dabei sollen 15 % der bereits geschädigten Systeme wieder hergestellt werden. Alle Natura-2000 Gebiete sollen Bewirtschaftungspläne erhalten und quantifizierte Biodiversitätsziele in die Programme zur Entwicklung des ländlichen Raums integriert werden (das Netz Natura 2000 umfasst die im Rahmen der Fauna-Flora-Habitat-Richtlinie und der Vogelschutzrichtlinie gemeldeten Gebiete, die 2013 zusammen in insgesamt 5.253 Gebieten 15,4 % der terrestrischen Fläche Deutschlands und rund 45 % der marinen Fläche bedeckten; EU-weit umfassten im Jahr 2009 die FFH - und Vogelschutzgebiete ca. 18 % der Landfläche aller Mitgliedstaaten[127]). Mit besonderer Aufmerksamkeit sollten Unternehmen den Ansatz verfolgen, dass die EU auch Maßnahmen zur Reduzierung der Auswirkungen der Konsumenten-Verbrauchsmuster auf die Biodiversität durchführen wird und Biodiversitätsbelange systematisch in Handelsvereinbarungen und Dialoge mit Drittländern einbezogen werden: Handelsbezogene Nachhaltigkeitsprüfungen („Trade Sustainability Impact Assessments") sowie Beurteilungen bestehender Handelsschemata aus nachträglicher Sicht stehen hierdurch an.[128]

Was bedeutet das konkret? Ich erwarte Ergänzungen und Verstärkungen von Artenschutzprogrammen, so dass die Eingriffsregelungen noch weiter

[127] Infomation von https://www.bfn.de/0316_gebiete.html am 20. August 2015
[128] Amt für Veröffentlichungen der Europäischen Union (2011), S. 22

verstärkt werden, was wiederum den Zeitbedarf für Bau- und Verkehrsinfrastrukturmaßnahmen erhöht oder sie teilweise nicht möglich macht. Weiterhin wird das System der Schutzgebiete eher noch ausgeweitet.

Industrieverbände beklagen bereits heute, dass die Gebietsauswahl nach ausschließlich naturkundlich-fachlichen Kriterien erfolgt und somit die Berücksichtigung wirtschaftlicher Aspekte nachrangig ist. Häufig wird die Rohstoffgewinnung bereits heute in einigen Bereichen komplett unterbunden und Rohstoffgewinnungsflächen in Natura-2000 Gebieten nicht mehr als Vorrangflächen für den Rohstoffabbau ausgewiesen. Grundsätzlich gilt im Gebietsschutz eine Beweislastregel, welche vom Vorhabenträger und den Genehmigungsbehörden den Beweis der Unschädlichkeit eines Vorhabens fordert. All das wird flächennutzende Vorhaben in Europa künftig deutlich erschweren; Unternehmen müssen sich hierauf einstellen.

Des Weiteren erwarte ich Handelsbeschränkungen oder gar Einfuhrverbote für Produkte bestimmter Provinienz beziehungsweise mit nicht gewünschten Inhaltsstoffen. Für durchaus vorstellbar halte ich es, dass z.B. nach Deutschland bzw. Europa in mittelfristiger Zukunft keine Palmöl enthaltenden Produkte ohne Nachhaltigkeitszertifikat eingeführt werden dürfen und dass durch die zuständigen Behörden bei der Einfuhr von Rohstoffen, welche für Biodiversitätskonflikte bekannt sind, die erwähnten handelsbezogenen Nachhaltigkeitsprüfungen durchgeführt werden müssen. Ich möchte nicht verhehlen, dass der administrative Aufwand für Unternehmen - das gilt natürlich besonders für kleine und mittlere Unternehmen - teilweise schwer zu leisten sein wird. Umso wichtiger halte ich auch hier freiwillige Signale von Branchen und freiwillige Selbstbeschränkungen, um administrativ komplexe Regeln zu antizipieren.

Bezüglich der Monetarisierung erwarte ich, dass mehr Naturgütern und mehr Systemleistungen Preise zugewiesen werden, die durch die Nutzer zu entrichten sind. Dieser ökonomische Ansatz hat sicher Vorteile; es könnte hierdurch ein stärkeres Bewusstsein für die Leistungen der Natur und eine umfassendere Berücksichtigung von Naturschutzaspekten in unternehmerischen und politischen Entscheidungen entstehen. Ich selber stehe einer zu umfassenden Monetarisierung des Naturkapitals skeptisch gegenüber und habe dafür zwei Gründe: Zum einen ist die Ermittlung eines fairen und tatsächlichen Wertes sehr diffizil. Welchen Wert hat ein Glas kühles, sauberes Trinkwasser? An einem Kiosk gegenüber einer sprudelnden Bergquelle in den Alpen beträgt der Wert nur wenige Cent, inmitten einer sommerlichen Großstadt an einem heißen Tag ein paar Euro, für einen Verdurstenden in der

Wüste ein Vermögen. Auch wenn man bei einer Bewertung auch solche Effekte abbilden kann, besteht hierbei ein erhebliches Problem: Wir wissen und verstehen bei allen großartigen Forschungsergebnissen über viele Zusammenhänge der Natur und viele Verkettungen noch immer wenig. Es besteht die Gefahr, bestimmten Leistungen der Natur, bestimmten Arten und Teilkompartimenten einen zu geringen Wert zuzuweisen, weil man Verkettungen und Bedeutungen noch nicht erkannt hat. Mein zweiter, schwerwiegenderer Grund ist ein ethisch-moralischer: Wenn ich Naturkapital einen Geldwert zumesse, dann wirkt das wie ein Verkaufspreis und Zahlungen für Naturverbrauch wie eine Gebühr. Menschen und Unternehmen könnten aus bezahltem Geld das Recht ableiten, die Naturgüter an einer bestimmten Stelle zu „verbrauchen". Der amerikanische Philosoph Michael J. Sandel hat dazu in seinem lesenswerten Werk „Was man für Geld nicht kaufen kann" bedenkliche Beispiele angeführt. Wenn zum Beispiel Eltern, die ihre Kinder verspätet vom Kindergarten abholten, hierfür ein Strafgeld zu zahlen hatten, dann stieg die Zahl der Verspätungen an, weil die Eltern das Geld als Gebühr empfanden und sich die Verspätung erkauften - es wurde also der gegenteilige Effekt erreicht.[129] Analog könnten käufliche Verschmutzungsrechte dazu führen, dass Unternehmen es als ihr moralisches Recht betrachten, Schadstoffe auszustoßen - schließlich haben sie ja dafür bezahlt.

Insofern plädiere ich für das, was Umweltökonomen „Inwertsetzung" nennen:[130] Ich bin dafür, den Nutzen der Natur für Menschen und Unternehmen transparent, erfühlbar und erfahrbar zu machen. Dies kann durch Kommunikation, Bildung, Vorbildfunktionen und mehr Nähe zur Natur und schließlich auch durch eine ökonomische Bewertung erfolgen, so dass Naturwerte bei konkreten öffentlichen und unternehmerischen Entscheidungen bzw. durch Konsumenten berücksichtigt werden. Viele Leistungen der Natur, etwa Holz oder gefangener Fisch hatten von jeher einen Wert, auch weil zur Erschließung noch menschliche Aktivität erforderlich ist: Das Holz wandert schließlich nicht alleine in den Baumarkt oder den Brennholzspeicher. Für die Versiegelung von Flächen ist jährlich je m^2 eine Entwässerungsgebühr zu bezahlen. Hierfür wird allerdings auch eine technische Leistung durch das Entwässerungsunternehmen erbracht, das Geld wird nicht im eigentlichen Sinne dafür entrichtet, dass der Boden seiner natürlichen

[129] Sandel (2012)
[130] Naturkapital Deutschland – TEEB DE (2012), S.62

Funktion entzogen ist. Für einige ausgewählte Erträge von Ökosystemleistungen, bei denen ein bestimmter Nutzen der Naturgüter ohnehin erfolgen muss und bislang kostenlos oder nicht angemessen teuer war (saubere Luft, Wasser, Versiegelung von Flächen), kann weitergehend auch eine Einpreisung erfolgen. Im Interesse der nachhaltigen Entwicklung sollte umweltbelastendes Verhalten monetär teurer sein als umweltschonenderes Verhalten und wie in Kapitel 4.5 im Zusammenhang mit den Ergebnissen des Stern-Reports schon dargelegt, können die Preise von Produkten und Dienstleistungen Vehikel für z.B. Klimaschutzmaßnahmen sein. Umweltschädliche Produkte werden damit teurer und klima- bzw. biodiversitätsschonende Produkte im Vergleich preiswerter. Für solche Mechanismen bin ich durchaus. Es sollte aber klar sichtbar sein, dass es sich um eine Verteuerung durch eine Steuer, Abgabe oder Schutzgebühr handelt und nicht um einen Preis, mit welchem man sich das Recht kauft, guten Gewissens die Umwelt zu belasten.

Auch wenn ich dagegen bin, jeder Ökosystemleistung ein Preisschild anzuhängen, prognostiziere ich, dass Naturverbrauch durch Geschäftsmodelle in Zukunft durch staatlich induzierte Instrumente deutlich teurer wird. Mir wäre dennoch wichtiger, dass viel mehr Menschen verstehen, dass die Natur - auch wenn es sich nicht mehr um ursprüngliche Natur, sondern schon anthropogen beeinflusste und veränderte Natur handelt - ein unersetzliches Gut ist, welches wir nicht nach Belieben ausnutzen, sondern schlicht wertschätzen sollten. Und ich meine, dass die Missachtung dieser Werte auch stärker öffentlich diskutiert und kritisiert werden darf, etwa wenn bestimmte Geschäftspraktiken einen unangemessen hohen Naturverbrauch und Belastung der Ökosysteme nach sich ziehen.

Spannend in Bezug auf die Biodiversität wird daher die Veränderung des Konsumentenverhaltens sein. Ich kenne bereits jetzt viele Leute, die grundsätzlich keinen Thunfisch mehr essen oder grundsätzlich keinerlei Fisch ohne Nachhaltigkeitssiegel wie „Friend of the Sea" bzw. MSC kaufen (wobei letzteres Label von einigen Umweltorganisationen bereits als nicht streng genug kritisiert wird). Diese schnell wachsende Konsumentenschicht kauft kein Fleisch, welches aus Massentierhaltung stammt und fragt nach der Herkunft der Baumwolle, des Palmöls und des Kaffees, der im Einkaufskorb landet. Ich hatte die Bedeutung und die Bereitschaft zu Selbstbeschränkungen dieser kaufkräftigen Konsumentengruppen bereits im Kapitel 3 beschrieben. Durch das Internet und zahlreiche Dokumentationsfilme verbreiten sich Informationen zu Biodiversitätsthemen sehr schnell und werden auch dazu führen, dass Unternehmen, z.B. Handelsketten oder Nahrungsmittelverarbeiter, unter dem Druck von Stakeholdern ihre Einkaufsstrategien deutlich ändern.

Handlungsoptionen für Unternehmen

Vor allem Handeln steht die Erkenntnis: Mir persönlich ist der wichtigste erste Schritt, dass viel mehr Entscheidungsträger in Unternehmen erkennen, wie sehr wir alle von der Biodiversität und von Ökosystemleistungen abhängen und dass wir uns durch oft arg- oder gedankenloses Handeln buchstäblich den Ast absägen, auf dem wir sitzen.

Als erstes sollte jeder bzw. jedes Unternehmen sich zwei Fragen stellen: „Wollen wir mit unserem Geschäftsmodell mit verantwortlich sein für einen fortschreitenden Verlust an biologischer Vielfalt? Können wir etwas tun, diesem Trend entgegenzuwirken?"

Als ich im Sommer 2015 eine gemeinsame Veranstaltung der Heinz Sielmann Stiftung mit meiner Heimat-IHK zum Thema „Naturnahe Firmengelände" eröffnen durfte, kamen mehr als 40 Entscheidungsträger aus Unternehmen - ich hätte zugegebenermaßen nicht einmal mit der Hälfte gerechnet. Das zeigt, das Thema gewinnt an Dynamik.

Handeln fängt vor der eigenen Haustür an. Nicht jedes Unternehmen hat die Möglichkeit dazu, aber die Renaturierung eines eigenen Firmengeländes ist ein plakativer und von Mitarbeitern, Kunden und Nachbarn oftmals positiv geschätzter erster Schritt und wenn es gut gemacht ist auch ästhetisch viel spannender als eine makellose, aber sterile Rasenfläche. Experten für die Renaturierung von Firmengeländen lassen sich sehr leicht vor Ort finden. Teilaspekte einer naturnahen Gestaltung sind die Reduzierung der Bodenversiegelung, ein Regenwassermanagement sowie die Ansiedlung standortgerechter Pflanzen, welche wenig Pflanzenschutzmittel benötigen und gleichzeitig Vögeln, Kleinsäugern oder Insekten Nahrung und Versteck bieten. Ebenfalls nützliche Maßnahmen sind das Anlegen von Ecken mit totem Holz, Mauern die nicht glatt sind, sondern Nischen bieten oder das Anlegen kleiner Wasserflächen, Nistkästen für Vögel oder Schlafplätze für Fledermäuse sowie eine insektenfreundliche Beleuchtung. Einen guten Einstieg hierzu zu bieten Broschüren der Initiative „Biodiversity in Good Company"-Initiative.[131] Der Imagefaktor einer renaturierten Fläche ist nicht zu unterschätzen; ich kenne z.B. ein mittelständisches Handelsunternehmen, das hierdurch viel

---

[131] Biodiversity in Good Company Initiative e. V (2014)

positive regionale Aufmerksamkeit hatte und einer meiner Kunden hat ein altes Haldengelände seit 20 Jahren sich selbst überlassen - mit dem Ergebnis, dass sich hierauf eine erstaunliche biologischen Vielfalt angesiedelt hat, was zu positiven Dialogen mit Naturfreunden und anderen Personen führt. Die Bedeutung solch zahlreicher kleiner Maßnahmen ist nicht zu unterschätzen, gerade in einem dicht besiedelten Land wie Deutschland oder gar in urbanen Ballungsräumen sind solche Maßnahmen für viele Arten die einzige Überlebenschance.

Wesentlich komplexer ist das zweite Handlungsfeld, die Ermittlung des Einflusses der Produktion und der eigenen Produkte auf die biologische Vielfalt. Wenn ein Unternehmen erkannt hat, dass Naturzerstörung die dauerhafte Verfügbarkeit der eigenen Rohstoffe, aber auch das eigene Image gefährden kann bzw. Naturschutzgebiete oder schützenswerte Gewässer vor der eigenen Haustür liegen, dann sollte gehandelt werden. Bevor eine komplexe Biodiversitätsstrategie eingeführt wird, empfehle ich ein sogenanntes Screening. Hierzu wurden durch die bereits genannte Initiative „Biodiversity in Good Company“ branchenübergreifende Checklisten entwickelt, die eine Selbstevaluation zum aktuellen Stand der unternehmerischen Biodiversitätsstrategie ermöglichen.

Solange es um die Verknüpfungen im eigenen Produktionsland geht, ist die Ermittlung des Einflusses auf die Biodiversität gegebenenfalls noch leicht machbar. Für die Ermittlung des Einflusses der gesamten Lieferkette jedoch, sofern diese international ist, ist mehr Fachwissen erforderlich, denn gerade in Entwicklungs- und Schwellenländern liegen viele der gravierendsten Probleme der biologischen Vielfalt. Fachleute können mit ein bis zwei Tagen Arbeit zunächst feststellen, ob es überhaupt Verknüpfungen mit dem Thema Biodiversität gibt und welcher Art sie sind. Oftmals lässt sich dieses Screening mit den anderen Ermittlungen innerhalb der Lieferkette zum Beispiel zu Material-Herkunft, Treibhausgasemissionen und Wasserbedarf verknüpfen.

Wenn ein solch großes Screening ergibt, dass innerhalb der Lieferkette wesentliche Beeinflussungen erfolgen, dann sollte ein Unternehmen sich nicht scheuen einen vollständigen Biodiversitätscheck durchzuführen. Dieser geht nochmals tiefer. Nach meinen Erfahrungen sind hier regelmäßig Zeitbudgets in einer Größenordnung zwischen 15 und 25 Tagen erforderlich, da Wissen zu gefährdeten Arten sowie Gespräche mit Lieferanten und gegebenenfalls mit Naturschutzorganisationen vor Ort in den Herstellerländern von Rohstoffen und Halbzeugen erforderlich sind. Ich empfehle meinen Kunden daher grundsätzlich, sich hierzu der Hilfe von Experten zu bedienen.

Ein gut durchgeführter Biodiversitätscheck benennt alle wesentlichen Berührungspunkte zwischen dem Unternehmen und der Artenvielfalt bzw. eventuell belasteten Ökosystemen. Er mündet direkt in Vorschläge für Ziele und Maßnahmen zur Reduzierung von Risiken und negativen Auswirkungen sowie Kommunikationserfordernissen. Jedem Unternehmen muss daher klar sein, dass im Ergebnis einer solchen Prüfung auch ein Veränderungsbedarf der Unternehmensstrategie stehen kann, sei es in der Beschaffung oder Lieferanten-Vereinbarungen, Audits bei Lieferanten oder sei es in der Zusammensetzung von Produkten durch Substitution von kritischen Rohstoffen. Nicht immer allerdings müssen Veränderungen sehr schwierig sein, manchmal genügt die Umstellung auf Rohstoffe mit Siegeln, Standards bzw. Zertifikaten oder der Wechsel eines Lieferanten.

Aller Anfang ist schwer, ich meine aber, dass der dramatische Zustand der Ökosysteme der Welt jede Anstrengung von Unternehmen rechtfertigt und ich bin der Überzeugung, dass Kunden eine konsistente Biodiversitätsstrategie honorieren werden.

Fazit und Indikatoren zum Thema Artenvielfalt und Ökosystemleistungen

Biodiversitätskritische Geschäftsmodelle werden zukünftig von drei Seiten - Legislative, Monetarisierung und verändertes Kundenverhalten - unter Druck geraten. Sie haben daher geringere dauerhafte Gewinnaussichten. Unternehmen sollten daher ihre eigenen Verknüpfungen und den Einfluss der Produktion und der eigenen Produkte auf die biologische Vielfalt ermitteln. Ausgehend von einem Screening kann bedarfsweise ein vollständiger Biodiversitätscheck durchgeführt werden und in der Folge eine Handlungsstrategie festgelegt werden. Im direkten eigenen Umfeld kann die Renaturierung von Betriebsgeländen oder Grundstücken in unmittelbarer Nähe ein wirksamer Einstieg in eine Biodiversitätsstrategie flankieren.

Zu berichtende Indikatoren in diesem Themenfeld sind:

- Detailinformationen für jeden eigenen oder gemieteten Standort, der in oder angrenzend an Schutzgebiete(n) und Gebiete(n) mit hohem Biodiversitätswert außerhalb von Schutzgebieten betrieben wird (G4-EN11);
- Beschreibung erheblicher Auswirkungen von Geschäftstätigkeiten, Produkten und Dienstleistungen auf die Biodiversität in

Schutzgebieten und Gebieten mit hohem Biodiversitätswert außerhalb von Schutzgebieten. (G4-EN12);

- Geschützte oder renaturierte Lebensräume (G4-EN13);
- Gesamtzahl der gefährdeten Arten auf der Roten Liste der Weltnaturschutzorganisation IUCN und auf nationalen Listen, die ihren Lebensraum in Gebieten haben, die von der Geschäftstätigkeit der Organisation betroffen sind, nach Gefährdungsgrad (G4-EN14).

Führungskräftecheckliste zur Unternehmensverknüpfung mit Artenvielfalt und Ökosystemleistungen

1. Haben wir ermittelt, ob Veränderungen der Artenvielfalt oder von Ökosystemleistungen einen direkten Einfluss auf die Verfügbarkeit unserer Rohstoffe oder unserer Wertschöpfungsketten haben? Falls ja, haben wir eine Strategie, um diesem Risiko zu begegnen?
2. Haben unsere wichtigsten Führungskräfte und Entscheidungsträger erkannt, welche Bedeutung Biodiversität und die Leistungen der Natur für das menschliche Wohlbefinden und die allgemeine Leistungsfähigkeit der Wirtschaft haben?
3. Haben wir ermittelt, ob es Vorhaben in unserem Unternehmen gibt, die in Konflikt mit Schutzgebieten oder Artenschutzprogrammen stehen? Falls ja, können wir unsere Vorhaben im Interesse der Biodiversität und des Artenschutzes verändern?
4. Besteht für unsere Branche das Risiko, dass es aus Biodiversitätsgründen zu Einfuhr-Beschränkungen oder Rohstoffverboten kommt? Falls ja, haben wir eine Strategie, um diesem Risiko zu begegnen?
5. Ist unser Geschäftsmodell mitverantwortlich für den fortschreitenden Verlust an Biodiversität in Deutschland oder weltweit bzw. können wir diese Frage überhaupt beantworten? Falls nein, welche Informationen fehlen uns, um in dieser Frage zu einer konsistenten Antwort zu kommen?
6. Haben wir die Möglichkeit in unserem Umfeld oder auf unserem Firmengelände Renaturierungsmaßnahmen vorzunehmen oder zumindest in einem geringen Umfang Rückzugräume für Vögel, Kleinsäuger oder Insekten zu bieten?
7. Haben wir uns hierzu mit regionalen Fachleuten oder Naturschutzverbänden ausgetauscht?
8. Haben wir eine Ermittlung des Einflusses unserer Produktion und unserer Produkte auf die biologische Vielfalt vorgenommen, indem zumindest ein vorläufiges Screening vorgenommen wurde?
9. Wurden bei diesem Screening auch die internationalen Partner in der Lieferkette berücksichtigt?
10. Haben wir Lieferanten befragt, ob sie eine eigene Biodiversitätsstrategie haben und die Ergebnisse in unsere Strategie einfließen lassen?

11. Falls das Screening Gefährdungen der Biodiversität durch unsere Lieferkette ergeben hat, haben wir einen vollständigen Biodiversitätscheck unter bei Einbeziehung von Experten durchgeführt?
12. Haben wir Ziele und Maßnahmen zur Reduzierung von Risiken und negativen Auswirkungen auf die Biodiversität festgelegt?
13. Haben wir die Kommunikationserfordernisse bezüglich unseres Geschäftsmodells zum Thema Biodiversität ermittelt?
14. Ist es möglich bei biodiversitätskritischen Rohstoffen auf Lieferquellen mit Siegeln, Standards oder Zertifikaten auszuweichen? Falls ja, haben wir hierzu Prozesse aufgesetzt?
15. Haben wir eine Biodiversitätsstrategie verabschiedet, welche Veränderungen in der Beschaffung, Lieferantenvereinbarungen, Audits bei Lieferanten oder Substitution von biodiversitätskritischen Rohstoffen beinhaltet?

4.8 Klimafreundliche Mobilität, Elektromobilität und Transport von Gütern

Zu einer Klimastrategie und einem klimafreundlichen Verhalten eines Unternehmens gehört auch eine Mobilitätsstrategie, welche die gesellschaftlichen Veränderungen im Rahmen der nachhaltigen Entwicklung ebenso berücksichtigt wie die technischen Veränderungen bei den Antriebskonzepten der Individualmobilität.

Jahrzehntelang war das mit fossilen Energieträgern angetriebene und mit einem Verbrennungsmotor ausgestattete Kraftfahrzeug die tragende Säule der Individualmobilität in Deutschland und auch in den anderen Industrieländern.

Das eigene Auto hat sich seit den fünfziger Jahren zu einem beziehungsweise zu "dem" Statussymbol unserer Zeit entwickelt.

Mit dem eigenen Auto dienstlich oder privat im Prinzip jederzeit überall bequem und einfach hin reisen zu können, war und ist ein Paradigma der modernen Industriegesellschaft und auch ein Teil des Freiheitsempfindens.

Unternehmen haben diesen Effekt und die Bedürfnisse ihrer Mitarbeiter erkannt; der auch zur privaten Nutzung überlassene Dienstwagen ist nicht nur für Führungskräfte, sondern auch für viele andere Mitarbeitergruppen (z.B. Außendienst, Servicepersonal) eine für beide Seiten aus Kostengründen und aus Gesichtspunkten der Praxis üblich gewordene Gehaltskomponente. Eine im jeweiligen Einzelfall vernünftig gestaltete Auswahl des Fahrzeuges und der vertraglichen Bedingungen schaffen für Unternehmen und für den Mitarbeiter Kostenvorteile und binden Mitarbeiter (auch emotional) stärker an ihr Unternehmen.

Viele Unternehmen haben so eine Fahrzeugflotte, die deutlich größer ist, als es zur Abdeckung der dienstlichen Mobilitätsnotwendigkeiten erforderlich wäre. Im speziellen deutschen Fall kommt dazu, dass von diesem Effekt natürlich die Automobilindustrie als einer der wichtigsten Wirtschaftszweige beträchtlich profitiert hat.

Aus ganz verschiedenen Gründen heraus wird sich diese Situation in den kommenden Jahrzehnten im Kontext der nachhaltigen Entwicklung erheblich verändern:

1. Die Individualmobilität mit dem eigenen Kraftfahrzeug steht an vielen Stellen Europas und der gesamten Welt bereits täglich vor dem Kollaps: Durch die Verkehrsdichte wählen viele Menschen für den Weg zur Arbeit in den wirklichen Großstädten bereits nicht mehr das Auto und stellen in der Folge auch fest, dass sie ein eigenes Fahrzeug oder gar zwei Automobile in der Familie nicht mehr benötigen. Zahlreiche asiatische Megacities ersticken förmlich im Schmutz der Abgase; frappierend ist das Beispiel Neu-Delhi, aber zahllose andere Städte haben es nicht deutlich besser.
2. Es ist technisch und ökologisch nicht zu leisten, dass die nach Erfolg, sozialem Aufstieg und Individualmobilität hungrigen Milliardenbürgerschaften der aufstrebenden Volkswirtschaften Südostasiens, aber auch andere Kontinente in einem gleichen Maß wie die Europäer oder US-Bürger mit Kraftfahrzeugen mit Verbrennungsmotoren ausgestattet werden. Einmal abgesehen von der Begrenztheit der fossilen Kraftstoffe setzt das geschilderte Abgas- und Umweltproblem dem Grenzen.
3. In Europa ist feststellbar, dass die im zweiten Jahrzehnt des 21. Jahrhunderts in Gesellschaft und vielen Unternehmen noch den Ton angebende Generation der "Babyboomer" sehr vermutlich die letzte Generation ist, bei der das Kraftfahrzeug das wichtigste und sichtbarste Statussymbol ist. In der „Generation Y“ ist das Automobil von anderen technischen Geräten (Handy, Tablet) als Statussymbol bereits überholt. Mehr und mehr junge Menschen genießen es, ohne eigenes Kraftfahrzeug individuell mobil zu sein. Ein Auto wird zwar regelmäßig genutzt, aber auf die Anschaffung eines eigenen Autos wird zu Gunsten anderer Vorteile verzichtet. Falls doch ein eigenes Automobil angeschafft wird, dann ist es oftmals klein, parkplatz-

freundlich und "smart", also mit informationstechnologischen Zusatzeigenschaften ausgestattet.

4. Unternehmen haben erkannt, dass eine überbordende Individualmobilität mit Kraftfahrzeugen auch ein sehr teures Unterfangen ist. Wer am Steuer sitzt, kann nicht gleichzeitig einen Termin vorbereiten, kommt gestresst oder verspätet an und die Reisezeit ist so verlorene Arbeitszeit.

Im Spannungsfeld dieser vier Eckpunkte kommen neue Antriebskonzepte und auch neue Mobilitätsstrategien zum Tragen. Hierauf müssen Unternehmen sich einstellen.

Nach meiner persönlichen Einschätzung wird Elektromobilität in den kommenden Jahrzehnten die Verbrennungsmotoren mit fossilen Kraftstoffen als tragende Säule der Antriebskonzepte ablösen, denn:

- Die Ausstattung des Automobils mit einem Elektromotor als Hauptantrieb ist aktuell die einzige technische Lösung, die großflächig funktioniert und im breitem Umfang bereits jetzt in der Lage ist, Verbrennungsmotoren als Antriebskonzept abzulösen - wenn auch bei veränderten Gebrauchseigenschaften eines Elektromobils im Vergleich zu einem Benzin- oder Dieselfahrzeug. Im Sommer 2015 waren immerhin bereits circa 25.000 Elektroautos auf Deutschlands Straßen unterwegs und 5.500 öffentlich zugänglich Ladepunkte installiert.[132] Trotz aller Anstrengungen wird das Ziel von 1 Million Fahrzeugen und 35.000 öffentlich zugänglichen Ladepunkten bis zum Jahr 2020 nach aktueller Einschätzung nicht erreicht, sondern erst einige Jahre später. Dies aber ändert nichts am Vormarsch der Elektromobilität.
- Die Wasserstofftechnologie, also Wasserstoff als Antriebsenergie für einen Verbrennungsmotor oder eine Brennstoffzelle, funktioniert selbstverständlich ebenfalls, ist aber in der Entwicklung zur großflächigen Einsatzreife noch nicht soweit wie Elektromobilität. Dazu kommt, dass die Wasserstofftechnologie eine neue, andere Infrastruktur braucht. Nach meiner Erwartung wird Wasserstoff als Antriebskonzept neben Elektromobilität eine Rolle spielen, und zwar als das seltenere, aber in besonderen Fällen benötigte Antriebskonzept.

---

[132] Konferenz Elektromobilität (2015)

- Die Erzeugung von elektrischem Strom (ich hatte in Kapitel 4.3 bereits darauf hingewiesen, dass mit der Energiewende die Welt wesentlich elektrischer wird) konkurriert im Gegensatz zu Biokraftstoffen nicht (bzw. um es korrekt auszudrücken in wesentlich geringerem Umfang) um Flächen, die global oder regional auch zur Nahrungsmittelproduktion eingesetzt werden können. Die auch in den Medien häufig erwähnte „Teller-oder-Tank-Diskussion" entfällt somit. In Ländern mit großen Flächenreserven oder einer traditionell starken Bioethanol Produktion wie Brasilien mag das anders aussehen, aber für Europa halte ich Biokraftstoffe - auch wenn es sich um eine hoch interessante Technologie handelt - für keinen Weg, der in Zukunft eine tragende Rolle spielen wird. Es ist eine Zwischenlösung in einer Zeit, in der Verbrennungsmotoren mit fossilen Brennstoffen noch die vorherrschende Technologie sind.
- Elektrofahrzeuge werden zur Zwischenspeicherung von Strom aus Erneuerbaren Energien benötigt. Gerade weil nachts mehr Fahrzeuge geladen werden und ansonsten weniger Verbrauch von Strom ansteht, lösen E-Fahrzeuge damit einen Teil des in Kapitel 4.3 erwähnten Gleichzeitigkeitsproblems.
- In den Megacities und auch in europäischen Großstädten spielen neben dem geringeren Treibhauseffekt auch die Nullemissionen an weiteren Luftschadstoffen wie CO, NO_x, SO_2, Feinststaub und Dieselrußpartikeln und VOC eine Rolle. Gerade dieser Aspekt wird in den Süd ostasiatischen Ländern ein wesentlicher Treiber für Elektromobilität sein.

Elektromotoren haben als Antrieb für Kraftfahrzeuge zahlreiche Vorteile. Zunächst einmal sind sie leiser, laufruhiger, noch robuster und weniger anfällig für Schäden als Verbrennungsmotoren. Das gilt insbesondere in der zweiten Hälfte des Lebenszyklus. Elektromotoren erreichen, gerechnet über Nutzungsstunden, insgesamt höhere Lebenszeitlaufleistungen,.

Elektromotoren haben des Weiteren einen deutlich höheren mechanischen Wirkungsgrad: Über 90 % der elektrischen Energie werden in mechanische Antriebsenergie umgesetzt. Nach einer europäischen Verordnung kommen ab 2011 sogar nur noch Elektrofahrzeuge mit > 94 % mechanischem Wirkungsgrad auf den Markt. Vorteilhaft ist auch, dass ein Teil der Bremsenergie wieder in die Batterie zurück gespeist werden kann. Dies verbessert ebenfalls den Gesamtwirkungsgrad. Da ein Teil der mechanischen Antriebsleistung dennoch für Beschleunigungsvorgänge verloren geht, sollte man mit 91 % rechnen, die in gefahrene Distanz umgesetzt werden.

Verbrennungsmotoren setzen im Falle von modernen Dieselmotoren dagegen nur bis zu 45 % der im Treibstoff enthaltenen Energie in mechanische Antriebsenergie um, bei Benzinmotoren sind es sogar nur circa 38 %. Da ein Teil der Energie auch für Beschleunigung benötigt wird und beim Abbremsen wieder verloren geht, kann man im Schnitt für Dieselmotoren mit circa 40 % rechnen. Verbrennungsmotoren haben somit einen Primärenergiefaktor von 2,5. Das heißt für 1 kWh mechanischer Eintritt auf der Straße müssen 2,5 kWh Primärenergie eingesetzt werden.

Grundsätzlich muss mit der Idee aufgeräumt werden, dass Elektrofahrzeuge per se energieeffizienter seien als Fahrzeuge mit Verbrennungsmotoren. Wenn ein Dieselfahrzeug auf 100 km Distanz 6 l Diesel verbraucht dann sind das 60 kWh Primärenergie, von welchen 40 %, also 24 kWh, als mechanische Arbeit auf der Straße geleistet werden. Genau so viel Energie, nämlich 24 kWh muss auch der Elektromotor auf die Straße bringen, um ein ansonsten baugleiches Fahrzeug 100 km weit zu fahren. Der Unterschied ist, dass der Elektromotor wegen des deutlich besseren Wirkungsgrades hierfür nur circa 26 kWh Ladestrom benötigt. Wenn der Strom dann noch dazu - dies ist wesentliche Voraussetzung für die Sinnhaftigkeit - direkt mit regenerativem Strom gespeist wird, dann ist der Primärenergieeinsatz quasi gleich null. Auf der Seite der Treibhausgasemissionen sieht es wie folgt aus: 6 l Diesel bedeuten bei dem anzusetzenden Faktor von 2,65 kg Kohlendioxid je Liter eine Emission von knapp 16 kg CO_2. Je nachdem, ob man den Strom aus erneuerbaren Energien mit null ansetzt oder die Gestehungsemissionen für die Anlage einrechnet, ist es null oder etwas mehr als null für die 26 kWh Strom.

Damit ist die wichtigste Aussage für Elektromobilität als Bestandteil der Energiewende und für klimafreundliche Mobilitätskonzepte hergeleitet: Ein Elektrofahrzeug ist nicht per se energieeffizienter, aber es ist deutlich primärenergieeffizienter und emissionsreduzierter als herkömmliche Fahrzeuge mit Verbrennungsmotoren. Darüber hinaus können zahlreiche nachts nicht benutzte Elektrofahrzeuge als Zwischenspeicher für Strom aus regenerativen Energien dienen, wenn weniger Abnahme aus Industrie und Gewerbe erfolgt. Elektromobilität löst damit zu einem Teil das in Kapitel 4.3 geschilderte Gleichzeitigkeitsproblem und erfüllt das wichtige Theorem der Energiewende, dass der Bedarf künftig stärker der Erzeugung folgen muss und nicht wie bislang die Erzeugung dem Bedarf folgt.

Zusätzlich energieeffizienter sind Elektrofahrzeuge nur dann, wenn sie sich außer im Antriebskonzept auch in Gewicht, Rollwiderstand, Aerodynamik etc. vom Verbrennungsfahrzeug unterscheiden.

Basierend auf der Gegenüberstellung der Primärenergieeffizienz lässt sich auch der wesentliche Kostenvorteil von Elektrofahrzeugen herleiten: Während für 6 l Diesel ca. 8 EUR gezahlt werden müssen, schlagen die 26 kWh „Grünstrom" nur mit circa 5 EUR zu Buche (es sei jedem unbenommen, mit seinen aktuellen Preisen eine eigene Vergleichsrechnung durchzuführen). Diese Preisdifferenz wird sich in den kommenden Jahren nach aller Erwartung noch deutlich verstärken, insbesondere wenn attraktive Windstrom-Nachttarife angeboten werden; für Unternehmen, die ihren Strom geschickt einkaufen, gibt es solche Angebote bereits.

Alle anderen aktuellen Preisvorteile basieren auf momentan gegebenen Subventionen für die Elektromobilität, die nach der Einführungsphase wegfallen sollten; es sind dies Steuer- und Leasingvergünstigungen und gegebenenfalls in Zukunft auch eine Sonderabschreibungsmöglichkeit für Elektrofahrzeuge.

Ich selber nutze seit dem Jahr 2014 einen Plug-in-Hybrid und kann bestätigen, dass die Betriebskosten eines Fahrzeuges auch im Teilelektrobetrieb bereits heute zu deutlichen Einsparungen je gefahrenem Kilometer führen.

Um Missverständnisse zu vermeiden: Es gibt zahlreiche Möglichkeiten, mit denen es preiswerter ist, 1 t CO_2 zu sparen als der momentane Einsatz von Elektrofahrzeugen, denn die Steuervorteile und die Anschubfinanzierungen durch die Hersteller und öffentliche Hand für Infrastruktur kommen ja auch irgendwo her. Ich meine jedoch, es kann nicht nur darum gehen, mit möglichst wenig finanziellem Einsatz pro Tonne CO_2-Einsparung zu arbeiten. Bei klimafreundlicher Mobilität geht es vielmehr um eine Umstrukturierung bisheriger Mobilitätsmodelle, die erforderlich sind, um künftig Klimaeffizienz in allen Lebensbereichen zu ermöglichen.

Unbestreitbar ist jedoch auch, dass Elektrofahrzeuge aktuell noch erhebliche Nachteile in der Nutzung haben: Das Aufladen eines Elektrofahrzeuges dauert ein Vielfaches der Zeit beim Tanken. Während man bei einem Dieselfahrzeug den Treibstoff für eine Distanz von 1000 km binnen weniger Minuten in den Tank füllen kann, gibt es nach meinem Wissen bislang kein einziges Elektrofahrzeug, was auch nur annähernd 1000 km ohne Nachladen fahren kann und je nach Ladeleistung des genutzten Ladepunktes dauert das Laden für eine Distanz von 100 km mehrere Stunden. Nur einem Anbieter ist es bislang gelungen, an den firmeneigenen „Superchargern“ die Ladezeit deutlich geringer zu gestalten: Im Sommer 2015 ist meines Wissens das Model S des amerikanischen Anbieters Tesla Motors das einzige Elektrofahrzeug, welches mit einer Leistung von 120 kW geladen werden kann; diese ermöglichen nach Firmeninformationen 270 km Reichweite nach ca. 30 Minuten Ladezeit.[133] Das Beispiel zeigt, was technologisch bereits heute geht und Porsche hat 2015 ein Konzeptfahrzeug vorgestellt, welches in noch kürzerer Ladezeit noch längere Distanzen ermöglichen soll.

Noch ist das Netz an öffentlich zugänglichen Ladepunkten viel zu dünn. Obwohl es mittlerweile mehrere Smartphone Apps gibt, mit denen das Auffinden von Ladesäulen einfach geworden ist: Das Nachladen in fremden Städten oder an fremden Orten ist zeitaufwändig und bei weitem nicht so einfach wie das Anfahren einer Tankstelle. Auch hat sich noch kein einheitliches Zahlungssystem an fremden Ladepunkten durchgesetzt; nächtliches Aufladen zu Hause oder zu Bürozeiten in der Firma ist unerlässlich. Auch wenn ich nicht erwarte, dass die politischen Ziele von 1 Million Elektrofahrzeugen und 35.000 öffentlich zugänglichen Ladepunkten bis zum Jahr 2020 vollständig erreicht werden, sind all diese Probleme lösbar und werden auch mit Sicherheit gelöst: Mitte der 2020er Jahre wird Elektromobilität als normal erachtet werden und es wird überall sehr viel einfacher sein, ein Fahrzeug nachzuladen. Durch technologischen Fortschritt werden die Ladekapazitäten der Batterien höher sein, die Ladezyklen kürzer und die Reichweiten somit deutlich verlängert im Vergleich zu heute. Niemand sollte hier Wunder erwarten, der Aufbau des Straßen- und Tankstellennetzes, welches wir heute kennen, hat ab der Jahrhundertwende 1900 auch mehrere Jahrzehnte gedauert.

Vermutlich werden die heute relativ häufigen Plug-in-Hybridfahrzeuge (PHEV) daher nur eine Brückentechnologie sein. Mittelfristig gibt es vermutlich wenig Sinn, ein Fahrzeug mit zwei kompletten Antriebssystemen auszustatten. Als Übergangstechnik, um die Technologien der Elektromobilität zu verbreiten und die Infrastruktur aufzubauen, haben sie aber durchaus eine große Berechtigung.

Fahrzeuge, die durch Brennstoffzellen (mit Wasserstoff aus Power-to Gas-Anlagen) betrieben werden oder mit Verbrennungsmotoren aus klimaneutralem Methan (methanisierter Wasserstoff aus Power-to-Gas-Anlagen) haben naturgemäß eine längere Reichweite und werden daher die

---

[133] Tesla Motors Deutschland (2015)

städtische bzw. regionale Mobilität ergänzen. Mit diesen Konzepten werden längere Strecken und Lastkraftverkehr abgewickelt. Von Gegnern der Elektromobilität wird häufig vorgebracht, E-Fahrzeuge würden die Umwelt in der Herstellung deutlich stärker belasten. Das ist bei den momentanen Kleinserien und Pilottechniken sogar richtig. Wichtig ist zu jedoch erkennen, dass es keinen Grund gibt, warum die Herstellung von Elektrofahrzeugen bei ähnlichen Serienzahlen und vollständiger Industrialisierung auf die Dauer umweltbelastender oder energieintensiver sein sollte als die herkömmlicher Fahrzeuge.

Auch wenn ich sicher bin, dass in einigen Jahren ein Umkreis von 150-200 km um den eigenen Wohn- oder Arbeitsort herum sehr bequem mit dem Elektrofahrzeug erreicht werden kann und nach Abschluss des Termins die Rückfahrt möglich ist, werden Elektrofahrzeuge vermutlich immer eine etwas geringere Reichweite und längere Ladezeiten haben als unsere heutigen Diesel- oder Benzinfahrzeuge. Aus den Vor- und Nachteilen der Elektromobilität und dem Mobilitätsverhalten der jüngeren Generationen lässt sich herleiten, dass in Zukunft auch für Unternehmen andere Mobilitätskonzepte gefragt sind:

a) Einige meiner Kunden bieten ihren Mitarbeitern bereits heute Downsizing-Prämien an. Das heißt es gibt einen anderen geldwerten Vorteil, wenn ein kleinerer Dienstwagen gewählt wird.

b) Weiterhin wird es üblich, auch für Führungskräfte oder gar Vorstände ein Emissionslimit an Kohlendioxidausstoß pro Kilometer anzuwenden.

c) Erkennend, dass viele jüngere Mitarbeiter gar nicht zwingend ein eigenes Auto besitzen wollen, bieten größere Unternehmen sogenannte Corporate Car Sharing Systeme an. Das bedeutet, es besteht ein Pool an verschiedenen Elektrofahrzeugen und Autos mit Verbrennungsmaschinen, die von den Mitarbeitern wechselweise genutzt werden können. Unternehmen, die mangels Größe kein eigenes Corporate Car Sharing einführen können, schließen sich anderen Car Sharing Initiativen an.

d) Dienstfahrräder sind bei zahlreichen meiner Kunden mittlerweile eine Selbstverständlichkeit, für viele Unternehmen allerdings immer noch keine Normalität.

e) Job Tickets, die vom Arbeitgeber bezuschusst werden, sind in vielen Unternehmen mittlerweile ebenfalls Normalität, um Mitarbeitern die Nutzung des ÖPNV für den Weg der Arbeit zu erleichtern.

f) An Stelle der Vergünstigung durch einen Dienstwagen gibt es auch die Möglichkeit von sogenannten „Mobilitätsbudgets".[134] Mitarbeiter haben hier die Möglichkeit, sich ihre eigene Mischung aus verschiedenen Verkehrsträgern wie Eisenbahn, Mietwagen, Poolfahrzeugen, Taxi, Bikesharing usw. bedarfsgerecht zusammenzustellen. Wenn die Mitarbeiter hiermit billiger fahren als mit einem Dienstwagen, spart das Unternehmen Geld und der Mitarbeiter erhält einen Teil der Einsparung als Prämie.

g) Auch Verkehrsvermeidung ist eine wichtige Säule von Unternehmensmobilitätskonzepten: Mitarbeiter regelmäßig anzuhalten, anstelle einer Dienstreise moderne Technologien wie Videokonferenzen oder Webkonferenzen zu nutzen, ist Programm in vielen Unternehmen.

Die geschilderten Möglichkeiten und Visionen zeigen jedoch deutlich zwei Dinge: Das hergebrachte Modell, dass nur eine Person ein Fahrzeug alleine regelmäßig nutzt und die heute übliche Gewohnheit, dass man sich zu jedem beliebigen Zeitpunkt in sein Auto schwingen kann, um mit diesem Fahrzeug ohne jedweden Planungsvorlauf an einen beliebigen Treffpunkt bis direkt vor die Tür fahren kann, gehören künftig der Vergangenheit an.

Wesentlich mehr als heutzutage wird es schon in wenigen Jahren üblich sein, eine sogenannte „multimodale Reiseplanung" durchzuführen, die nach Zeit- und nach Klimaeffizienz den möglichst besten Reisemodus auswählt. Hierfür gibt es bereits heute sehr leistungsfähige und interessante Softwarelösungen, die dem Reisewilligen verschiedene Kombinationen von Zug, Taxi, ÖPNV, Leih-E-Fahrzeug vor Ort für die letzten wenigen 10 km vorschlagen oder in einigen Fällen sogar vorschlagen, die letzten Kilometer zwischen Bahnhof und Kunden in der Innenstadt am Zielort mit einem Bike-Sharing-Fahrrad zurückzulegen. Sogar die Wettervorhersagen werden solche Softwarelösungen in Zukunft berücksichtigen: Reserve-Lösungen, um bei unerwartetem Regen in letzter Minute vom Leih-Fahrrad auf Taxi oder ÖPNV umzusteigen, werden vorgesehen.

All dies mag zwar dem einen oder anderen, der sich an seinen luxuriösen Dienstwagen gewöhnt hat und diesen als bequemste Lösung empfindet, als geradezu „verrücktes", unbequemes Modell erscheinen; für die junge Generation Y sind solche Modelle eine Selbstverständlichkeit, werden als "smarter" empfunden und ich kenne nicht wenige über 50-jährige, die 25 Jahre lang

---

[134] Thega (2015)

überzeugte Autofahrer waren und mittlerweile eine multimodale Reiseplanung als stressärmer und lebensqualitätsverbessernd empfinden.

Egal wie ein Unternehmenskonzept zur künftigen Mobilität der Mitarbeiter des Unternehmens aussieht: es bedarf erheblicher Veränderungen und auch Zeit zur Einführung. Vieles was hier beschrieben wird, bedeutet auch einen Paradigmenwechsel. Mobilität im Mix und eine multimodale Reiseplanung nach Zeit- und Klimaeffizienz benötigen wie beschrieben Softwarelösungen: Eine Corporate Buchungsplattform oder eine Dispositionssoftware für den Fahrzeugpool im Corporate CarSharing sind unabdingbar. Die erforderliche Telematik für Abrechnungssysteme und Mobilitätsbudgets erfordert die Verarbeitung personenbezogener Daten und muss daher mit den Erfordernissen des Datenschutzes abgeglichen werden. Wie auch immer, der Elektromobilität und einer individuellen Mobilität im Mix gehören die Zukunft und Unternehmen winken auch erhebliche Chancen in diesem Teilsegment der nachhaltigen Entwicklung: Sei es, weil man sich selber mit Hardware oder Softwarelösungen an dem Systemwechsel beteiligt, was für zahlreiche, wenn auch den geringeren Anteil aller Unternehmen eine Option sein dürfte. Oder sei es, weil ein verändertes Mobilitätsverhalten für die Mitarbeiter und damit das Unternehmen auch zahlreiche Kosteneinsparungen, Einsparungen an Arbeitszeit und geringeren Stress bedeutet, wenn man sich an die Veränderungen erst einmal gewöhnt hat. Nicht zuletzt kommen die veränderten Mobilitätskonzepte auch dem demographischen Wandel entgegen: Für einen Mitarbeiter der mittleren Führungsebene im Alter von 45 Jahren ist es - wenn auch nicht arbeitszeiteffizient, aber physisch doch recht einfach möglich, an einem Tag viele hundert Kilometer Auto zu fahren und trotzdem seine Termine konzentriert abzuleisten. Von Ausnahmen abgesehen wird ein Mitarbeiter, der bis zum 67. Lebensjahr mit seiner großen Erfahrung dem Unternehmen zur Verfügung stehen will, dies anders sehen. Eine Mobilität im Mix kommt somit auch älteren Mitarbeitern entgegen und kann so als Teil des Gesundheitsmanagements verstanden werden.

Umweltschonende Produktdistribution

Die gleichen Denkmodelle wie für den Personentransport beschrieben gelten für den Transport von Produkten. Ich kenne von meinen Kunden großartige Beispiele von Computerprogrammen und engagierten Logistikplanern, die durch regionale Beschaffung, Zusammenfassung von Liefertouren, Einrichtung von „Milkruns“ (also Rundtouren), Volumenreduzierungen (etwa Endaufbau des Produktes erst am Zielort), Auswahl umweltfreundlicher Speditionen, die eine hochmoderne und emissionsarme Lkw-Flotte nutzen und Nutzung von Schienentransporten die Umweltauswirkungen des Produkttransports permanent reduzieren. Leider werden in vielen Unternehmen diese Möglichkeiten aber nicht vollumfänglich genutzt; ich behaupte, weil Transport immer noch zu billig ist. Viele Unternehmen messen nicht einmal, welches Transportaufkommen (z.B. in Tonnenkilometern) induziert wird - was man nicht misst, kann man auch nicht verbessern. Von einem nachhaltigen Unternehmen erwarte ich hier klare Kennziffern.

Fazit und Indikatoren zu Umweltauswirkungen durch den Transport von Produkten, anderen Gütern und Materialien sowie von Mitarbeitern

Unternehmen sollte eine nachhaltige Mobilitätsstrategie entwickeln und hierbei neue Techniken und Antriebskonzepte, verändertes Mobilitätsverständnis und Vermeidung von Transportprozessen durch Planung einbeziehen. Ebenso wichtig ist der Aufbau einer umweltschonenden Strategie zur Verteilung von Produkten und Vermeidung von Lieferprozessen durch ein Näheprinzip, um die Umweltauswirkungen des Produkttransports zu reduzieren. Mögliche Indikatoren sind:

- Erhebliche ökologische Auswirkungen durch den Transport von Produkten und anderen Gütern und Materialien, die für die Geschäftstätigkeit der Organisation verwendet werden, sowie durch den Transport von Mitgliedern der Belegschaft (G4-EN30);
- Kennzahlen für das Dienstreiseaufkommen wie Personenkilometer (Pkm) je Verkehrsträger (Kein GRI Indikator);
- Kennzahlen für den Gütertransport in Tonnenkilometer (tkm) je Verkehrsträger (Kein GRI Indikator);
- Transportmassenentfernung der eingekauften Rohstoffe und Vorprodukte in Tonnenkilometern (tkm).

Führungskräftecheckliste zu Mobilität und Transport

1. Haben wir eine Mobilitätsstrategie für Mitarbeiteranreise zum Arbeitsplatz und Dienstreisen, die folgende Elemente enthält:

a. Downsizing-Prämien, das heißt es gibt einen anderen geldwerten Vorteil, wenn ein kleinerer Dienstwagen gewählt wird;

b. Emissionslimit an Kohlendioxidausstoß pro Kilometer für Dienstwagen (auch für Führungskräfte);

c. Corporate Car Sharing System oder Beteiligung an einer Car Sharing Initiative;

d. Dienstfahrräder;
e. Job Tickets, die vom Arbeitgeber bezuschusst werden;
f. „Mobilitätsbudgets" - Mitarbeiter haben bei uns IT-gestützt die Möglichkeit, sich ihre eigene Mischung aus verschiedenen Verkehrsträgern wie Eisenbahn, Mietwagen, Poolfahrzeugen, Taxi, Bikesharing usw. bedarfsgerecht zusammenzustellen.

2. Nutzen wir Möglichkeiten der Verkehrsvermeidung, indem wir Mitarbeiter motivieren, anstelle einer Dienstreise moderne Technologien wie Videokonferenzen oder Webkonferenzen zu nutzen?
3. Sind diese Möglichkeiten in einer verbindlichen Reiserichtlinie hinterlegt, so dass Mitarbeiter notwendige Dienstreisen unter Berücksichtigung der Klimaeffizienz planen müssen?
4. Haben wir eine nachhaltige Fuhrparkpolitik zu Auswahlkriterien der Fahrzeuge?
5. Messen wir Kennziffern zum Dienstreiseverhalten in Personenkilometer je Verkehrsträger und CO_2-Ausstoß durch Dienstreisen und verbessern wir diese Kennziffern kontinuierlich?
6. Haben wir ein Logistikkonzept mit regelmäßiger Prüfung aller Möglichkeiten wie:

a. Auswahl der Lieferanten auch nach dem Näheprinzip;
b. Zusammenfassung von Liefertouren;
c. Einrichtung von „Milkruns" (also Rundtouren);
d. Volumenreduzierungen (etwa Endaufbau des Produktes erst am Zielort);
e. Nutzung von Schienentransporten.

7. Wählen wir Speditionen unter dem Kriterium der Klimaeffizienz der Fahrzeugflotte aus?
8. Messen wir Kennziffern zum Gütertransport je Verkehrsträger und CO_2-Ausstoß durch Gütertransport und verbessern wir diese Kennziffern kontinuierlich?

5 Die soziale Dimension der Nachhaltigkeit in der Unternehmensführung

Die soziale Dimension der Nachhaltigkeit ist die "andere Seite" des Themas nachhaltige Entwicklung, die neben den ökologischen Wirkungen wirtschaftlichen Handelns berücksichtigt werden muss, um zu einem nachhaltigen Geschäftsmodell zu gelangen.

Ohne zu viele Aspekte der einleitenden Kapitel zu wiederholen möchte ich an folgendes erinnern: Nachhaltiges Handeln bedeutet, künftigen Generationen Ausgangsbedingungen zu überlassen, die jenen gleichwertig sind, die wir selber vorfanden. Dazu gehört nicht nur eine intakte und lebenswerte Umwelt mit ihren umfänglichen und funktionsfähigen Ökosystemleistungen, sondern auch soziale Strukturen, die ein lebenswertes Leben erst möglich machen -

diese Formulierung wähle ich wohl wissend, dass „lebenswert" in unterschiedlichen Kulturen und Generationen durchaus sehr verschieden definiert werden kann. Dennoch gibt es generationsübergreifend sicherlich einen weltweiten Konsens.

Was kulturübergreifend und weltumspannend zu einem "guten Leben" gehört, haben Robert und Edward Skidelsky in ihrem viel beachtenden und sehr lesenswerten Buch "Wieviel ist genug?"[135] sehr treffend in sieben Begriffen auf den Punkt gebracht: Als universelle, finale (das heißt in sich gute und nicht nur als Mittel zu etwas anderem Guten) und für Jedermann unverzichtbare Basisgüter bezeichnen sie in ihrem ungemein klugen Werk *Gesundheit, Sicherheit, Respekt, Persönlichkeit* (in diesem Zusammenhang als Möglichkeit und Fähigkeit, einen eigenen Lebensplan zu entwerfen und umzusetzen), *Harmonie mit der Natur, Freundschaft* und als siebentes Basisgut *Muße*. Mit Muße meinen die Autoren die Möglichkeit, Dinge um ihrer selbst willen zu tun und nicht als Mittel zu etwas anderem. Der Zugang zu Mangelgütern wie Nahrung und sauberem Wasser erscheint hier nicht als Basisgut, weil gesunde Ernährung unter Basisgütern wie Gesundheit subsummiert wird. Zu keinem der Basisgüter steht die nachhaltige Entwicklung im Widerspruch, ganz im Gegenteil. Ich möchte die 7 Basisgüter in dieser Definition auch nicht als einzigen ansetzbaren Wertekanon bezeichnen, es gibt andere Zusammenstellungen, die übrigens von den Skidelskys in ihrem Buch auch diskutiert werden. Jedoch: In vielerlei Hinsicht ähneln sich alle philosophischen Ansätze dessen, was zu einem lebenswerten, „guten" Leben tatsächlich gehört und Ressourcenverschwendung, Überfluss, Ausbeutung Dritter und überbordender Konsum gehört in keiner Zusammenstellung dazu.

Die soziale Dimension ist mit der ökologischen Dimension nachhaltigen Handelns auch eng verzahnt. Funktionsfähige soziale Strukturen, eine zumindest einigermaßen faire Verteilung von Wohlstand und Zugang zu Bildung und Gütern sowie faire Arbeitsbedingungen sind eine notwendige Voraussetzung für Maßnahmen zum Erhalt einer gesunden Umwelt. Ich hatte im Kapitel 4.7 zur Biodiversität darauf hingewiesen, dass Hunger eines der zentralen Probleme der Welt ist, welches in starker Wechselwirkung mit dem Druck auf Natur und Ökosysteme steht. Hunger, mangelnder Zugang zu sauberem Wasser, mangelnde Hygiene, fehlende Bildungschancen, Armut und schlechte Arbeitsbedingungen ebenso wie Perspektivlosigkeit sind

[135] Skidelsky (2013)

Belastungen, welche jedweder Umweltschutzmaßnahme für die Zukunft die Basis entziehen: Wer arm, hungrig oder perspektivlos ist, hat wenig Motivation oder Veranlassung, die Lebensgrundlagen künftiger Generationen und die Umwelt zu schützen. Für mich ist damit eindeutig: Ohne Berücksichtigung der sozialen Aspekte und einer Gerechtigkeit gegenüber allen heute lebenden Menschen - das gilt natürlich insbesondere für die ärmeren Teile der Weltbevölkerung - ist auch der Schutz der ökologischen Lebensgrundlagen nicht ausreichend möglich und damit auch keine Gerechtigkeit im nachhaltigen Sinne gegenüber künftigen Generationen. Eine nachhaltige Entwicklung kann nur gelingen, wenn soziale Gerechtigkeit und Umweltschutz auch heute bereits ineinandergreifen.

Notwendige Grundlage für ein nachhaltiges Geschäftsmodell und nachhaltiges Handeln eines Unternehmens ist es somit, nicht nur im eigenen Land und bei der eigenen Belegschaft, sondern im gesamten Wirkungsfeld des Unternehmens Voraussetzungen zu schaffen, die allen Menschen, welche von der Wirkung und den Aspekten der Unternehmensaktivitäten betroffen sind, „gute" Lebensbedingungen im oben genannten Sinne ermöglichen. Bis auf ganz wenige Ausnahmen multinationaler Konzerne kann hierzu jedes Unternehmen natürlich nur einen kleinen Baustein leisten. Wenn jedoch das Geschäftsmodell jedes Unternehmens, welches international verflochten ist, einen Beitrag leistet, um Hunger, Durst, Armut und Perspektivlosigkeit einzuschränken und den Weg zu einem guten Leben zu erleichtern, dann ist viel getan.

Eine Berücksichtigung der sozialen Dimension der Nachhaltigkeit ruht auf folgenden Säulen:

1. Eine auf Nachhaltigkeit ausgerichtete Personalstrategie mit fairen Arbeitsbedingungen sowie einer an allen Produktionsstätten menschenwürdigen Beschäftigung, welche auch berücksichtigt, dass man für nachhaltige Geschäftsmodelle in der Green Economy andere Qualifikationsprofile benötigt als in der herkömmlichen Wirtschaftsstruktur.
2. Berücksichtigung von Menschenrechten über die gesamte Liefer- und Herstellungskette: Dieser zweite Punkt erscheint aus einer europäischen Perspektive oftmals als selbstverständlich, mit dem Blick auf die Lieferkette ist er es aber nicht.
3. Eine gesellschaftliche Positionierung des Unternehmens als fairer, verantwortungsbewusster und zuverlässiger „Corporate Citizen" durch bürgerschaftliches Engagement.

Auch wenn ich nicht behaupten möchte, soziale Zusammenhänge seien weniger komplex als die naturwissenschaftlichen Zusammenhänge der Kapitelgruppe 4, so erschließen sich die sozialen Aspekte den meisten Menschen deutlich einfacher als die beschriebenen Umweltzusammenhänge.

5.1 Personalstrategie und Nachhaltigkeit

Eine Personalstrategie in einem nachhaltigen Geschäftsmodell sollte Fairness und Chancengleichheit in der eigenen Belegschaft abbilden. Dies ist einerseits notwendig, um als Arbeitgeber attraktiv zu bleiben und anderseits, weil die Glaubwürdigkeit sonst verloren geht, wenn Fairness bei Lieferanten oder anderen Geschäftspartnern eingefordert wird. Sie sollte auch gewährleisten, dass das Wissen und die Qualifikation ins Unternehmen gelangen, die das Unternehmen auf dem Weg zur Nachhaltigkeit braucht - hierbei ist zu berücksichtigen, dass in einer „Green Economy" auch andere Fähigkeiten und Denkweisen gefordert sind. Ich werde in diesem Abschnitt keine Empfehlungen zur allgemeinen Personalstrategie aussprechen - dazu bin ich nicht berufen - sondern werde mich darauf beschränken, Elemente zu nennen, die für ein Unternehmen im Kontext der nachhaltigen Entwicklung zusätzlich zu beachten sind. Zusätzliche Elemente der Personalstrategie in einem nachhaltigen Unternehmen sind die Folgenden:

<u>Personalauswahl:</u> Neben den in jeder Personalplanung zu berücksichtigenden Systematiken ist es künftig wichtig, Menschen einzustellen, die „Green Economy" auch verstehen. Nach meiner Einschätzung besteht gerade bei der Einstellung neuer Mitarbeiter die Chance, mehr Ideen zu einem nachhaltigen Geschäftsmodell in das Unternehmen hinein zu holen. Neben kognitiven und intellektuellen Fähigkeiten sind dies vor Allem soziale Fähigkeiten und Empathie: Wem das Wohlergehen von ärmeren Menschen und fremden Ländern, von Tieren und Arten und eine intakte Umwelt nicht gleichgültig ist und wer bereit ist, auf kurzfristige Gewinnmaximierung zu Gunsten nachhaltiger Werte zu verzichten, der wird sich stärker für ein Unternehmen einsetzen, welches im Sinne einer starken Nachhaltigkeit denkt. Suchen Sie bei der Personalauswahl konkret nach Mitarbeitern, die dieses Denken teilen. Dabei gilt auch: „Grüne" Unternehmen haben es heutzutage leichter, engagierte junge Mitarbeiter zu gewinnen, als Unternehmen mit einem schlechten Image in Umweltbelangen.

<u>Aus- und Weiterbildung</u>: Aus einer Studie im Auftrag des Umweltbundesamtes stammt die These: *„Für eine neue, „grünere" Wirtschaftsweise werden in der*

Regel zusätzliche Kompetenzen und Fähigkeiten benötigt und nicht neue Berufe!"[136] Es geht also gar nicht darum, neue Berufsbilder wie etwa einen „Ökodesigner" oder einen „Green-Marketing-Strategen" zu entwickeln, sondern vornehmlich darum, Mitarbeitern aller Ebenen durch Sensibilisierung und Weiterbildung auf die Notwendigkeit veränderten unternehmerischen Handelns aufmerksam zu machen und Nachhaltigkeitsthemen in alle Weiterbildungsinstrumente und -maßnahmen einzubinden. Weiterhin stellt sich die Frage, wie man Beschäftigte sensibilisieren kann, diese Themen anzunehmen und die Bedeutung zu erkennen. Ziel von Aus- und Weiterbildung auf dem Weg zu einem nachhaltigen Geschäftsmodell ist es, jedem Mitglied der Belegschaft die Antworten auf vier Fragen transparent zu machen: An welchen Stellen belastet unser Geschäftsgebaren die Umwelt und die Lebensgrundlagen künftiger Generationen? Was können wir tun, um dies zu verbessern? Welche Chancen hat unser Unternehmen durch einen Veränderungsprozess zu einem „grüneren", nachhaltigeren Geschäftsmodell? Welche Kompetenzen und Fähigkeiten müssen wir zur Nutzung dieser Chancen erwerben?

Vergütung und Boni: Dass es zur Nachhaltigkeit gehört, angemessene, faire Gehälter über dem jeweiligen regionalen Mindestlohn an alle Beschäftigten zu zahlen - auch bzw. gerade in außereuropäischen Ländern - versteht sich von selbst. Ebenso sollte selbstverständlich sein, dass ein Gehalt nur vom tatsächlichen, langfristigen Beitrag des Mitarbeiters zum Unternehmenserfolg und nicht von seinem Geschlecht, seiner Religion, seiner ethnischen oder sozialen Herkunft abhängen darf.

Gehaltssysteme mit variablen Anteilen finde ich als Unternehmer grundsätzlich begrüßenswert, die Modelle müssen dann aber so gestaltet sein, dass Boni und Sonderzahlungen nicht zu einem nicht nachhaltigen Handeln reizen. Wenn reine Verkaufszahlen die Grundlage von Boni sind, dann sind Menschen verleitet, Produkte in den Markt zu bringen, die vielleicht niemand braucht. Ähnliches gilt für Boni, die nur vom Ergebnis abhängen, solange im Gewinn noch Komponenten nicht nachhaltiger Produkte enthalten sind. Boni und Gratifikationen sollten daher explizit mit den Umwelt- und Nachhaltigkeitszielen im Einklang stehen und zum Beispiel für die Entwicklung besonders energiesparender Produkte, Erfolge bei der Materialeffizienz oder der Markteinführung, neuer, umweltfreundlicher Produkte gezahlt werden. Einer meiner Kunden hat zum Beispiel auch sehr gute Erfahrungen damit

---

[136] BMUB (2014)/2, S.4

gemacht, im Verbesserungsvorschlagswesen für Vorschläge mit nachweislicher Umweltentlastung doppelte Prämienhöhen auszuloben.

Führung: Nur wenn die Führung eines Unternehmens die nachhaltige Entwicklung ernst nimmt und die Chancen und Risiken des Unternehmens in diesem Kontext verstanden hat, kann das Unternehmen sich dahingehend auch erfolgreich verändern. Eine klar und verständlich formulierte Umwelt- und Nachhaltigkeitspolitik, die über allgemeine Statements und Absichtserklärungen hinausgeht und hinter welcher das Top-Management spürbar steht, ist notwendige Voraussetzung für den Weg zu einem nachhaltigen Geschäftsmodell.

Zu beachten ist dabei aber auch, dass alle Führungskräfte, nicht nur das Top-Management, Vorbild sein sollten, wenn es darum geht, Nachhaltigkeit im Unternehmen zu leben. Insofern ist bei den Weiterbildungsmaßnahmen besonders für Führungskräfte darauf zu achten, dass diese die Implikationen des Unternehmens im Kontext der nachhaltigen Entwicklung verstehen und Veränderungen auch persönlich vorleben, sei es in der Wahl der Verkehrsmittel, dem eigenen Auto oder durch persönliches Engagement für die Umwelt- und Nachhaltigkeitsziele des Unternehmens.

Beteiligung an Veränderungsprozessen: Der Weg eines Unternehmens, welches die vielen Herausforderungen der Nachhaltigkeit ernst nimmt, ist mit Veränderungen verbunden - solche müssen einem professionellen Management unterliegen, einer langfristigen Strategie folgen und auf kurzfristiger erreichbare Ziele heruntergebrochen sein. „Change Management" bedeutet, Mitarbeiter in die Entscheidungen zu diesen Veränderungen einzubeziehen und Ängste oder Unverständnis zu antizipieren. Ein Verzicht auf bestimmte Materialien, Veränderungen von Produkten oder Dienstleistungen, Wechsel von Energiequellen oder Lieferanten aus Umweltgründen müssen erklärt werden und Mitarbeiter sind hieran zu beteiligen.

Life-Domains-Balance: Ich finde den Begriff „Work-Life-Balance" unpassend, weil er impliziert, Arbeit und Leben seien zwei Welten in der Waage. Dabei ist doch Arbeit ein Teil des Lebens, der sehr anregend und wertvoll sein kann; daher verwende ich den Begriff „Life-Domains-Balance". Ich hatte an mehreren Stellen im Kapitel 3 und 4 bereits erläutert, dass eine nachhaltige Wirtschaft stückweise auch zu anderen Lebens- und Konsumformen führen muss und nach meiner Prognose auch wird: An Stelle eines permanenten Neukaufs kurzlebiger Produkte treten langlebigere Artikel, die repariert werden können. Der Dienstleistungsanteil steigt und der Materialaufwand wird reduziert. Das kann für Teile der Arbeitnehmer durchaus bedeuten, dass sie mehr Zeit und weniger Geld benötigen; bereits heute geht der Wunsch vieler, auch junger und leistungsfähiger Menschen in Richtung einer 4- oder 4,5-Tagewoche. Arbeits- und Zeitmodelle zur Vereinbarkeit von Familie und Beruf, aber auch Flexibilität für ehrenamtliches oder privates Engagement sind erforderlich, wenn Nachhaltigkeit gelingen soll. Unternehmen sollten in ihrer Personalpolitik diese Trends berücksichtigen.

Gesundheitsmanagement und Arbeitssicherheit: Die Förderung der Gesundheit der Mitarbeiter durch ein aktives Gesundheitsmanagement sowie der Schutz der Unversehrtheit durch ein professionelles Arbeitssicherheitsmanagement sollten für Unternehmen, die nachhaltig agieren wollen, selbstverständlich sein. Die Einführung eines Arbeitssicherheits- und Gesundheitsmanagementsystems, das einem internationalen Standard wie z.B. OHSAS 18000 genügt, gehört daher zur Basis der Unternehmensstrategie auf dem Weg zum nachhaltigen Unternehmen.

Ich finde es jedoch auch wichtig, dass Unternehmen an dieser Stelle über den eigenen Tellerrand hinausschauen und auch dafür Sorge tragen, dass die Gesundheit der Menschen, die bei Lieferanten und Auftragnehmern arbeiten, ebenso geschützt wird, wie die der eigenen Kollegen. Wir sind in Europa oftmals jene (oftmals, nicht immer, es gibt auch bei uns immer noch viele sehr belastende Arbeitsplätze), welche die „sauberen", weniger unfallträchtigen, und weniger die Gesundheit belastenden Arbeiten durchführen. Menschen in den ärmeren Ländern leiden dafür - auch dies sollte sich in der Unternehmensstrategie wiederfinden; hierzu im folgenden Unterkapitel mehr.

Chancengleichheit und Diversity: Zu einem nachhaltigen Unternehmen gehört, dass es Chancen für alle bietet. Chancengleichheit fordert zunächst, dass die Möglichkeiten des Aufstiegs oder der Anerkennung nicht von ethnischer oder lokaler Herkunft, Religion, Geschlecht oder sonstigen Merkmalen abhängen - das sollte selbstverständlich sein, ist es aber nicht. Chancengleichheit darf nicht missverstanden werden mit „Gleichmacherei": Ich habe oftmals den Eindruck, dass es modern geworden ist, jedwede Unterschiede zwischen Menschen durch politische Initiativen wegdiskutieren zu wollen und halte das für Unsinn. Selbstverständlich gibt es Unterschiede und es gibt Mitarbeiter, die klüger, besser ausgebildet, engagierter oder belastbarer sind als andere - und die für ihren Einsatz auch anders entlohnt werden wollen und sollten, sei es durch mehr Geld oder mehr Anerkennung. „Faire Chancenverteilung" ist daher für mich eigentlich ein besserer Begriff als Chancengleichheit. Faire Chancenverteilung im Sinne einer starken Nachhaltigkeit bedeutet daher für mich, dass es in einem nachhaltigen Unternehmen auch Möglichkeiten für Menschen gibt, die eventuell beeinträchtigt oder weniger leistungsstark und vielleicht auch weniger begabt sind, ein faires Gehalt für ein selbstbestimmtes Leben zu erwirtschaften und Integration, Wertschätzung und Respekt zu erfahren.

Unternehmen sollten die genannten Punkte in einer nachhaltigen Personalpolitik abbilden. Es gibt viele Beispiele, wie so etwas aussehen kann. Auf ein solches möchte ich verweisen. Einer meiner Kunden hat sich Leitplanken nachhaltiger Personalpolitik gegeben, die sich an den im Human Potential Index (HPI) des Bundesministeriums für Arbeit und Soziales genannten zwölf „Werttreibern" für eine nachhaltige Personalpolitik orientieren.[137] Natürlich muss jedes Unternehmen seine eigene Personalpolitik gestalten, aber das Beispiel gibt zumindest eine Struktur, an welcher Unternehmen sich orientieren können.

5.2 Die Berücksichtigung von Menschenrechten in der Nachhaltigen Unternehmensführung

Die Einhaltung der Menschenrechte ist ein Thema, welches für viele europäische Unternehmen selbstverständlich erscheint, weil zumindest ein sehr breiter Kanon der Menschenrechtsaspekte in unseren Verfassungen abgesichert und vom Staat geschützt wird. Genau wie in den Ausführungen bei Wasserverbrauch oder Rohstoffen in den Kapiteln 4.4 und 4.1 dargelegt, ist hinsichtlich der Einhaltung der Menschenrechte der Blick auf die gesamte Lieferkette zu richten, um zu einem wirklich nachhaltigen Handeln zu kommen. Hierbei liegt auch zum Schutz der Umwelt ein gewaltiger Hebel, denn wie oben bereits angesprochen werden nur Menschen, die ein „gutes Leben" im Sinne der Werte der Skidelskys führen können, Veranlassung und Engagement haben, die belebte Umwelt und die Lebensgrundlagen künftiger Generationen zu schützen. Die Einhaltung von Menschenrechten bei allen Aktivitäten eines Unternehmens ist somit nicht nur ein moralisch einzufordernder Akt der Barmherzigkeit, sondern indirekt auch praktizierter Umweltschutz.

Menschenrechte sind auf dem Prinzip der Egalität basierende Rechte, die universell, unveräußerlich und unteilbar sind - die Unteilbarkeit bezieht sich darauf, dass die Menschenrechte in ihrer Gesamtheit zu verwirklichen sind.

---

[137] LBBW (2014)

Niedergeschrieben sind sie in der sogenannten „International Bill of Human Rights", einer Resolution der UN-Generalversammlung aus dem Jahr 1948; ein immer noch sehr lesenswerter Text von großer Klarheit. In der Entwicklung basiert diese Resolution auf den Bürgerrechten und Ideen, die seit der Aufklärung entstanden waren. Dies ist ein Bezug, den ich im Kontext der nachhaltigen Entwicklung besonders bedenkenswert finde, weil ich den Weg einer nachhaltigen Entwicklung als eine Art Aufklärungsbewegung des 21. Jahrhunderts empfinde.

Ähnlich wie in den Sachbereichen reiner Umweltbezüge wie Wasser, Ressourcenverbrauch usw. sollten Unternehmen prüfen, ob durch das bestehende Geschäftsmodell Konflikte mit Menschenrechten existieren oder entstehen können - das gilt besonders, aber nicht nur bei der Zusammenarbeit mit Lieferanten aus Entwicklungsländern oder aus Staaten, in denen totalitäre oder feudalistische Strukturen herrschen. Die Zusammenarbeit mit Lieferanten aus solchen Ländern ganz zu beenden ist zum einen eine idealistische Träumerei fern der Realität, zum anderen würde sie die ohnehin schon benachteiligten Menschen in solchen Ländern weiterer Chancen berauben. Das Hinwirken auf eine bessere Berücksichtigung von Menschenrechten bei der Arbeitsverrichtung in den fraglichen Bereichen ist daher ein Schritt, mit welchem Unternehmen aus Industrieländern eine wesentliche Unterstützung der nachhaltigen Entwicklung leisten können, eben weil somit mehr Chancen und mehr Gerechtigkeit in die Arbeitswelten zahlreicher Weltbürger einfließen.

Die Analyse der Menschenrechtsimplikationen und das Antizipieren von Verletzungen der Rechte bedeutet daher eine enge Zusammenarbeit mit Lieferanten. Ich will hierzu einige Möglichkeiten und Denkansätze nennen:

Entlohnung: In erster Lesung widerspricht es natürlich den Interessen eines Unternehmens, wenn es darauf achtet, dass bei seinen Lieferanten überall faire Löhne über dem jeweiligen regionalen Mindestlohn gezahlt werden und eine soziale Absicherung existiert - eben weil es die Beschaffungskosten erhöht. Es ist aber ein Denkprinzip der Nachhaltigkeit, auf kurzfristige Vorteile zu verzichten und daher sollte diese Grundhaltung sich auch in allen Einkaufsleitlinien wiederfinden.

Vereinigungsfreiheit: Das Recht, sich friedlich zu versammeln und zu Vereinigungen zusammenzuschließen ist in Artikel 20 der Menschenrechtserklärung niedergelegt; es zieht in der Arbeitswelt das Recht auf

Kollektivverhandlungen nach sich. Diese Rechte sollten Arbeitnehmern bei allen Lieferanten eines Unternehmens zustehen.

Positionierung zur Kinderarbeit: Zum Thema Kinderarbeit steht interessanterweise in der Bill of Human Rights nichts geschrieben. Es wird lediglich erwähnt, dass Kinder Anspruch auf besondere Fürsorge und Unterstützung haben. Außerdem ist das Recht auf gerechte und befriedigende Entlohnung formuliert, die jedem Arbeitnehmer und seiner Familie eine der menschlichen Würde entsprechende Existenz sichert. Seit 1989 gibt es daher ergänzend die UN-Kinderrechtskonvention, welche Kinder vor wirtschaftlicher Ausbeutung schützen soll. Gegen ein generelles weltweites Verbot von Kinderarbeit, wie es die „Internationale Arbeitsorganisation" ILO fordert, wird oft eingewandt, das hierdurch manche Interessen betroffener Kinder nicht ausreichend berücksichtigt würden - zum Beispiel, wenn in einigen Ländern Minderjährige durch einen einigermaßen fairen Lohn an Arbeitsplätzen mit kontrollierten Bedingungen die Mutter und die jüngeren Geschwister versorgen. In solchen Fällen ist die Abgrenzung zwischen ausbeuterischer und tolerierbarer Kinderarbeit sicher eine Abwägung des Einzelfalls. Insofern ist Kinderarbeit ein sehr heikles Thema, zu welchem jedes Unternehmen, das in der Lieferkette betroffen sein könnte, sehr konkrete Leitlinien aufsetzen sollte, die zumindest unwürdige, gefährliche oder gesundheitsschädliche Kinderarbeit definitiv ausschließen.

Zwangs- oder Pflichtarbeit sollte in allen Leitlinien grundsätzlich ausgeschlossen werden und dies ist auch streng zu kontrollieren, hierzu erübrigt sich jede weitere Ausführung.

Rechte indigener Bevölkerungen: Sicher gibt es nur eine begrenzte Anzahl von Unternehmen, durch deren Aktivitäten die Rechte indigener Einwohner verletzt werden können, dem unbenommen sollten Leitlinien auch hierzu Klauseln enthalten.

Vertragsklauseln: Investitionsvereinbarungen und Verträge sollten unter Menschenrechtsaspekten geprüft werden und Menschenrechtsklauseln enthalten, wenn die entsprechenden Projekte oder Kaufgegenstände unter dem Verdacht stehen könnten, zu Verletzungen zu führen. Die Einhaltung der Klauseln muß selbstverständlich kontrolliert werden. Dies bedeutet für Unternehmen natürlich Fortbildung der entsprechenden Mitarbeiter und Einführung entsprechender Verfahren.

Lieferantenbewertung und -audits: Grundsätzlich sollten in alle Methoden zur Bewertung von Lieferanten aus entsprechenden Ländern Menschenrechtskriterien eingebunden werden und die Einhaltung bei Audits auch kontrolliert werden. Zustände wie Kinderarbeit oder Zwangsarbeit sind vor Ort sicher relativ leicht zu erkennen, das Lohnniveau und die Vereinigungsfreiheit schon weniger.

Ohne die Zusammenarbeit mit Experten und/oder NGOs vor Ort wird eine ernsthafte Analyse der Implikationen für viele Unternehmen schwer sein. Natürlich gibt es die Möglichkeit, sich direkt vor Ort bei NGOs und/oder Gewerkschaften zu informieren und mit diesen Vereinbarungen zu treffen - sofern überhaupt vorhanden. Insofern können sich Unternehmen auch größeren Clustern anschließen, die das Ziel gemeinsam bearbeiten. Eine Möglichkeit ist die Fair Labor Association (FLA), eine Non-Profit-Organisation von Universitäten, NGOs und Unternehmen mit dem Ziel, Arbeitsrecht und Arbeitsbedingungen weltweit zu verbessern. Die FLA setzt auf freiwillige Vereinbarungen zur Einhaltung international anerkannter Arbeitsbedingungen, hilft Mitgliedsunternehmen bei der Durchsetzung solcher Standards in der Lieferkette und führt transparente und unabhängige Bestandsaufnahmen durch, die online publiziert werden. Weiterhin bietet die FLA eine Plattform für einen „Third Party Complaint process", also die Möglichkeit, Verletzungen von Vereinbarungen öffentlich zu machen.

Eine weitere Möglichkeit ist die Zusammenarbeit mit dem "Better Work Programme", einer seit 2006 bestehenden Partnerschaft zwischen der International Labour Organization (ILO) und der International Finance Corporation (IFC). Better Work fokussiert auf arbeitsintensive Industrien mit einer hohen Anzahl potentiell betroffener Arbeitnehmer wie Agrarwirtschaft, Textil, Bauwesen und Elektronikfertigung. Hierzu werden globale Tools und Projekte auf Länderebene entwickelt. Als sogenannter „Buyer Partner" können sich Unternehmen zur Zulassung von Better Work-Audits anstelle eigener Kontrollen in Beschaffungsmärkten zum Beispiel asiatischer Länder verpflichten. Eventuelle Verstöße gegen Menschenrechte in der Lieferkette würden damit ruchbar, das gestatten von solchen Better Work-Audits bei Lieferanten ist somit ein Bekenntnis, den Ansatz ernst zu meinen - die Ergebnisse eigener Audits erfährt ja sonst im Zweifelsfall niemand.

Möglich ist auch eine Zertifizierung nach dem internationalen Standard SA 8000, der ebenfalls auf Konventionen der ILO basiert. Dieser ist mit Umwelt-, Qualitäts- und Arbeitsicherheitsmanagementsystemen kompatibel; er hat das Ziel, Arbeitsbedingungen entlang der Lieferkette zu verbessern. Entsprechend ist die Einhaltung der oben zitierten Menschrechte und der Vorgaben der UN-Kinderrechtskonvention für eine Zertifizierung nachzuweisen. Wie bei den anderen Managementsystemen auch ist die Beteiligung freiwillig. Vor allem international aktive Unternehmen können SA 8000 als Mindestanforderung an Sozial-, Menschenrechts- und Arbeitsstandards nutzen. Da er gut in die anderen Managementsystemen integrierbar ist, hat er den Charme, dass zertifizierte Unternehmen von ihren Vorlieferanten ebenfalls die Zertifizierung einfordern können.

5.3 Wechselwirkungen mit der Gesellschaft und dem soziologischen Unternehmensumfeld

Jedes Unternehmen sollte sich als fairer, verantwortungsbewusster und zuverlässiger „Corporate Citizen" verstehen und ein bürgerschaftliches Engagement aufweisen, welches der Größe und jeweiligen Bedeutung des Unternehmens angemessen ist - auch das gehört zur vielzitierten „Corporate Social Responsibility". Das Engagement sollte sich gerade bei europäischen Unternehmen auch nicht nur auf die Standorte hierzulande, sondern auch Standorte auf anderen Kontinenten einbeziehen.

Das gesellschaftliche Engagement eines Unternehmens sollte für mich mit der Kenntnis und dem Respekt des lokalen Umfeldes beginnen: Welchen Einfluss und welche Bedeutung haben die Unternehmensentscheidungen auf das Wohlergehen der Umgebung? Manchmal hängen ganze Regionen von wenigen Arbeitgebern ab, dann gilt es in besonderem Maße die sozialen Auswirkungen zu prüfen und Gremien zur Anhörung lokaler Initiativen zu führen - gerade in Ländern, in denen eine Arbeitnehmervertretung vielleicht weniger gesetzliche Rechte hat als in Deutschland. Auch die Ergebnisse von Umweltverträglichkeitsprüfungen gehören in diesen Kontext.

Die Prüfung von Geschäftseinheiten auf Korruptionsrisiken sowie Verfahren und Schulungen der Belegschaft zur Korruptionsbekämpfung scheinen in Deutschland manchmal obsolet, die Wirtschaftsgeschichte zeigt aber, dass jedes Unternehmen hier Methoden aufrechterhalten sollte.

Spenden und die Unterstützung lokaler Initiativen - sei es für Kulturveranstaltungen, Sportvereine oder karitative Einrichtungen - gehören ebenfalls zum gesellschaftlichen Engagement eines Unternehmens. Jedes Unternehmen sollte darauf achten, dass die Gegenleistung des Sponsorings, die ja meist in öffentlicher Wahrnehmung als engagiertes Unternehmen besteht, nicht als Einflussnahme gewertet werden kann - dies gilt insbesondere für politische Spenden, aber viele Konsumenten finden es auch anstößig, wenn beispielsweise ein Hersteller massiv gesüßter Fruchtsaftgetränke Kinderfeste finanziell unterstützt und dort seine Produkte werblich platziert - vorher sollte er gesundheitlich weniger bedenkliche Produkte entwickeln.

Auch ehrlicher Umgang mit eigenen Fehlern gehört für mich zum sozialen Engagement: Natürlich hat ein Unternehmen das Ziel, rechtskonform zu handeln, aber so wie fast jedem Bürger mal eine Ordnungswidrigkeit passieren kann, kann auch ein Unternehmen Fehler machen: Eine offensive Kommunikation über signifikante Bußgelder und Strafen wegen Nichteinhaltung von Vorschriften ist allemal besser, als dass sich die Tatsache „herumschweigt".

Fazit

Ohne Berücksichtigung der sozialen Aspekte und einer Gerechtigkeit gegenüber allen heute lebenden Menschen ist auch der Schutz der ökologischen Lebensgrundlagen nicht ausreichend möglich. Notwendige Grundlage für ein nachhaltiges Geschäftsmodell und nachhaltiges Handeln eines Unternehmens ist es somit, nicht nur im eigenen Land und bei der eigenen Belegschaft, sondern im gesamten Wirkungsfeld des Unternehmens Voraussetzungen zu schaffen, die allen Menschen, welche von der Wirkung und den Aspekten der Unternehmensaktivitäten betroffen sind, „gute" Lebensbedingungen ermöglichen. Die Berücksichtigung der sozialen Aspekte besteht aus einer nachhaltigen Personalstrategie, der Berücksichtigung von Menschenrechten über die gesamte Liefer- und Herstellungskette und der Positionierung des Unternehmens als fairer, verantwortungsbewusster und zuverlässiger „Corporate Citizen".

Führungskräfte-Checkliste zur sozialen Dimension

1. Nutzen wir bei der Einstellung neuer Mitarbeiter die Chance, mehr Ideen und Verständnis zu einem nachhaltigen Geschäftsmodell ins Unternehmen zu holen?
2. Nutzen wir unsere Nachhaltigkeitsattribute zur Rekrutierung engagierter junger Mitarbeiter?
3. Vermitteln wir Mitarbeitern aller Ebenen durch Aus- und Weiterbildungsmaßnahmen genügend Wissen und Sensibilität für unseren Weg zu einem nachhaltigen Geschäftsmodell?
4. Stehen die variablen Anteile in unserem Gehaltssystem im Einklang mit nachhaltigem Handeln?
5. Ist spürbar, dass die oberste Leitung und alle Führungskräfte engagiert hinter der Nachhaltigkeitspolitik unseres Unternehmens stehen und dies auch vorleben?

6. Beteiligen wir unsere Mitarbeiter ausreichend und verständnisvoll an Veränderungen und Nachhaltigkeitsprozessen?
7. Bietet unsere Personalpolitik die Möglichkeiten einer ausgewogenen Life-Domains-Balance?
8. Fördern wir die Gesundheit unserer Mitarbeiter nachweislich und ausreichend durch ein extern prüfbares System?
9. Herrscht in unserem Unternehmen Chancengleichheit für Mitarbeiter, unabhängig von jeder ethnischen oder lokalen Herkunft, Religion, Geschlecht oder ähnlichen Merkmalen?
10. Haben wir in einem dokumentierten Prozess geprüft, ob unser Geschäftsmodell Konfliktpunkte mit der internationalen Menschenrechtscharta oder der UN Kinderrechtskonvention hat?
11. Achten wir bei sämtlichen Lieferanten auf eine faire Entlohnung derer Mitarbeiter?
12. Respektieren wir an allen Standorten und auch bei unseren Lieferanten das Recht zur Vereinigungsfreiheit?
13. Haben wir eine dokumentierte und mit externen Fachleuten abgestimmte Positionierung zum Thema Kinderarbeit?
14. Können wir wirklich sicher sein, dass es bei unseren Lieferanten keine Zwangs- bzw. Pflichtarbeit gibt?
15. Respektiert unser Geschäftsmodell weltweit die Rechte indigener Bevölkerungen?
16. Bewerten wir unsere Lieferanten nach Umwelt und Sozialstandards und fordern die Einleitung konkreter Standards und individueller Vereinbarungen ein?
17. Kennen und verstehen wir die Bedeutung unserer Entscheidungen auf das Wohlergehen der Umgebung aller unserer Standorte?
18. Stehen wir mit lokalen Initiativen in einem institutionalisierten Dialog?
19. Haben wir für Spenden und Sponsoring, insbesondere für politische Spenden, eine klare Unternehmenspolitik um Vorwürfen der Einflussnahme vorzubeugen?
20. Üben wir einen ehrlichen Umgang mit eigenen Fehlern oder eventuellen Bußgeldern und Strafen wegen Nichteinhaltung von Vorschriften?
21. Werden wir in unserem Umfeld als fairer verantwortungsbewusster und zuverlässiger Corporate Citizen wahrgenommen und prüfen wir dieses Image objektiv durch regelmäßige Befragungen oder Dialoge mit externen Anspruchsgruppen?

6 Produktverantwortung: Produkte und Dienstleistungen in nachhaltig gemanagten Unternehmen

Wirklich nachhaltige Produkte sind das „A&O“ einer nachhaltigen Wirtschaft. Ich behaupte, dass sich wesentlich mehr Konsumenten als es ohnehin bereits der Fall ist, für ein umweltfreundliches und nachhaltiges Produkt entscheiden würden, wenn es denn einigermaßen bequem verfügbar wäre. Im tatsächlichen Leben sieht es derzeit folgendermaßen aus: Nachhaltige Lebensmittel sind in Deutschland relativ gut verfügbar, es gibt viele Lebensmittelläden, die regionale oder fair gehandelte, saisonale Bioware anbieten. Zudem steigt die Zahl entsprechender Restaurants permanent. Auch Papier oder Holzartikel entsprechender Deklaration kann man gut erhalten. Ein nachhaltiges Mobilitätsverhalten ist gerade in Ballungsräumen ebenfalls bereits gut möglich. Jedoch stellt sich in vielen anderen Bereichen des täglichen Lebens die Situation völlig anders dar. Nehmen Sie beispielsweise den Bereich der Bekleidung: Natürlich gibt es spezialisierte Händler im Internet und in größeren Städten, die wirklich nachhaltige Textilien, aus ökologisch hergestellten Fasern und unter fairen Arbeitsbedingungen produziert, anbieten. Die Auswahl ist jedoch begrenzt, die Zahl der Anbieter, der Hersteller und der Artikel recht eingeschränkt und die Verfügbarkeit vor Ort oder binnen kurzer Zeit nicht immer gegeben. Versuchen Sie einmal, einen gut sitzenden Herrenanzug oder gute und ansehnliche Schuhe aus wirklich nachhaltiger Herstellung zu erhalten oder einen PC oder ein Fernsehgerät zu kaufen, das tatsächlich unter allen in diesem Buch bislang beschriebenen Kriterien nachhaltig ist: Sie stehen vor einer sehr zeitaufwändigen Aufgabe und ob sie lösbar ist, ist jeweils nicht sicher. Zeit ist eine der knappsten Ressourcen in unserer arbeitsteiligen Gesellschaft und gerade die kaufkräftigen Konsumentenschichten des Mittelstandes in einer modernen Industriegesellschaft, aber auch die aufstrebenden Gesellschaftsgruppen in den Schwellenländern haben eines sehr wenig: Zeit. Wenn die Recherche, die Informationsbeschaffung und die Quellenauswahl zur Beschaffung eines nachhaltigen Kleidungsstücks oder eines nachhaltigen Elektroartikels viel Zeit und Mühe kostet und am Ende eventuell sogar scheitert, weil man das Produkt in der gewünschten nachhaltigen Form nicht findet, dann schmälert das den Marktanteil der nachhaltigen Produkte oder Dienstleistungen allein schon wegen der Verfügbarkeitslücke und nicht etwa, weil es keinen Markt oder keine Kundenforderungen danach gäbe. Ein ausgewogenes, attraktives, nachvollziehbar glaubwürdiges und tatsächlich verfügbares Marktangebot von wirklich nachhaltigen Produkten und Dienstleistungen am Markt ist daher von präeminenter Bedeutung für die nachhaltige Entwicklung insgesamt. Damit ist auch klar: Unternehmen tragen beim Gelingen einer nachhaltigen Entwicklung unser Gesellschaft nicht nur eine Mitverantwortung, sie haben sogar neben den Konsumenten die tragende Rolle. Nur wenn Unternehmen nachhaltige Produkte und Dienstleistungen entwickeln und mit hoher Verfügbarkeit und Glaubwürdigkeit an den Markt bringen, kann eine nachhaltige Gesellschaft auch gelingen.

6.1 Anforderungen nachhaltige Produkte und Dienstleistungen

Das Idealprodukt einer nachhaltigen Gesellschaft besteht aus nur so viel Material wie erforderlich, enthält weder biodiversitätskritische Rohstoffe noch Konfliktmaterialien oder andere Komponenten fragwürdiger Herkunft, wird mit einem Minimalaufwand an Energie aus erneuerbaren Energiequellen sowie einem Minimalbedarf an Wasser aus wasserkritischen Gebieten hergestellt, verbraucht in der Nutzungsphase so wenig Energie wie machbar, ist langlebig und reparaturfreundlich, wird über die gesamte Herstellkette von fair bezahlten Mitarbeitern hergestellt, mit einem minimalen Transportaufwand in der Lieferkette zum Konsumenten gebracht, trägt alle erforderlichen Label und schnell erfassbare Kundeninformationen zur Nachhaltigkeit, wurde auf alle möglichen Auswirkungen auf Gesundheit und Sicherheit geprüft, hat einen im Vergleich zu Alternativprodukten deutlich kleineren Carbon Footprint, ist langlebig, kann repariert werden und ist zu 100% recyclingfähig (bzw. vollständig aus nachwachsenden Rohstoffen) und auch mit einer Erfassungsstruktur flankiert, die das Recycling auch stattfinden lässt und ist vollumfänglich wettbewerbsfähig. - Ist das nachhaltige Idealprodukt eine Schimäre? Ich meine nein, ich meine im Gegenteil, dass solche Produkte herstellbar und nicht nur marktreif sind, sondern dass sie am Markt eine große Chance haben.

Vor diesem Hintergrund wurden von einem Wissenschaftlerteam um Konrad Ott drei Managementregeln für Produkte formuliert, welche die Kriterien der „starken Nachhaltigkeit" erfüllen: [138]

1. Erneuerbare Ressourcen dürfen nur in dem Maße genutzt werden, in dem sie sich regenerieren.
2. Erschöpfbare Rohstoffe und Energieträger dürfen nur in dem Maße verbraucht werden, in dem während ihres Verbrauchs physisch und funktionell gleichwertiger Ersatz an regenerierbaren Ressourcen geschaffen wird.
3. Schadstoffemissionen dürfen die Aufnahmekapazität der Umweltmedien und Ökosysteme nicht übersteigen und Emissionen

[138] Ott et al. (2007)

nicht abbaubarer Schadstoffe sind unabhängig von dem Ausmaß, in dem noch freie Tragekapazitäten vorhanden sind, zu minimieren.

Für mich fokussieren diese Kriterien zu sehr ausschließlich auf ökologische Aspekte und vernachlässigen den Gerechtigkeitsaspekt gegenüber heute lebenden Schwächeren oder weniger Begünstigteren, der wie in Kapitel 5 dargelegt notwendige Voraussetzung für die ökologischen Aspekte ist. Insofern gehört für mich noch ein viertes Kriterium dazu, welches ich wie folgt formuliere:

4. Herstellungs- und Arbeitsbedingungen müssen über die gesamte Lieferkette unter Berücksichtigung der jeweiligen regionalen Randbedingungen fair und gerecht gestaltet sein und die Einhaltung der Menschenrechte und der UN-Kinderrechtskonvention gewährleisten.

Neben der Tatsache, dass das Produkt bzw. die Dienstleistung tatsächlich die anzulegenden Nachhaltigkeitskriterien im Vergleich zu Wettbewerbsprodukten erfüllt, sind meines Erachtens drei Voraussetzungen für ein erfolgreiches nachhaltiges Produkt wesentlich:

- Der Nachhaltigkeitsansatz muss transparent und glaubwürdig sein,
- das Produkt ist mit erträglichem Zeitaufwand verfügbar,
- das Produkt ist preislich wettbewerbsfähig.

Beispiele: Produkte und Dienstleistungen auf dem Weg zu mehr Nachhaltigkeit

Wie leicht ein Produkt vielleicht nicht per se nachhaltig, aber doch zumindest deutlich umweltfreundlicher sein kann und wie oft solche Chancen nicht genutzt werden, will ich am Anfang dieses Abschnittes an Hand zwei sehr einfacher Beispiele erläutern. Vor einigen Jahren besaß ich ein Baustellen- und Outdoor-Handy mit einer Schutzhülle aus Gummi, die nach zwei Jahren eingerissen war und am Handy nicht mehr hielt. Das Telefon war noch vollständig intakt, aber es war nicht möglich, die Schutzhülle allein neu zu beschaffen und nach einiger Zeit ging dann das Handy kaputt, weil wegen der fehlenden Schutzhülle bei einem Sturz das Display splitterte. Das Telefon hatte 70 EUR gekostet. Ich weiß nicht, wie hoch die Marge des Herstellers am Handy ist, sagen wir einmal 15 EUR. Vorausgesetzt, ich weiß, dass es sich um ein langlebiges Telefon handelt: Ich wäre bereit gewesen, die Hülle für 20 EUR zu ersetzen, selbst wenn sie sicher nur 5 EUR kostet und der Hersteller somit am

Ersatz der Hülle genauso viel verdient hätte wie am Verkauf eines Telefons. Am Ende musste wegen Verschleiß eines einfachen Pfennig-Artikels das ganze Telefon ersetzt werden. Noch ärgerlicher ist der Fall, wenn bei einem Standmixer in der Küche der Glasaufsatz zerbricht und bei einem deutschen Markenartikelhersteller nicht nachbestellt werden kann. Obwohl der wesentlich teurere Untersatz mit Motorblock völlig intakt ist, muss ein komplett neuer Mixer gekauft werden; einer Freundin von mir ist das so ergangen. Jeder kennt gewiss solche Beispiele.

Das positive Gegenbeispiel hatte ich unlängst, als an der Transportbox der Haustiere meiner Kinder ein Kunststoffscharnier zerbrochen war. In der Kleintierhandlung, aus welcher wir die Tiere nach einer Ferienpflege abholten, sah die Verkäuferin das defekte Scharnier und ersetzte es mit zwei Handgriffen durch ein neues Ersatzscharnier: Kosten 3,50 EUR. Ich hatte mich schon darauf eingestellt, wegen des kleinen Klappscharniers die ganze Kiste ersetzen zu müssen, obwohl diese ansonsten völlig intakt war. Ganz ehrlich, mir ist es völlig egal, ob der Hersteller des Kistensystems an dem Ersatzscharnier gegebenenfalls genauso viel verdient wie an der ganzen Kiste; Hauptsache, ich kann die Kiste reparieren.

Die Beispiele sind banal, aber sie zeigen Denk- und Gestaltungsprinzipien. Dem einen Hersteller ist es egal, ob sein Produkt reparierbar ist, der andere antizipiert den Defekt eines mechanisch beanspruchten Teiles. Im Handel liegt dann ein kleines Teil bereit, mit welchem das Gesamtprodukt repariert werden kann. Ähnliches ist auch mit viel komplexeren Produkten denkbar:

Einer meiner sehr langjährigen Kunden baut hochwertige Bürostühle. Die Stühle haben ein sehr gutes Design und kosten zwischen einigen hundert bis über tausend Euro je Stück. Das Unternehmen ist ökologisch ausgerichtet: Bei der Auswahl der Materialien werden viele nachwachsende Rohstoffe verwendet und bei den Produktionsmethoden wird der Umweltschutz sehr gut berücksichtigt. Darüber hinaus gibt es ein zertifiziertes Umweltmanagementsystem und sogar im Betriebsrestaurant wird eine regionale Vollwertküche gepflegt. Die Produkte wurden mit Ökobilanzen untersucht, wesentliche Umweltauswirkungen liegen in der Herstellung der Metalle für das Drehkreuz bzw. den Fuß des Stuhls und ein kleinerer Teil in den Polstermaterialien und Textilien, der Zusammenbau des Stuhls und seine Distribution machen dann den Rest der Umweltauswirkungen aus.

Als ich bei einem Audit über Recycling am Ende des Produktlebens sprach, kam hervor, dass die Stühle natürlich ohnehin sehr langlebig sind und nach

Ende ihres „ersten Lebens“ in Büros großer Unternehmen oft an Mitarbeiter zur Nutzung zu Hause verkauft werden und dann noch ein „zweites Leben“ als Bürostuhl im häuslichen Arbeitszimmer haben. In einigen Fällen werden auch größere Lose von Bürostühlen durch den Nutzer verkauft. Diese gelangen über den Zweitmarkt dann in Länder, in denen die Ansprüche gegebenenfalls nicht gar so hoch sind wie hierzulande. Es gibt, so der Kunde das wünscht, bei diesem Unternehmen auch einen hochwertigen Reparaturservice für zum Beispiel die Rollen oder die Mechanik des Stuhls und auf Kundenwunsch können die Stühle auch neu gepolstert werden. Soweit so gut. Aber was passiert dann wirklich nach Ende der Nutzung? Dann landet der Stuhl im Sperrmüll. Man darf unterstellen, dass dabei im heutigen Europa das Metallgestell im Metallrecycling endet und somit wieder eingeschmolzen wird. Die Polster, Kunststoffteile und Textilien werden thermisch verwertet werden.

Man kann nun sagen, dass es sich ohnehin schon um ein sehr umweltfreundliches Produkt handelt. Geht es noch besser? Ich habe mit dem Unternehmen darüber diskutiert, ob es möglich wäre, die Stühle grundsätzlich mit einer Rücknahmegarantie auszustatten und vielleicht sogar mit einem Pfand, damit die Stühle mit hoher Wahrscheinlichkeit zurückgegeben werden. „Warum sollten wir das tun?“, fragte mich der Vorstandsvorsitzende des Kunden. Um die Drehkreuze, welche die hohen Umweltauswirkungen ausmachen und im Übrigen auch sehr viel Geld kosten, zurückzubekommen und in der nächsten Generation von Stühlen, die vielleicht völlig anders aussehen, wieder einzusetzen. Gleiches gilt für die Grundplatte und andere Teile. Design-Gründe sprächen dagegen; das Design des Stuhls und des Metallfußes würden sich über die Jahre verändern und jeweils Ausdruck des Zeitgeistes sein. Kann man das lösen? Ist nicht ein völlig zeitloses, sehr klassisches Design für das Drehkreuz und den Fuß eines Bürostuhls denkbar, welches der Nutzer nun vermutlich ohnehin nicht permanent betrachtet, so dass nur die Oberfläche neu lackiert werden muss, um diese Baugruppen wiederzuverwenden? Doch, das sei vorstellbar. „Aber wir wollen doch neue Bürostühle verkaufen“, sagte der Vorstand, „das ist unser Geschäftsmodell.“ Ist es das wirklich? Meiner Meinung nach nicht. Das Geschäftsmodell ist, den Menschen hochwertige Sitzmöglichkeiten für das Büroleben anzubieten und daran Geld zu verdienen. Das Geschäftsmodell ist nicht im eigentlichen Sinne, neue Stühle zu verkaufen. „Das stimmt“, sagte der Vorstandsvorsitzende, „aber ich bin nicht sicher, ob das funktioniert.“ Immerhin habe ich das Unternehmen, das wie erwähnt ohnehin schon vorbildlich agiert, zum Nachdenken über einen noch intensiveren After-Sales-Service gebracht.

Ich behaupte, wenn ein Bürostuhlhersteller die Metallfüße und die Drehmechanik zeitlos designt, jeden Stuhl mit einer Pfandmarke ausstattet und zurücknimmt, dann kann er diese hochwertigen Teile über Jahrzehnte immer wieder verwenden, ohne jeden Komfort-Nachteil für irgendeinen Kunden. Ich glaube fest, dass der Hersteller hierdurch mehr Kundenbindung erhält. Und ich glaube sicher, dass die Designer und Marketing-Leute, die meinen, der Fuß des Stuhls müsse den Zeitgeist widerspiegeln, diesen Punkt überbewerten und sie die Zeitgeist-Attribute gut in anderen Teilen des Stuhls unterbringen können. Die Polster und die Bespannung sind nun zweifelsfrei irgendwann verschlissen und müssen ersetzt werden, dann gerne auch im jeweils modernen Design. Der zeitlose Fuß, die Platte und die nicht sichtbare Mechanik werden dabei nicht stören.

Als nächstes Beispiel möchte ich Tintenstrahldrucker anführen. Tintenstrahldrucker sind High-Tech Geräte, die durch die Hersteller und die Tatsache, dass nahezu jeder Student, jedes kleine Unternehmen usw. einen solchen Drucker benötigt, zu Schleuderpreisen von unter 100 EUR auf den Markt gebracht werden. Das Geld wird seitens der Hersteller weniger mit den Druckern verdient als mit den Tintenpatronen, die als komplettes Set zwischen 30 und 50 % des Preises des gesamten Druckers kosten. Leider gehen die Drucker - anders als alte Geräte vom Baujahr vor 2000 - häufig nach einiger Zeit kaputt. Defekt ist meist nur ein Teil der Mechanik. In den Medien wird oft vermutet, dass elektrische Geräte „absichtlich" so schnell kaputt gehen; das weiß ich nicht und will auch nicht darauf eingehen. Fest steht, dass viele Geräte von renommierten Herstellern meist nur eine Gewährleistung von 24 Monaten haben. Wenn das Gerät nach etwas mehr als zwei Jahren seinen Dienst nicht mehr tut, dann erfahren Sie im Laden, dass die Gewährleistungsfrist abgelaufen ist, aber dass eventuell aus Kulanzgründen eine Teilkostenübernahme der Reparatur möglich ist. Das Gerät muss eingesendet werden, weil es meist kein regionales Servicenetz gibt. Der Verbraucher ist dann ca. drei Wochen ohne Drucker - in der heutigen Welt für die meisten Familien schwierig, von kleinen Büros ganz zu schweigen. Die Reparatur, so erfährt man dann, kostet 70 EUR. Was meinen Sie, wie viele Konsumenten sich in dieser Situation für die Reparatur entscheiden und wie viele den defekten Drucker gleich im Laden lassen und ein neues Gerät mitnehmen?

Wenn Konsumenten sich im Ladengeschäft nach einem wirklich nachhaltigen Drucker erkundigen, der lange hält und zuverlässig repariert wird, dann erfahren sie, dass der Wunsch zwar verständlich sei, aber dass es ein solches Produkt nicht gäbe. Die Hersteller böten das nicht an.

Das Geschäftsmodell mit diesen Druckern scheint zu tragen, aber das Produkt und das Geschäftsmodell sind wenig nachhaltig. Warum? Nun, zum ersten wird das Produkt mit einem hohen Material- und Energieaufwand produziert. Dann wird es mit hohem Energieaufwand distribuiert. Nach häufig nur eineinhalb oder zwei Jahren wird es komplett weggeschmissen. Wirklich recycelt wird trotz Rücknahmeverpflichtung für Elektrogeräte nur ein kleiner Teil der Masse, nämlich im besten Fall die Metalle. Der Kunststoffanteil endet meist in der thermischen Verwertung. Ein neues Komplettgerät tritt nach viel zu kurzer Zeit an Stelle des alten. All der Material- und Energieaufwand: Vergeblich bzw. aufgebracht für nur sehr kurze Nutzungszeit. Dazu kommen der verärgerte, gestresste Kunde und dessen verbrauchte (Lebens-)energie.

Wie sähe das Geschäftsmodell aus, wenn es wirklich nachhaltig wäre, was wäre einem Hersteller zu raten? Ich würde empfehlen, das Gerät so zu bauen und zu konstruieren, dass es langlebig ist und dass Verschleißteile leicht zu wechseln sind. Aus meinen Beratungserfahrungen weiß ich, dass die Konstruktion und der Bau langlebiger, hochwertiger Produkte zwar teurer, aber nicht wirklich signifikant teurer ist, zumal Marketing, Werbung, Verpackung, Distribution usw. ja alle im Preis inkludiert sind und für das nachhaltige Produkt nicht mehr Geld kosten. Des Weiteren würde ich das Gehäuse aus einem Kunststoff mit hohem Recyclinganteil bauen und in einem sehr zeitlosen, klassischen Design präsentieren, so dass mehrere Generationen von Druckern mit dem gleichen Gehäuse auf den Markt kommen können; nur das Typenschild kann gewechselt werden. Das Gerät sollte einen minimalen Energieverbrauch, gerade im Stand-By Betrieb haben, denn die Drucker sind zu 95 % der Zeit auf Stand-by und nicht im Druckbetrieb. Ich würde raten, das Gerät auf dem Markt mit einem wettbewerbsfähigen Preis mit ebenfalls nur zwei Jahren Gewährleistung anzubieten, aber gegen einen Aufpreis von z.B. 50 EUR die Garantie auf drei oder wenn ich meine, das leisten zu können für 70 EUR auch vier Jahre Garantie anzubieten. Die Marge würde ich empfehlen, wie am Markt üblich mit den Tintenpatronen zu erzielen, aber diese mit einem Pfandsystem auszustatten und sehr solide und wiederauffüllbar zu gestalten. Wenn ein Gerät in der Garantiezeit kaputt geht, dann würde ich empfehlen, die Garantie so auszugestalten, dass der Kunde sein Gerät im Laden abgeben kann oder das Gerät einsenden kann und binnen eines sehr kurzen Zeitraums, sagen wir vier Werktagen, ein Gerät des gleichen Modells erhält - Sie erinnern sich, das Design ist zeitlos, das Gerät sieht über

Jahre gleich aus. Für den Transport würde ich dazu einen umweltfreundlichen Paketdienst mit Carbon Offset auswählen, um den Service rund zu machen, auch wenn die Transportaufwendungen in diesem System kein sehr wesentlicher Umweltaspekt sind. Das eingesendete Gerät würde ich reparieren und ertüchtigen und dem nächsten Kunden mit einem defekten Gerät dann als Ersatz zustellen. Geht ein Gerät nach der Garantiezeit kaputt, würde ich empfehlen, gegen Rechnung einen gleichen Service mit Austauschgeräten anzubieten.

Ich bin absolut sicher, dass viele Konsumenten diesen Drucker und die Garantie dazu kaufen würden. Sie würden das sogar tun, wenn dieser Hersteller die Tintenpatronen etwas teurer verkaufen würde und eine höhere Marge daran hätte, denn die Garantie ist attraktiv und eine zunehmende Gruppe von Konsumenten denkt in Lebenszyklus-Gesamtsystemkosten und weiß, dass die eigene Zeit kostbar ist, weiß wie nervtötend es sein wird, nach einem zu kurzen Zeitraum ein neues Gerät zu brauchen oder sich um die lange dauernde Reparatur kümmern zu müssen. Das Modell ist sauber und transparent: Drei Jahre Garantie, ein Ersatzgerät binnen einiger Werktage und ein Kundendienst, der sich sehen lassen kann. Selbst die nächste Generation Drucker könnte im gleichen Gehäuse erscheinen. Dieses Modell wäre nachhaltig und ich bin sicher, dass der Hersteller damit gutes Geld verdienen und Kunden sehr dauerhaft für sich gewinnen kann.

Völlig neu ist das nicht. Ich hatte selber einen im Jahr 1992 gekauften Laserdrucker des amerikanischen Herstellers Hewlett-Packard, der gefühlt eine Ewigkeit gehalten hat und dann noch zweimal gegen eine überschaubare Rechnung gegen ein Austauschgerät gleichen Modells getauscht wurde. Nach fast zwanzig Jahren wurde der Service dann irgendwann aufgekündigt, was auch für mich dann akzeptierbar war. Zwanzig Jahre sind in der Computerbranche eine unglaublich lange Zeit und ich habe immer noch - nur wegen dieses einen Produkts - eine hohe Meinung von diesem Hersteller. Hewlett-Packard bietet aktuell immerhin ein Tintenstrahldrucker-Gerät an, dass mit einem Endverkaufspreis von 119 EUR nicht signifikant teurer ist, aber immerhin drei volle Jahre Garantie hat, wenn man das Gerät binnen eines Monats nach dem Kauf beim Hersteller elektronisch registriert. Das lässt schon mal hoffen, denn wenn HP drei Jahre Garantie gibt, dann will der Hersteller binnen der drei Jahre ja auch nicht zu viele defekte Geräte tauschen und muss Vertrauen zu seinem Produkt haben.

Über Automobilhersteller hatte ich in Kapitel 3 bereits gesprochen. Wenn ein Automobilhersteller wirklich nachhaltig sein will, dann versucht er nicht mehr, möglichst viele Fahrzeuge zu verkaufen, sondern Mobilitätskonzepte. Wie oben bereits erläutert: Menschen wollen nicht zwingend ein Auto besitzen, sie wollen mobil sein und bequem von A nach B kommen, ohne Zeitverlust, ohne Wartezeit und individuell. Der ÖPNV ist hierzu nicht immer eine Lösung, es wird immer Individualmobilität geben. Aktuelle Studien weisen bereits darauf hin, dass die Generation der heute jungen Menschen, also derer, die unter 25 Jahre alt sind und damit „Eingeborene des Internetzeitalters" sind, nicht notwendigerweise ein eigenes Auto haben wollen, was noch eine Generation zuvor einer der absoluten Leitwünsche junger Menschen und Symbol der Freiheit und des Erwachsenseins war. Die heute jungen Menschen verbinden Mobilität und Freiheit viel mehr mit dem Smartphone als mit dem eigenen Auto. Kfz-Anbieter, die Mobilität als ganzheitliches Konzept anbieten, die nicht einfach Fahrzeuge in den Markt bringen, sondern Geld als Anbieter von Individualmobilität verdienen, haben dann die Nase vorn. Das verkaufte Fahrzeug ist dann nur ein Teil des Geschäftes. Man verdient nicht am verkauften Eigentum, sondern am angebotenen Mobilitätskonzept mit Car-Sharing, Car-on-Demand etc. Der Kunde besitzt nicht mehr ein eigenes Auto, sondern Nutzungsrechte. Wenn ein Hersteller dann noch einen Dreh findet, an der Mobilitätsvermeidung mit seinen Fahrzeugen Geld zu verdienen (hiermit meine ich, dass Menschen sich manchmal nicht deplatzieren *wollen*, sondern es *müssen*, um mit jemand persönlich zu sprechen), indem sie Dienstleistungen wie Webconferencing in das Mobilitätskonzept einbinden, dann ist er ganz vorn.

Sinn dieses Buches ist nicht die Aufzählung zahlloser guter Beispiele, von denen es erfreulicher- und ermutigenderweise schon viele gibt, sondern das Aufzeigen von Denkmodellen und Handlungsmöglichkeiten. Ich will die weiteren Beispiele ohne jeden Anspruch auf Vollständigkeit daher nur in aller Kürze jeweils als Gedankenanstoß nennen und schließe die kurzen Ausführungen jeweils mit einer zugegebenermaßen provokativen Frage.

Die beiden ersten Beispiele hatte ich im Kapitel 4.1 bereits erwähnt, als es um Materialeffizienz ging:

- Der Automobilzulieferer Bosch wendet das „Remanufacturing" mittlerweile auf rund 11.000 Fahrzeugteile aus rund 30 Produktgruppen an, indem die Bauteile aus Autowerkstätten komplett zerlegt und gereinigt werden, alle Verschleißteile erneuert werden und die Teile nach dem Zusammenbau komplett getestet werden.[139]

---

[139] FAZ Verlagsspezial (2015)

Die Firma ist nicht die einzige, die das kann, aber warum verwenden nicht viel mehr Hersteller von Anlagen und Bauteilen für Maschinen ein Remanufacturing?

- Der Outdoor-Bekleidungshersteller Patagonia stellt Fasern für seine Kleidung aus leeren Plastikflaschen und Alttextilien her und wirbt dafür, die Kleidung lange zu tragen und zu reparieren Trotzdem hat er zwischen 2008 und 2013 seine Umsätze verdoppelt und den Gewinn verdreifacht. Warum soll das nicht für mehr Textilien möglich sein?
- Der italienische Kaffeeanbieter illycaffè wurde 2011 mit einem „Responsible Supply Chain Process"-Zertifikat ausgezeichnet, was Nachhaltigkeit im Rahmen der gesamten Wertschöpfungskette und speziell hinsichtlich des Umgangs und der Verträge mit den Kaffeebauern attestiert: *„illycaffè versteht Nachhaltigkeit in dreifachem Sinn: ökonomisch, sozial und ökologisch. Die ökonomische Nachhaltigkeit basiert auf der Wertschöpfung für alle Beteiligten - vom Kaffeebauern bis zum Konsumenten. Die soziale Nachhaltigkeit gründet sich auf individuellem Wachstum und Selbstverwirklichung. Basis der ökologischen Nachhaltigkeit ist der Respekt vor unserem Planeten. Das zeigt sich beispielsweise im Einsatz von recyclingfähigen Verpackungen sowie Technologien, die die Einflüsse auf die Umwelt reduzieren. Eine faire Entlohnung der Kaffeebauern ist die Voraussetzung für eine nachhaltige Kaffeeproduktion. Auf den internationalen Marktpreis addiert illycaffè eine angemessene Gewinnspanne, die den Produktionskosten Rechnung trägt und den Kaffeebauern für seine Sorgfalt und Mühe zur Steigerung der Qualität belohnt."*[140] Ich will nicht behaupten, dass der Kaffee ein perfekt nachhaltiges Produkt ist, aber der Ansatz des Unternehmens scheint mir sehr ehrlich und umfassend und ich persönlich trinke lieber eine Tasse weniger, aber habe ein nachhaltiges Produkt in der Tasse. Warum können nicht viel mehr Anbieter von Nahrungs- und Genussmitteln diesem Ansatz folgen?
- Die Kaffeemaschinen mit den Einzelportionspatronen aus Kunststoff oder Aluminium hatte ich bereits in der Einleitung erwähnt. Auch wenn es sicher einer technischen Weiterentwicklung bedarf, ich bin überzeugt, dass die Einzelportionspatronen - wenn man denn schon damit arbeiten möchte - auch aus nachwachsendem, kompostierbaren

[140] Illy (2015)

Material hergestellt werden können und mit fair gehandeltem Kaffee füllbar sind. Sollte das nicht möglich sein?

- Der Erstversicherer ERGO und die Muttergesellschaft Münchener Rückversicherungsgesellschaft verankern Nachhaltigkeitskriterien immer tiefer im Kerngeschäft: *„Sowohl bei Standardverträgen (Tarifgeschäft) als auch im Individualgeschäft (individuell ausgehandelte Konditionen, zum Beispiel im Großkunden- und Gruppengeschäft) achten wir auf Aspekte der Nachhaltigkeit. Dabei berücksichtigen wir in besonderer Weise sensible Themen, die mit unserer Grundüberzeugung nachhaltigen Handelns nicht vereinbar sind. [...] ERGO legt über die Hälfte der Beiträge von Kunden in Unternehmen an, die ökonomische, ethische, soziale und ökologische Aspekte berücksichtigen. Diese Unternehmen erzielen ihren Erfolg mit Rücksicht auf Umwelt und Gesellschaft. Wir investieren in Aktien und Unternehmensanleihen, die in sogenannten Nachhaltigkeitsindizes geführt werden".* [141] In der Praxis bedeutet das, dass Verträge vor der Unterzeichnung auf zahlreiche Nachhaltigkeitskriterien überprüft werden und ein Geschäft auch mal nicht gemacht wird - aber dafür erschließt man sich auch Kundengruppen, denen wichtig ist, was mit dem Geld geschieht, welches sie in eine kapitalbildende Lebensversicherung einzahlen. Wenn eine Versicherung hiermit Erfolg hat, warum nicht viel mehr?
- Der Bekleidungs-und Sportartikelhersteller Puma veröffentlicht die durch die eigene Produktion verursachten Umweltschäden und bezifferte seinen Naturverbrauch auf 94 Millionen US-$. Fast je zur Hälfte entstehen die Schäden durch Wasserverbrauch und THG-Ausstoß in der Lieferkette, in den eigenen Standorten fallen nur ca. 7 Mio. US-$ an Schäden an.[142] Der Hersteller macht sehr regelmäßige Audits auf Umwelt- und Arbeitsbedingungen bei seinen Lieferanten. Puma ging noch weiter und ließ für Produkte jeweils die anteiligen Schäden zuweisen, so dass der Kunde die Wahl zwischen billigeren und etwas teureren, aber nachhaltigeren Produkten hat. Warum können nicht mehr Unternehmen Kunden mit diesen Informationen versorgen?

---

[141] ERGO (2013)

[142] https://www.agev.de/projekte/pumaumweltbelastung/index.php?media=print

- Das niederländische Unternehmen Fairphone bietet ein Smartphone an, das möglichst ohne Ausbeutung von Arbeitnehmern und mit möglichst geringem Schaden für die Umwelt produziert werden soll. Laut Unternehmensverlautbarungen gehören zu den berücksichtigten Aspekten die Abfallvermeidung durch Haltbarkeit, langer Wartungsservice, günstige Reparaturmöglichkeiten, ein Recycling-Programm, die Verwendung konfliktfreier Rohstoffe durch den Kauf von Tantal und Zinn aus geprüften Minen in armen Gebieten, anstatt auf Minen in Industrieländern auszuweichen sowie faire Produktionsbedingungen durch Zusammenarbeit mit einem chinesischen Auftragsfertiger.[143] Auch wenn dem Unternehmen vorgeworfen wird, dass nicht alle Bauteile und alle Stoffe vollständig „fair" sind - der Ansatz ist ernsthaft, die Nutzer, welche ich kenne, sind mit dem Gerät zufrieden und das Gerät hat die gleiche Preiskategorie wie andere Smartphones. Warum gehen nicht alle Hersteller von Smartphones einen ähnlichen Weg?
- Einer meiner Kunden in der Zulieferindustrie macht regelmäßige Produktüberprüfungen und schlägt seinen Kunden noch in der Designphase vor, die Bauteile, kleiner, leichter, materialsparender auszulegen und recyclingfreundlich zu gestalten. Er hat damit große Erfolge - warum ist dies eine Ausnahme und nicht die Regel?
- Mit einem neuen Gebäude, welches im Saldo mehr regenerative Energie erzeugt als benötigt wird, mit möglichst lösemittelarmen Farben, FSC-Papier und Carbon Offset-Angeboten für die Kunden betreibt einer meiner Kunden eine Druckerei, die ein sehr weitgehendes Nachhaltigkeitskonzept vorweist und schon mehrere Preise gewann. Ist das in anderen Branchen nicht ebenfalls denkbar?
- Einer meiner Kunden in der Büromöbelindustrie hatte bereits in den frühen 2000er Jahren seinem im Baltikum ansässigen Gestelllieferanten geholfen, die Stahlgestelle unter den Besprechungstischen dünnwandiger, leichter und doch haltbarer herzustellen und ein Plattformgestell entwickelt, dass über mehrere Tischgenerationen modular immer wieder einsetzbar ist. Ersetzt wird dann nur die Tischplatte und Anbauteile. Warum müssen solche hochwertigen Bauteile bei den meisten Herstellern verschrottet werden?

---

[143] https://de.wikipedia.org/wiki/Fairphone#Hintergrund

Einige der genannten Beispiele kenne ich persönlich aus meinem Kundenkreis; ich weiß, mit welcher Seriosität und Ernsthaftigkeit die Unternehmen ihre Produkte oder Dienstleistungen nachhaltiger machen wollen. Andere der genannten Beispiele kenne ich auch nur als Konsument, empfand sie aber als beispielhaft genug und den Ansatz als überzeugend und gehe davon aus, dass die recherchierten Angaben, welche die Unternehmen machen, der Wahrheit entsprechen. Manchmal wird die Gesellschaft auch diesbezüglich eines Besseren belehrt, wenn Darstellungen von Unternehmen nicht der Wahrheit entsprechen, aber (zum Glück) reagieren Konsumenten gerade bei Umwelt- oder Sozialstandards darauf sehr sensibel. Mehr dazu beschreibe ich im Unterkapitel 7.4 zur Kommunikation. Die Nennung der Beispiele bedeutet auch nicht, dass die genannten Produkte per se in allen Dimensionen vollständig nachhaltig wären, aber sie gehen in einigen oder vielen Aspekten in die richtige Richtung.

Ich bin überzeugt, dass sich zu fast jedem Geschäftsmodell eine Ausrichtung auf Nachhaltigkeit betreiben lässt. In einzelnen Fällen kann es sein, dass es mehr als ein Jahrzehnt dauert, ggf. muss man sich in bestimmten Fällen auch von bestimmten Produkten und Prozessen verabschieden, aber die Möglichkeiten sind da und sie werden funktionieren, wenn man sie angeht und nutzt. Im folgenden Abschnitt möchte ich auf Handlungsprinzipien und Möglichkeiten der Strategieentwicklung eingehen.

Unternehmen sind nach meiner Auffassung gut beraten, freiwillig ihre Produkte möglichst früh nachhaltiger zu gestalten. Ich hatte bereits in Kapitel 4 darauf hingewiesen, wie sich durch Legislative, faktische Veränderungen und Konsumentenverhalten von drei Seiten Druck auf nicht nachhaltige Produkte erhöht. So zum Beispiel ist zu erwarten, dass die Ökodesignrichtlinien, die bislang nur für energieverbrauchende Geräte gelten, Auflagen zu Materialeffizienz und Kennzeichnungen der Produkte aufnehmen werden. Hersteller, die solche Entwicklungen durch Eigeninitiative antizipieren, erhöhen ihre Zukunftschancen deutlich.

6.2 Herangehensweisen und Methoden: Fünf Maßnahmenpakete, um Produkte nachhaltiger werden zu lassen

Wenn ein Unternehmen das eigene Geschäftsmodell und damit das Produkt- bzw. Dienstleistungsspektrum in Richtung einer nachhaltigeren Gesellschaft orientieren möchte, dann ist der erste Schritt sicher zunächst eine Zusammenstellung der Umwelt- und Sozialauswirkungen des bestehenden

Geschäftsmodells. Die Führungskräfte-Checklisten und all die anderen in den Unterkapiteln der Kapitel 4 und 5 dargestellten Aspekte und Gedanken dienen hierzu. Gegebenenfalls können und sollten auch externe Fachleute die Analyse des Produktportfolios vornehmen. Am Ende der Analyse steht fest: An welchen Stellen erfüllen die Produkte bereits die Kriterien einer nachhaltigen Gestaltung und an welchen Stellen steht das Produkt im Widerspruch zu den oben zitierten Managementregeln einer starken Nachhaltigkeit?

Von dieser Analyse ausgehend empfehle ich folgende Maßnahmenpakete auf dem Weg zu nachhaltigeren Produkten:

<u>Maßnahmenpaket 1: Compliance-Check und Kundenwünsche ermitteln, aber auch daran glauben, dass man Kundenwünsche induzieren kann</u>. Sicher ist es für jedes Unternehmen wichtig, Kundenwünsche zu ermitteln. Welche Nachhaltigkeitskriterien setzt der Kunde als selbstverständlich voraus, welche Anforderungen haben maßgebliche Kundengruppen? Gibt es Kundengruppen, die bereit wären, einen Mehrpreis zu bezahlen, wenn sie sicher sind, die Produkte sind wirklich nachhaltiger? In Kapitel 2.3 hatte ich bereits auf die Ergebnisse einer Kienbaumstudie aus 2013 hingewiesen.[144] Hier waren 76 % der Konsumenten für regionale Produktion zu Mehrausgaben bereit, bei anderen Kriterien waren es 89 % (umweltfreundliche Produktion), 91 % (faire Arbeitsbedingungen) bzw. 96 % (Kinderarbeit ausgeschlossen) der Konsumenten, die Mehrausgaben akzeptieren. Unternehmen sollten auch den Mut haben, durch ein offensives Angebot nachhaltiger Produkte Kundenwünsche erst zu induzieren: Wenn mehr Produkte mit einem nachweislichen Nachhaltigkeitsbeleg am Markt sind, werden sich auch mehr Käufer finden. Gleichzeitig sollte auch ein Compliance-Check stattfinden, um zu ermitteln, ob das Produkt alle Vorschriften einhält und alle Auswirkungen auf Gesundheit und Sicherheit der Kunden geprüft wurden. In Deutschland klingt dies wie eine Selbstverständlichkeit, in manchen Ländern ist es das aber nicht.

<u>Maßnahmenpaket 2: Produkte und Dienstleistungen schrittweise verändern und anders gestalten.</u> An welchen Stellen ein Unternehmen aktiv werden muss, um seine Produkte nachhaltiger werden zu lassen, lässt sich pauschal nicht sagen: All die vielen Aspekte in den Checklisten der Kapitel 4 und 5 fließen hier ein. Vielleicht ist es die Substitution eines Rohstoffes, vielleicht der Wechsel eines Lieferanten oder Vereinbarungen mit Lieferanten zu anderen Arbeitsbedingungen und verbesserten Umweltschutzmaßnahmen,

---

[144] Kienbaum/CAR (2013)

vielleicht aber auch eine Umgestaltung des Produktes? In anderen Fällen kann es sein, dass ein Produkt, so wie oben am Beispiel der Drucker beschrieben mit einem höheren Dienstleistungsanteil oder After-Sales Service flankiert wird, langlebiger und reparaturfreundlicher gestaltet wird und das Unternehmen beginnt, an der Pflege und Reparatur der im Markt befindlichen Produkte einen höheren Anteil seiner Marge zu erwirtschaften als am Verkauf neuer Produkte. Auch die Produktrücknahme und Bewirtschaftung der eigenen gebrauchten Produkte als Rohstoffquelle oder Einsatz von runderneuerten und funktionsüberprüften Bauteilen als ETN-Teile (ETN = equivalent-to-new) gehören zu den Maßnahmen der Produktumgestaltung.

Ich hatte es im Kapitel 4.3 am Beispiel der Verbesserung der Energieeffizienz bereits geschildert: In der Produktentwicklung und den Fertigungsverfahren liegen die wichtigsten Schlüssel zur dauerhaften Verbesserung der Umweltleistung eines Unternehmens. Bei meinen Audits in den Entwicklungsabteilungen vieler Unternehmen sehe ich immer wieder großartige Innovationen und Beispiele, wie eine neue Produktgeneration an bestimmten Stellen materialsparender, energiesparender und umweltfreundlicher gestaltet wird als die Vorgängergeneration. Trotzdem bin ich leider auch immer wieder erschrocken, wie selten ein ganzheitlicher Ansatz verfolgt wird und wie häufig Ingenieure, Produktentwickler und Designer nicht orientiert sind, welche Kriterien ein wirklich nachhaltiges Produkt erfüllen sollte. Als mein Team im Zeitraum 1999/2000 in einer gemeinsamen Studie mit den VDI-Nachrichten die Frage „Wie grün denken deutsche Ingenieure?“[145] untersucht hat, kamen bei der Befragung von 263 Teilnehmern aus Entwicklungsabteilungen u.a. folgende Aussagen zu Tage: Obwohl es über die Notwendigkeit und den wichtigen unternehmensstrategischen Stellenwert der Entwicklung umweltverträglicher, nachhaltiger Produkte unter den Teilnehmern keinen Zweifel gab (84 % Zustimmung) bestand eine erhebliche Diskrepanz zwischen dem Handlungswunsch und dem tatsächlichen Handeln der Entwicklungsingenieure. Die Antworten belegten, dass es den Ingenieuren an Handlungsmöglichkeiten und Strategien fehlte, die als notwendig erkannte Vorgehensweise auch umzusetzen. 24 % bzw. 29 % der befragten Unternehmen hatten noch nie eine systematische Untersuchung der Materialvielfalt und der irreversiblen Materialverbindungen vorgenommen. Zahlreiche Teilnehmer an der Studie hatten die Verbesserung der Reparaturfreundlichkeit und des Kundendienstes noch nie

---

[145] VDI Nachrichten 10. Dez. 1999

untersucht oder sahen hierin auch keine Chance für die eigene Geschäftsentwicklung. Außerdem hatten 75 % der befragten Unternehmen, für deren Produkte der Ansatz möglich wäre, kein umfängliches oder gar kein Konzept zur Produktrücknahme, Demontage oder Bewirtschaftung der eigenen Altprodukte als Rohstoffquelle.[146]

Die Studie ist mehr als 15 Jahre alt, aber die Ergebnisse wären heutzutage nicht signifikant besser, dessen bin ich auf Grund vieler Erfahrungen leider sicher.

Meiner Meinung nach ist es daher entscheidend, die ökologische und nachhaltige Produktgestaltung in die Unternehmens- bzw. Umweltziele aufzunehmen und in den entsprechenden Managementsystemen auch zu steuern. Solange die zertifizierten Umweltmanagementsysteme in vielen Unternehmen zwar die Einhaltung von Grenzwerten, die Reduzierung von Abfallmengen und des Energieverbrauches etc. hervorragend messen, steuern und managen, jedoch die Bereiche der Produktentwicklung und der Planung der Fertigungsverfahren nur sehr am Rande oder gar nicht mit quantifizierten Zielen zur Nachhaltigkeit ausgestattet sind bzw. die Ziele zu zaghaft gesetzt werden, wird sich das auch kaum verbessern. Die Zielsetzungen sollten daher in Stakeholder-Dialogen verifiziert werden. Bei einem unserer Kunden in der Schienenfahrzeugindustrie hatten wir schon vor Jahren gute Erfolge, in dem sogenannte „Ecological Construction Officers“ ernannt wurden, welche die Rolle hatten, ganz zu Projektbeginn die Umweltziele des Produktentwicklungsprozesses festzulegen und in den Design- und Konstruktions-„Gate-Reviews“ die Aufgaben hatten, zu kontrollieren, ob die Nachhaltigkeitsvorgaben und Vorgaben an eine materialsparende, recyclingfreundliche Konstruktion umgesetzt worden waren. Ohne den Stempel dieser Person konnte der nächste Entwicklungsschritt nicht begonnen werden.

Ein weiterer Schlüssel zum Erfolg kann auch im Prinzip „Nutzen statt besitzen“ liegen, zu Neudeutsch „Share Economy“. In einer Bevölkerungsbefragung von PWC aus dem Jahr 2015 bekundeten 64 % der Befragten, in den kommenden Jahren mehr Share Economy-Angebote nutzen zu wollen - interessanterweise hauptsächlich jüngere Konsumenten, also die Kunden von morgen.[147] Gerade bei Medien & Entertainment, Konsumgütern, Auto & Transport und Dienstleistungen wie Reparaturen, aber auch Übernachtungen

---

146 Utermöhlen&Engel (2000)
147 PWC (2015)/2

(Private Übernachtung über Vermittlungsagenturen statt Hotel) geht der Trend zu solchen Angeboten. Mehr als 75 % der Befragten bestätigten, dass Leihen bzw. Mieten manchmal klare Vorteile gegenüber Besitzen hat. Stellen Sie sich die Frage, ob Ihre Dienstleistungen und Produkte auch nach den Prinzipien einer Share Economy angeboten werden können!

Es gibt sicher auch Produkte, für die viele der beschriebenen Denkweisen nicht anwendbar sind, z.B. weil sie sich verbrauchen und eine Rücknahme oder Wiederverwendung nicht möglich ist. Nehmen Sie Lacke und Farben – dennoch kann auch ein Hersteller solcher Produkte komplett nachhaltig werden. Ich kenne seit mehr als 20 Jahren einen Kunden, der Lasuren und Farben für Haus und Garten vollständig auf Basis nachwachsender Rohstoffe und Mineralien ohne Bedrohung der Knappheit herstellt. Auch für Hochleistungsbeschichtungen mit Korrosionsschutz (etwa für Fahrzeuge) ist es möglich, mehr und mehr auf erdölstämmige organische Lösemittel und Komponenten zu verzichten und wasserbasierte Stoffe einzusetzen und alle beschriebenen Nachhaltigkeitsschritte in der Lieferkette vorzunehmen - selbst wenn dazu noch Forschung erforderlich ist, wird das gelingen.

Auch für reine Finanzdienstleister oder Beteiligungsgesellschaften kann die erbrachte Dienstleistung nachhaltig gestaltet werden: Große Banken und Versicherungen sind heutzutage oftmals Zeichner der PRI. Bedingt durch dieses Engagement setzen diese Unternehmen Nachhaltigkeits-Filter bei der Auswahl der Wertpapiere und Aktien, welche sie in ihre Depots aufnehmen und managen diese Beteiligung aktiv im Sinne der Nachhaltigkeit - bis hin zur aktiven Einflussnahme auf Hauptversammlungen im Interesse des Themas. Mehrere meiner Kunden im Bereich der Finanzdienstleistungen haben auch schon begonnen, explizite Ausschlusskriterien zu formulieren, d.h. sie investieren überhaupt nicht mehr in Unternehmen, welche in Geschäftsfeldern aktiv sind, die sie als nicht nachhaltig betrachten. Nicht alle Unternehmen, welche als institutionelle Anleger aktiv werden, haben das Volumen, um selber auf Hauptversammlungen Einfluss zu nehmen. Hier bieten sich jedoch bereits Dienstleister an, welche die Stimmrechtspakete kleinerer Investoren einsammeln und bündeln, um auf Hauptversammlungen im Interesse der Nachhaltigkeit Einfluss zu nehmen.

<u>Maßnahmenpaket 3: Herstellbedingungen in der Lieferkette ändern.</u> Wenn Sie das Buch bis zu dieser Stelle gelesen haben, dann haben Sie vielfach erfahren, dass wesentliche Umwelt- und Sozialauswirkungen in der Lieferkette liegen. Ein Unternehmen kann das absolut identische Produkt so herstellen, dass es sehr umweltbelastend und ohne Einhaltung fairer Bedingungen hergestellt

wird oder eben sehr umweltschonend und fair ist. Das gilt für ein Maschinenteil ebenso wie für ein Nahrungsmittel, weil es eben darauf ankommt, wie die Rohstoffe gewonnen werden, wo sie herkommen und welche Arbeitsbedingungen hier herrschen. Egal ob Stahl oder Palmöl in das in Europa vertriebene Produkt eingebracht wird, auf die Herkunft und die Herstellbedingungen kommt es an. Eine Wiederholung all der Implikationen in der Lieferkette an dieser Stelle ist nicht erforderlich, dazu dienen die Ausführungen und Checklisten in den Kapiteln 4 und 5. Für ein Unternehmen kommt es darauf an, die Erkenntnisse der Umwelt- und Sozialbelastungen in der Lieferkette, die mit den Fragen in den Führungskräftechecklisten ermittelt und identifiziert wurden, in die Beschaffungsstrategie einfließen zu lassen: Verbindliche Lieferantenvereinbarungen mit konkreten Maßgaben, Hinwirken auf Veränderung von Lieferantenverhalten und Substitution von Lieferanten sind die wesentlichen Instrumente eines nachhaltigen Lieferantenmanagements; mehr hierzu lesen Sie in Kapitel 7.

<u>Maßnahmenpaket 4: Marketing und Kommunikation zu den Nachhaltigkeitskriterien transparent machen.</u> Wenn ein Produkt tatsächlich umweltfreundlicher, fairer und nachhaltiger ist als vergleichbare Wettbewerbsprodukte, dann muss das Marketing dies auch kommunizieren - und zwar so, dass die Botschaft sowohl verständlich als auch glaubwürdig ist. Eine vernünftige und belegbare Botschaft zur Nachhaltigkeit eines Produktes oder einer Dienstleistung, basierend auf belegbaren Fakten ist mehr, als das Logo plötzlich auf grünem Grund erscheinen zu lassen oder ein oder zwei Umweltsiegel aufzudrucken. Die gesamte, das Produkt flankierende Kommunikation muss darauf ausgerichtet sein und neben den eigentlichen Nutzeneigenschaften eben auch die Nachhaltigkeit als Botschaft transportieren. Manchmal kann das einfach sein, wenn z.B. ein Nahrungsmittel in der neuen Rezeptur nur noch Zutaten aus regionalem Ökolandbau enthält oder Bezugsquellen und Herstellungsstandards nachweislich verändert werden. Für eine komplexe Dienstleistung wie eine Lebensversicherung ist es schon deutlich sperriger, wenn der Vertrieb dem Kunden den Bezug zu Umwelt- und Nachhaltigkeit erläutern soll. Entsprechend dauert der Umbau von Marketing und Kommunikation in Richtung einer starken Nachhaltigkeit eher Jahre als Monate.

Gerade an die Marketingabteilungen der Unternehmen möchte ich einen Appell richten: Natürlich ist es Aufgabe des Marketings, Produkte und Dienstleistungen zu vermarkten und so anzubieten, dass Käufer dieses Angebot als begehrenswert wahrnehmen und es kaufen. Marketing kann aber - um nur ein

Beispiel zu nennen - mit einer möglichst bunten, nicht recyclingfähigen Verpackung und viel Material eine Wertigkeit für ein kurzlebiges Wegwerfprodukt vermitteln oder mit gleichem Erfolg auf Langlebigkeit und Umweltattribute hinweisen. Wenn es gelingt, durch eine geschickte Kommunikation zu vermitteln, dass ein langlebiges, fair hergestelltes und ohne übermäßige Umweltbelastung hergestelltes Produkt „cool" oder „chic" ist, dann ist viel erreicht. Marketing und Werbewirtschaft beeinflussen Lebensstile; „Lifestyle" kann auch nachhaltig sein, ohne skurril oder kauzig daherzukommen. Bekleidung ist hierfür ein gutes Beispiel: Man kann tolle Werbung machen für eine Billigjacke, die prima aussieht, aber nur eine Saison hält. Ökologisches bzw. nachhaltiges Produkt-Design hat auch nichts mit fehlender Ästhetik zu tun; ein nachhaltiges Produkt kann ebenso gut aussehen wie jedes andere. Man kann - siehe Beispiel Patagonia in Kapitel 4.1 - auf ein zeitloses Design und die Möglichkeit eines reparaturfreudigen Kleidungsstückes setzen. Das kostet den Endkunden über die Zeit sogar weniger und ich bin sicher, man kann an beidem sein Geld verdienen - nur eben einmal nicht umweltfreundlich und nicht fair und einmal nachhaltig. Um nicht falsch verstanden zu werden: Ich plädiere nicht für eine in Lumpen gekleidete Gesellschaft, sondern weise darauf hin, dass vieles auch einfach Gewohnheiten sind. In manchen Fällen gilt eine „Vintage-Anmutung" als cool oder stylisch und eine saubere, gut sitzende, aber geflickte Jeans ist keine Schande - warum soll das nicht öfter der Fall sein?

Insofern wende ich mich an die zahllosen Marketing- und Vertriebsabteilungen: Macht es nicht mehr Freude und eine größere Zufriedenheit mit dem eigenen Tagewerk für ein besseres, langlebigeres und faireres Produkt zu werben, als Produkte zu promoten, von denen man weiß, sie halten nicht lange, belasten die Umwelt, die Taschen der Konsumenten, die begrenzten Ressourcen der Welt und wurden unter Bedingungen hergestellt, bei denen keiner von uns gerne selber arbeiten würde? Bitte, denken Sie darüber nach.

<u>Maßnahmenpaket 5: Preisliche und logistische Verfügbarkeit darstellen</u>. An dieser Stelle wiederhole ich gern den ersten Satz dieses Kapitels: Ich behaupte, dass sich wesentlich mehr Konsumenten als es ohnehin bereits der Fall ist, für ein umweltfreundliches und nachhaltiges Produkt entscheiden würden, wenn es denn einigermaßen bequem verfügbar wäre. Insofern ist es auch wichtig, dass ökologische bzw. nachhaltige Produkte nicht nur in Nischen angeboten werden. Öko-Läden für überzeugte Bürger mit einem ausgewählten Sortiment gibt es seit mehr als 30 Jahren - aber erst seit Bioprodukte und Produkte mit Nachhaltigkeitsattributen wie fair gehandelter Kaffee und

Friend-of-the-Sea-Fisch in jedem Supermarkt und sogar bei Discountern angeboten werden, steigen die Absatzzahlen rapide. Ich habe an mehreren Stellen in diesem Buch geschrieben, dass sich zur nachhaltigen Entwicklung Lebensstile verändern müssen und auch werden, aber das hat nichts mit Konsumverzicht zu tun, sondern mit Konsumveränderungen und Änderung der Konsumfrequenz. Entsprechend wichtig ist das Angebot: Der ökologische, langlebige und reparaturfreundliche Drucker, die nachhaltigen gut aussehenden Textilien, der Bürostuhl mit wiederverwendeten Bauteilen, das gut riechende und leistungsfähige Waschmittel ohne Palmöl, all diese Produkte gehören in die Großfläche bzw. die Quellen der täglichen Bedarfsdeckung.

Fazit und Indikatoren zur nachhaltigen Produktgestaltung

Nach der umfänglichen Analyse der eigenen Implikationen des Unternehmens und des Geschäftsmodells auf die unterschiedlichen Dimensionen der nachhaltigen Entwicklung ist die sukzessive Um- und Neugestaltung der Produkte und Dienstleistungen die Königsdisziplin des Nachhaltigkeitsmanagements. Dies ist ein aufwändiges, langfristiges Projekt, welches aber auch große Chancen birgt. Die Umgestaltung muss in Schritten erfolgen und sollte durch klare Regularien im Managementsystem verankert werden. Jeder Schritt, jede Etappe der Entwicklung eines neuen oder veränderten Produktes sollte auf Nachhaltigkeit in allen Dimensionen geprüft werden und die Nachhaltigkeitsanforderungen in die Pflichten- und Lastenhefte der Unternehmen Eingang finden. Außerdem sollten die „grünen" Anforderungen in allen Design- und Entwicklungsreviews auf Einhaltung geprüft werden. Indikatoren aus dem GRI G4-Standard zur Wahrnehmung einer nachhaltigen Produktverantwortung sind:

- **Ökologische Produktkriterien**
  - Umfang und Anzahl der Maßnahmen, mit denen die ökologischen Auswirkungen von Produkten und Dienstleistungen während des Berichtszeitraums verringert wurden (G4-EN27)
  - Prozentsatz der zurückgenommenen Produkte und deren Verpackungsmaterialien für jede Produktkategorie (G4-EN28)
- **Kundengesundheit und -Sicherheit**
  - Prozentsatz der maßgeblichen Produkt- und Dienstleistungskategorien, deren Auswirkungen auf Gesundheit und Sicherheit geprüft werden, um Verbesserungspotenziale zu ermitteln (G4-PR1)

- Gesamtzahl der Vorfälle der Nichteinhaltung von Vorschriften und freiwilligen Verhaltensregeln in Bezug auf die Auswirkungen von Produkten und Dienstleistungen auf Gesundheit und Sicherheit, dargestellt nach Art der Folgen (G4-PR2)

- **Kennzeichnung von Produkten und Dienstleistungen**
  - Art der Produkt- und Dienstleistungsinformationen, die durch die Verfahren der Organisation für Informationen über die Kennzeichnung von Produkte(n) erforderlich sind, sowie Prozentsatz der maßgeblichen Produkt- und Dienstleistungskategorien, die solchen Informationspflichten unterliegen (G4-PR3)
  - Gesamtzahl der Fälle von Nichteinhaltung von Vorschriften oder freiwilligen Verhaltensregeln in Bezug auf die Informationen über und die Kennzeichnung von Produkte(n) und Dienstleistungen, dargestellt nach Art der Folgen (G4-PR4)
  - Ergebnisse von Umfragen zur Kundenzufriedenheit (G4-PR5)
- **Marketing**
  - Verkauf verbotener oder umstrittener Produkte (G4-PR6)
  - Gesamtzahl der Fälle von Nichteinhaltung von Vorschriften oder freiwilligen Verhaltensregeln in Bezug auf Werbung einschließlich Anzeigen, Verkaufsförderung und Sponsoring, dargestellt nach Art der Folgen (G4-PR7)
  - Marketingmaßnahmen, die geeignet sind, Kunden zum Kauf nachhaltigerer Produkte zu animieren (Kein GRI-Indikator)
- **Schutz der Privatsphäre des Kunden**
  - Gesamtzahlen begründeter Beschwerden in Bezug auf die Verletzung der Privatsphäre von Kunden und den Verlust von Kundendaten (G4-PR8)

Führungskräftecheckliste zur nachhaltigen Produktgestaltung

1. Haben wir in einem ergebnisoffenen Verfahren ermittelt, welche Kundenwünsche in Bezug auf Nachhaltigkeitskriterien in unseren unterschiedlichen Kundengruppen bestehen?
2. Haben wir ermittelt, ob es Kundengruppen gibt, die bereit wären, einen Mehrpreis zu bezahlen, wenn sie sicher sind, die Produkte sind wirklich nachhaltiger?

3. Haben wir unter Nutzung der diversen Führungskräftechecklisten der Kapitel 4 und 5 ermittelt, an welchen Stellen wir aktiv werden müssen, um unsere Produkte nachhaltiger werden zu lassen?
4. Existiert hierzu eine schriftlich fixierte und mit Maßnahmen und Meilensteinen ausgestattete Strategie?
5. Wurden die Ziele zur ökologischen und nachhaltigen Produktgestaltung in unsere Unternehmens- und Umweltziele aufgenommen und über entsprechende Managementsysteme gesteuert?
6. Haben wir in einem Stakeholder-Prozess geprüft, ob die Ziele quantifiziert und aus Sicht der verschiedenen Anspruchsgruppen ambitioniert genug sind?
7. Werden während der Entwicklungsprozesse zukünftiger Produkte und Dienstleistungen in Kontroll-Audits oder Gate-Reviews Überprüfungen vorgenommen, ob die Umwelt- und Nachhaltigkeitsziele durch die neuen Produkte eingehalten werden?
8. Haben wir untersucht, ob unsere Dienstleistungen und Produkte auch nach den Prinzipien einer Share Economy angeboten werden können?
9. Sind unsere Erkenntnisse der Umwelt- und Sozialbelastungen in der Lieferkette in die Beschaffungsstrategie eingeflossen?
10. Haben wir verbindliche Lieferantenvereinbarungen mit konkreten Maßgaben, Hinwirkung auf Veränderungen bei Lieferanten und Substitution von nicht nachhaltigen Lieferanten in unserer Beschaffungsstrategie und unserem Lieferantenmanagement festgelegt?
11. Haben wir die Umwelt- und Nachhaltigkeitsvorteile unserer Produkte in eine konsistente und auf belegbaren Fakten basierende Kommunikationsstrategie einfließen lassen?
12. Sind die umweltfreundlicheren und nachhaltigeren Produkte unseres Unternehmens ebenso leicht und überall verfügbar für unsere Kunden, wie es weniger nachhaltige Produkte sind?

7 Nachhaltigkeit als Führungsprinzip

Wenn Sie sich in diesem Buch bis zum Kapitel 7 vorgearbeitet haben, dann fragen Sie sich eventuell, warum nicht viel mehr Staaten und Unternehmen einen konsequent nachhaltigen Weg beschreiten.

In seinem Bericht „Zivilisatorischer Fortschritt innerhalb planetarischer Leitplanken“ hat der wissenschaftliche Beirat Globale Umweltveränderungen herausgearbeitet, warum die Erreichung der sogenannten Ziele für nachhaltige Entwicklung (Sustainable Development Goals, SDG) so schlecht gelingt: Erstens wird Nachhaltigkeit vielerorts als Hemmnis für Entwicklung und Prosperität verstanden. Zweitens wollen viele OECD- und Schwellenländer keine verbindlichen Ziele einhalten und drittens stagniert die internationale Zusammenarbeit in diesen Punkten. Ich möchte noch ein viertes Argument dazustellen, nämlich die zumeist erst langfristige und mittelbare Betroffenheit der meisten Entscheider: Ein nicht nachhaltiges Verhalten führt erst in einiger Zeit dazu, dass es heutigen Entscheidern weniger gut geht. In der gleichen Veröffentlichung stellt der WBGU fest: *„Konsumentscheidungen und Lebensstile der globalen Mittel- und Oberschichten tragen derzeit am stärksten zur Verursachung globaler Umweltprobleme bei und sollten in Richtung Nachhaltigkeit transformiert werden.“*[148]

Wie an mehreren Stellen in den vorhergehenden Kapiteln erwähnt, spielen Unternehmen in dieser Entwicklung eine entscheidende Rolle, da nur über ein attraktives Angebot an nachhaltigen Waren und Dienstleistungen Konsumentenentscheidungen in Richtung Nachhaltigkeit bewegt werden können. Es wird möglich sein, den legitimen Ertragsanspruch von Firmen mit den Ansprüchen der nachhaltigen Entwicklung in Übereinstimmung zu bringen. Bei allem Lob, dass ich für die teilweise vorbildlichen Aktivitäten vieler Unternehmen jeder Größe in Puncto Umweltschutz und sozialer Verantwortung habe - in vielen Fällen fehlt der weitsichtige, strategische Ansatz und - das erwähnte ich in Kapitel 1 bereits - einzelne, löbliche Aktivitäten werden mit nachhaltigem Handeln verwechselt. Diese Beobachtung belegt auch ein ifo-Konjunkturtest aus dem Jahr 2012, bei welchem in Form einer Sonderumfrage 2.552 Unternehmen zur Bedeutung bestimmter Sachverhalte der „Green Economy“ für ihr Unternehmen befragt wurden. Die Erhöhung der Energieeffizienz war bei 68 % der Antwortenden von zunehmender Bedeutung, aber gerade einigen für die Einhaltung der „planetarischen Leitplanken“ wichtigen Sachverhalten wie der Nutzung nachwachsender Rohstoffe, Erhalt der biologischen Vielfalt oder Schließung von Stoffkreisläufen wurde eine viel geringere Bedeutung zugemessen.[149]

Der Weg zur starken Nachhaltigkeit wird für Unternehmen Veränderungen bedeuten, das ist eindeutig. Die Wirtschaftswelt wird in 50 Jahren durch andere Trends wie Demographie, Zuwanderung, Veränderung der Mobilität und Digitalisierung ohnehin völlig anders aussehen - warum sollte es nicht gelingen, diese Trends mit der Einhaltung der planetarischen Leitplanken zu verknüpfen? Dies wird natürlich bedeuten, dass Konsumenten anders leben - anders, aber nicht schlechter. Mehr Zugang zu materiellem Wohlstand als wir ihn in Europa im Durchschnitt erreicht haben, braucht nach meiner

[148] WBGU (2014)
[149] Wackerbauer/ifo (2012)

Überzeugung ohnehin niemand. Natürlich gibt es auch in Industrieländern Menschen, die bitterarm sind und nach mehr Zugang zu materiellen Gütern lechzen, aber das ist eher eine Frage der Gerechtigkeit und der Verteilung, nicht des absoluten Zugangs der Gesellschaft zu materiellem Wohlstand. Was uns schon eher fehlt, ist ein ausgeglichener Zugang zu den Basisgütern eines guten Lebens im Sinne der Skidelskys (siehe Kapitel 5) - und diese stehen mit den Anforderungen der nachhaltigen Entwicklung absolut nicht im Widerspruch.

In einer nachhaltigen Gesellschaft würde niemand materiellen Mangel leiden müssen. Vermutlich wäre manches, was heute durch wegwerfen und neu kaufen oder schnelles hin- und herfliegen zügig und einfach geht, etwas zeitaufwändiger und mühsamer, dafür würden andere Stressfaktoren, die in unserer Konsumgesellschaft bestehen, wegfallen. Etwas weniger tierische Nahrungsmittel, mehr saisonale Produkte, weniger Gegenstände länger nutzen, mehr Reparatur, andere Mobilität - eindeutig wäre dies anders, aber nicht schlechter und der Weg dorthin ist ohnehin ein langsamer Wandel, keine Zäsur.

Unternehmen sollten diese Herausforderung annehmen und ich empfehle sogar, sich in seiner jeweiligen Branche zu einem der Vorreiter zu machen. Für die Einführung eines solchen Nachhaltigkeitsmanagements gibt es natürlich mittlerweile auch eine Norm (ISO 26000), die Orientierung und Empfehlungen gibt, nach derer Berücksichtigung Organisationen als gesellschaftlich verantwortlich angesehen werden können - vor jedem Managementsystem steht aber eine Strategie. Eine solche zu entwickeln und umzusetzen, dieser Aufgabe widmet sich das letzte Kapitel.

7.1 Strategieentwicklung zum nachhaltigen Geschäftsmodell

In den letzten Absätzen des Kapitels 3 hatte ich bereits die Ansätze zu einer Strategieentwicklung dargelegt. Unternehmen sollten in drei Schritten vorgehen.

1. Situationsanalyse: Sorgfältige Bewertung des bestehenden Geschäftsmodells in Bezug auf die nachhaltige Entwicklung unter Anwendung der Führungskräfte-Checklisten der Kapitel 4 und 5; danach Durchführung von notwendigen Arbeiten, wenn bei der Abarbeitung der Checklisten Erkenntnislücken oder Handlungsdefizite zu Tage treten.

2. Risikoanalyse: Selbstkritische Beantwortung der Frage - ggf. unter Nutzung von Experten und Stakeholderdialogen - welche Teile der eigenen aktuellen

Wertschöpfungsprozesse nicht nachhaltig im Sinne der Definition sind und was hieran schrittweise geändert werden kann.

3. Chancenanalyse: Was kann das Unternehmen besonders gut und was hiervon kann man im Kontext der nachhaltigen Entwicklung nutzen? Wie könnte ein in Richtung Nachhaltigkeit verändertes Geschäftsmodell aussehen?

Nach diesen drei Analyseschritten ist klar, was die nachhaltige Entwicklung mit den im Buch beschriebenen Treibern, Veränderungen und Prognosen für das jeweilige Geschäftsmodell bedeutet. Wenn ein Unternehmen diese drei Punkte sorgfältig bearbeitet, durchleuchtet und beantwortet hat, kann man Nachhaltigkeit in den Kern künftigen Handelns stellen und die Produkte und Dienstleistungen unter Nutzung der Anregungen und der Checkliste des Kapitels 6 schrittweise neu gestalten.

In der Grafik 7.1 ist das Vorgehen als Ablaufschema dargestellt. Ein zertifizierungsfähiges Umwelt- und Arbeitssicherheitsmanagementsystem unterstelle ich hierbei als heute eigentlich selbstverständliche Handlungsbasis; da solche UMS und ASiMS vielfach beschrieben und angewendet sind, verzichte ich auch auf weitere Erläuterungen hierzu.

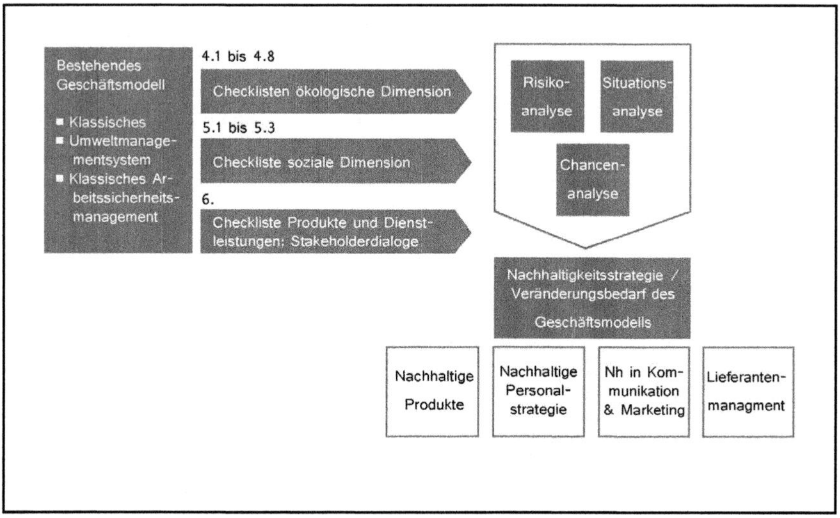

Grafik 7.1 Vorgehensmodell zur Nachhaltigkeitsstrategie

Wie nach der Analyse ein Geschäftsmodell aussieht, das wirklich nachhaltig ist, ist sicherlich sehr branchenabhängig. Ob zur Veränderung die am Ende des

Kapitel 3.2 zitierten acht Schlüsselstrategien des IPCC angewendet werden oder die sich damit sehr überschneidenden „10 Komponenten einer grünen Transformation" der Sonderfrage an die ifo Konjunkturtestteilnehmer 2012 (Reduzierung von Schadstoffen und Emissionen, Erhöhung der Energieeffizienz, Erhöhung der Rohstoff- und Materialeffizienz, das Schließen von Stoffkreisläufen, Substitution nicht erneuerbarer Rohstoffe, Erhalt der biologischen Vielfalt, Nutzung erneuerbarer Energien, Nutzung nachwachsender Rohstoffe, Umweltbezogene Qualifizierungsmaßnahmen, Systematisches Umweltmanagement) und welche Reihenfolge und Prioritäten dabei gelten, sollte jedes Unternehmen selber entscheiden. Wenn Sie dieses Buch aufmerksam gelesen haben, dann wissen Sie ohnehin, was für Ihr Unternehmen prioritär ist.

Ich möchte daher gar keine Empfehlung aussprechen, welche dieser Schlüsselstrategien bzw. welche Komponenten einer grünen Transformation ein Unternehmen zuerst oder schwerpunktmäßig anwenden sollte, sondern ein Theorem formulieren, welches als Prüfkriterium gelten kann:

Ein Geschäftsmodell ist dann nachhaltig, wenn:

a. die Produkte und Dienstleistungen vollumfänglich die vier Managementregeln einer starken Nachhaltigkeit (Kapitel 6.1) erfüllen,
b. die Führung des Unternehmens überzeugt hinter dem Konzept der Nachhaltigkeit steht und diese Haltung durch eine entsprechende Personalstrategie (Kapitel 5.1) ins Unternehmen trägt,
c. die Kommunikation des Unternehmens das Nachhaltigkeitskonzept nach innen und nach außen glaubwürdig, faktenbasiert und verständlich transportiert und
d. die Gewinne des Unternehmens zumindest zum Teil in weitere Projekte zur Fortentwicklung der Nachhaltigkeit des Geschäftsmodells investiert werden.

Wenn dieses viergliedrige Prüfkriterium eingehalten wird, dann ist das Unternehmen gut aufgestellt. Die Veränderungen bis zu dem Punkt, an welchem ein Unternehmen von einem klassischen Geschäftsmodell zu einem Konzept gelangt, welches diesen Kriterien standhält, können nicht oder nur in sehr seltenen Fällen ad hoc erfolgen. Es ist für mich absolut nicht ehrenrührig, wenn in einer längeren Übergangsphase ein Unternehmen noch Gewinne mit seinen herkömmlichen Produkten erwirtschaftet (solange diese nicht zu extrem umweltbelastend oder unfair sind) und diese Gewinne nutzt, um nachhaltige Produkte zu entwickeln und zu platzieren.

7.2 Von der Erkenntnis zur Strategie: Unternehmensführung, Verpflichtungen und Engagements im Kontext der nachhaltigen Entwicklung

Um eine Nachhaltigkeitsstrategie zu entwickeln, sollte als Basis derselben zunächst eine Nachhaltigkeitspolitik aufgestellt werden. Ich habe in den letzten Jahren hunderte solcher Politiken im Wortlaut gelesen - manche sind großartig, einige sind gut, viele sind leider das Papier nicht wert, auf welchem sie gedruckt wurden. Jedwede Unternehmenspolitik muss glaubwürdig sein. Sie muss zum Unternehmen und seinem Geschäftsmodell passen und sie sollte vor allem erfüllbar sein - wenn ein Mineralölkonzern sich als grün gibt, aber bedenkliche Bohrlizenzen in der Arktis erkämpft, dann ist das ebenso unglaubwürdig, wie ein Automobilhersteller, der die Devise ausgibt, der grünste Mobilitätsanbieter des Kontinents zu werden, aber spritschluckende SUV in den Mittelpunkt seiner Werbung stellt. Eine Nachhaltigkeitspolitik sollte die tatsächlichen Werte, Verhaltensstandards und -normen in den Mittelpunkt stellen und mit erfüllbaren Absichten beschreiben. Kein „Blabla", sondern konkrete und nachvollziehbare Ansätze und Verpflichtungen sind hier wichtig, ebenso wie ein Bezug zu den im Unternehmen tatsächlich gelebten Verfahren und Instrumenten. Ein Satz wie *„Wir streben die Reduzierung des Wasserverbrauches in der gesamten Lieferkette an"* klingt doch viel schwächer, als mit der Ergänzung *„und werden hierfür mit unseren wichtigsten Lieferanten, die für 70 % des Wasserverbrauchs unserer Produkte verantwortlich sind, verbindliche und quantifizierte Vereinbarungen treffen, deren Einhaltung wir einem jährlichen Monitoring unterziehen."* Konsumenten und Kunden haben ein feines Gespür für die Unterscheidung zwischen Worten für die Galerie und ehrlichen Absichten. Finden Sie für Ihr Unternehmen diese Ansätze.

Positiv und glaubwürdig finde ich immer, wenn ein Unternehmen in seiner eigenen Politik externe ökologische und gesellschaftliche Chartas und Standards zitiert, zu deren nachweislicher Einhaltung es sich verpflichtet hat. Ebenso können in der Nachhaltigkeitspolitik oder zugehörigen Dokumenten externe Initiativen erwähnt werden, deren Unterstützung das Unternehmen gewährleistet.

Ein Kern vieler Nachhaltigkeitspolitiken ist die Selbstverpflichtung zur Einhaltung geltenden Rechts - ich will das gar nicht kritisieren, aber eigentlich sollte die Einhaltung geltenden Rechts ja eine Selbstverständlichkeit sein.

Entsprechend empfinde ich Angaben und Auflistungen tatsächlich angewandter Verfahren zu ethisch korrektem und gesetzeskonformen Verhalten und zu allen internen Kontrollmechanismen wie Vier- und Sechsaugenprinzipien, Random-Stichproben, Selbstauskünfte usw. mindestens ebenso wichtig und vor allem aussagestärker.

Nicht nach der Entwicklung der Strategie, sondern parallel hierzu muss das „Commitment" der obersten Leitung erfolgen. Wenn die Mitarbeiter wissen, dass die Geschäftsführung oder der Vorstand Nachhaltigkeit ernst meinen, dann werden sie dafür einstehen. Umgekehrt ist eine halbherzige Unterstützung durch die oberste Leitung nach vollmundigen politischen Bekundungen der Anfang vom Ende des Projektes „Sustainability". Die Rolle der Unternehmensleitung, aber auch der Kontrollorgane (Beirat, Aufsichtsrat) bei der Ermittlung und Bewertung der ökologischen und gesellschaftlichen Auswirkungen und der Chancen/Risikobewertung im Kontext der Nachhaltigkeit muss klar beschrieben und im Unternehmen spürbar sein. Ebenso sollten Unternehmensführung und Kontrollorgane regelmäßig Rücksprache mit externen und internen Anspruchsgruppen zur Nachhaltigkeitsstrategie durchführen, um die Ernsthaftigkeit des Ansatzes zu untermauern. Hilfreich ist es in diesem Zusammenhang auch, auf Vorstands- oder Geschäftsführungsebene eine für Nachhaltigkeitsthemen zuständige Person zu installieren und einen Berichtsweg an diese Person einzurichten.

Natürlich muss die Nachhaltigkeitsstrategie dann mit einem konkreten Arbeitsprogramm unterlegt werden: Verbindliche Nachhaltigkeitsziele mit quantifizierten Verbesserungsangaben, nicht an den Stellen, an welchen es bequem ist, sondern da, wo Situationsanalyse, Risiko- und Chancenanalyse aufgezeigt haben, „dass der Schuh drückt" -was ich eine schöne Metapher finde angesichts der Tatsache, dass der ökologische Fußabdruck vieler Geschäftsmodelle größer ist, als er sein dürfte, also der Fuß größer als der zur Verfügung stehende Platz ist. Zu verbindlichen Nachhaltigkeitszielen gehören selbstverständlich Zuständigkeiten, Mittel, Fristen usw., aber das ist kleines Einmaleins aller Managementsysteme und wenn Ziele erst einmal festgelegt sind, wird jedes Unternehmen wissen, welche Methoden es zur Erreichung anwendet.

Die Glaubwürdigkeit wird selbstverständlich enorm ansteigen, wenn in der Vergütungspolitik des Unternehmens nicht nur die Vergütungen aller Führungskräfte, sondern insbesondere der obersten Leitung nicht nur von der Erreichung der wirtschaftlichen Ziele, sondern auch von der Erreichung der ökologischen und gesellschaftlichen Ziele abhängt. Warum soll es

Bonuszahlungen geben für einen glänzenden Jahresabschluss, dessen „tolle" Zahlen eventuell zu Lasten der Nachhaltigkeit gingen (die sprudelnden Gewinne einiger Mineralölkonzerne, aber auch Automobilhersteller in den vergangen Jahren sind hierfür Beispiele, wenn man zum Beispiel an die manipulierten Abgaswerte von Dieselmotoren in den USA denkt), nicht aber solche Zahlungen für Nachhaltigkeitsverbesserungen, die für die langfristige Zukunft des Unternehmens wahrscheinlich viel wichtiger sind, auch wenn sie zu Lasten kurzfristiger Profite gingen?

Im Zusammenhang mit der Einführung einer Nachhaltigkeitsstrategie sind die Ergebnisse einer Studie zur nachhaltigen Markenführung interessant, die das Institut für Handel und Internationales Marketing der Universität des Saarlandes 2014 vorgelegt hat.[150] 54 größere Unternehmen aus Handel und Konsumgüterherstellung wurden in einem systematisierten Verfahren zu ihren Zielen, Methoden und Strategien im Bereich nachhaltiger Markenführung gefragt. Hierbei gab es unter anderem folgende Erkenntnisse: Nachhaltige Versprechen müssen sich in der Markensubstanz widerspiegeln; nur wer seine Wertschöpfung nachhaltig durchstrukturiert, lebt seinen nachhaltigen Wert authentisch und kann so Vertrauen und Glaubwürdigkeit aufbauen. Neben der steigenden Transparenz durch neue Informations- und Kommunikationstechnologien ist der Wertewandel der Konsumenten einer der Haupttreiber dafür, dass Marken sich einer Nachhaltigkeitsstrategie widmen müssen.

Aus Sicht der an der Studie teilnehmenden Unternehmen wächst die Bedeutung der Nachhaltigkeit von 2013 bis zum Jahr 2020 erheblich und bevor Nachhaltigkeit in die Kommunikationsprozesse eingeht, muss die Stärkung der sozialen, ökologischen und ökonomischen Unternehmens-Performance erfolgen.

Methodisch wurden in der Studie folgende Fakten erhoben: Detaillierte Vorgaben zu den Produkten und Produktionsanforderungen und die Kontrolle dieser Vorgaben wird von einem Großteil der Unternehmen als Methodik zur Sicherstellung ihrer Nachhaltigkeitsstandards genannt. Um die Kontrollen zu erleichtern, eliminiert fast die Hälfte der antwortenden Unternehmen Zwischenstufen wie Importeure oder Großhändler. Den Ausbau und die Pflege von Kooperationen in der Wertschöpfungskette sieht mehr als die Hälfte der teilnehmenden Unternehmen als probates Mittel, um die Nachhaltigkeit

[150] Zentes et al. (2014)

innerhalb der Wertschöpfungskette zu verstärken. Eine verbesserte Transparenz durch hohe Prozess- und Teilnehmerkenntnisse sowie Rückverfolgbarkeit bis zum Rohstoffursprung wurden ebenfalls von der Mehrzahl der Unternehmen angewendet. Kunden, NGOs und Wettbewerber werden zukünftig als wichtigste Anspruchsgruppen in Bezug auf die Nachhaltigkeit im Unternehmen gesehen. Als wesentliche Erfolgsfaktoren sehen die Unternehmen folgende Kriterien: Die Erhöhung der Glaubwürdigkeit, entweder durch transparente und glaubwürdige Markenwerte, hilfsweise auch durch externe Zertifizierungen und externe Kontrolle, die Steigerung von Reputation und Image, die Sicherung der Legitimität und nicht zuletzt auch schlicht und einfach Konsistenz und langes beharrliches Arbeiten am Thema.

7.3 Stakeholdermanagement und nachhaltiges Lieferantenmanagement

Stakeholdermanagement, also der Dialog und der strukturierte Umgang mit den (ob berechtigten oder überzogenen) Anforderungen externer und interner Anspruchsgruppen ist sehr wichtig im Kontext der nachhaltigen Entwicklung. Wenn Unternehmen sich vornehmlich mit Berufs- und Branchenkollegen, Marktbegleitern, Lieferanten und Kunden und den eigenen Verbänden austauschen, dann ist das auch Teil der Stakeholderdialoge. Die hohe Schule ist jedoch die Auseinandersetzung mit Andersdenkenden: Verbände, Gewerkschaften, Politiker, unzufriedene Ex-Kunden, Kritiker, Umweltverbände sowie andere NGOs und nicht zuletzt die kritischsten Belegschaftsvertreter der eigenen Mitarbeiter mögen unbequemere Gesprächspartner sein, aber von ihnen kann ein Unternehmen viel lernen. Insofern habe ich hohen Respekt vor einigen meiner Kunden, die regelmäßig den Dialog mit ausgesprochen kritischen Umweltverbänden suchen, um sich zu reiben, aber auch zu verbessern. Ich empfehle Unternehmen, wie folgt vorzugehen:

a) Erstellen Sie eine Liste der Stakeholdergruppen, mit welchen Sie dauerhaft im Dialog stehen wollen und berücksichtigen Sie dabei insbesondere kritische und unbequeme Gruppen. Begründen Sie Ihre Auswahl schriftlich und binden Sie bei der Auswahl alle Unternehmensebenen und -abteilungen ein.

b) Vereinbaren Sie regelmäßige, institutionalisierte Dialogformen.

c) Dokumentieren Sie die Ergebnisse der Stakeholderdialoge und nach Möglichkeit die Vereinbarungen, die mit den Anspruchsgruppen getroffen wurden und lassen sie diese auch einfließen in etwaige Veränderungen der Nachhaltigkeitsstrategie, der Nachhaltigkeitspolitik und der Nachhaltigkeitsziele.

d) Installieren Sie Konsultationsverfahren zwischen Stakeholdern und dem Vorstand bzw. der Geschäftsführung sowie Kontrollgremien, um allen Anspruchsgruppen auch außerhalb der regelmäßigen Dialoge einen Kontakt schnell und einfach zu ermöglichen.

Ein besonderer Aspekt der Dialoge mit Anspruchsgruppen ist, dass im Berichtstandard G4 der Global Reporting Initiative (GRI) vorgesehen ist, dass in Form von Stakeholderdialogen ermittelt wird, über welche Nachhaltigkeitsaspekte ein Unternehmen berichten sollte. Wenn ein Unternehmen also einen Nachhaltigkeitsbericht nach GRI G4 plant, dann kommt es ohne Stakeholderdialoge ohnehin nicht aus.

In vielen Unterkapiteln der Kapitel 4 und 5 haben Sie immer wieder gelesen, dass gerade wegen der Bedeutung der gesamten Lieferkette für die Verbesserung der ökologischen und sozialen Auswirkungen des Geschäftes eine intensive Einbeziehung von Lieferanten erforderlich ist.

Nun will ich die Einkaufsabteilungen in den Unternehmen gar nicht über die grundsätzlichen Instrumente des jeweiligen Lieferantenmanagements belehren ; jedes Unternehmen hat da seine eigenen Methoden und Werkzeuge. Einige Anregungen zu inhaltlichen Ergänzungen der angewandten Instrumente möchte ich dennoch geben, da die Methoden zur ökologischen Lieferantenbewertung, deren Anwendung mir bei Audits immer wieder präsentiert wird, für eine tatsächliche Verbesserung der Nachhaltigkeit in der Lieferkette oft zu unverbindlich sind. Um echte Verbesserungen zu erreichen, braucht ein Lieferantenmanagement - unabhängig von den Instrumenten - folgende Inhalte:

a) Die Einkaufsabteilung muss nach der oben erwähnten Situationsanalyse mit den Checklisten und der Festlegung der Nachhaltigkeitsstrategie konkret erfahren, an welchen Stellen welche Umweltauswirkungen oder sozialen Implikationen in der Lieferkette reduziert werden sollen. Nur wenn die Einkäufer wissen, für welches Ziel sie mitarbeiten, ist die Motivation hoch, dies auch bei den Lieferanten umzusetzen. Trainings und Bewusstseinsbildung für die Einkäufer gehören somit zur Vorgehensweise dazu. Ebenfalls sollte der Einkauf durch die oberste Leitung Vorgaben bekommen, unter welchen Bedingungen ein Mehrpreis bis zu welcher Höhe für nachhaltigere Beschaffung akzeptiert wird.

b) Allgemeine Lieferantenvereinbarungen: Für sämtliche Lieferanten sollte eine allgemeingültige Selbstverpflichtung gelten, mit welcher die Regularien, ökologischen und gesellschaftlichen Chartas und Standards weitergegeben werden, zu deren nachweislicher Einhaltung sich ein Unternehmen verpflichtet hat und deren Einhaltung es auch von seinen Lieferanten erwartet.

c) Lieferantenbewertung: Hier sollte neben den heute üblichen allgemeinen Abfragen nach Zertifikaten usw. je nach Warengruppe und Lieferantenkreis bei ausgewählten Lieferanten nach ganz konkreten Werten gefragt werden. Warum sollte man nur nach dem Zertifikat konform zur ISO 50001 fragen und nicht auch nach den erreichten Energieeffizienzverbesserungen des Zulieferers? Fragen Sie bei allen Lieferanten einer Warengruppe einmal nach dem Carbon Footprint und kündigen sie an, diesen nach dem Preis und der Qualität als drittes Entscheidungskriterium der Kaufentscheidung anzusetzen - unabhängig von der Tatsache, dass die Zahlen nicht immer vergleichbar sind, liefert schon die Art der Antworten Aufschluss genug über die Ernsthaftigkeit des Klimaschutzes des Lieferanten. Bei anderen Themen (Wasser, Materialeffizienz) geht das analog. Allein die Tatsache, dass danach gefragt wird, erzeugt Handlungsdruck.

d) Verbindliche Lieferantenvereinbarungen: Nur mit einem ausgewählten Kreis von Lieferanten, aber hier mit hoher inhaltlicher Qualität, sollten konkrete Verbesserungsvereinbarungen getroffen werden. Es gibt wenig Sinn, mit der Gießkanne sämtliche Lieferanten mit verbindlichen Vereinbarungen zu beglücken, zu deren Erfüllung der jeweilige Lieferant wenig beitragen kann. Wenn zum Beispiel der Water Footprint eines Produktes reduziert werden soll, dann sollte sich das Unternehmen auf verbindliche Vereinbarungen mit den Lieferanten konzentrieren, die für 70 oder 80 % des Wasserverbrauches zuständig sind. Hier sollten dann aber wirklich konkrete Zielwerte über die anzustrebenden Verbesserungen stehen und die Ermittlungs- und Berechnungsmethoden für diese Werte auch festgeschrieben werden und mit konkreten, machbaren Zeitpunkten verknüpft werden.

e) Kontrollen: Die Erreichung der Vereinbarungen muss kontrolliert werden - ob das in Audits geschieht oder durch urschriftliche Belege ist eine Frage der Methodik, aber eine Kontrolle ist sicher erforderlich. Gerade bei Lieferanten in Übersee ist gegebenenfalls die Einbeziehung der Kontrollen durch Dritte vor Ort - Auditbüros, Wirtschaftsprüfer, NGOs - sinnvoll.

Speziell allokierte Budgets, etwa für lokale Beschaffung oder für vor Ort eingekaufte Waren und Dienstleistungen sowie für Beschaffung bei Lieferanten mit Nachteilen (Werkstätten für Beeinträchtigte, Einkauf aus Krisengebieten) können das Lieferantenmanagement abrunden.

Lieferantenmanagement kann sehr gut belegt und durch Kennziffern bewertet werden: Der Prozentsatz an Lieferanten, die nach Umwelt-, Arbeitssicherheits-, Energie- oder nach einem Sozialstandard zertifiziert sind, Anzahl und Erreichungsgrad verbindlicher Lieferantenvereinbarungen, Anzahl von Lieferanten, die vor Ort zu Nachhaltigkeitsthemen auditiert wurden usw.

Natürlich macht all dies Arbeit, aber ich bin der festen Überzeugung, dass bei den Einkäufern der Wirtschaftswelt ein wesentlicher Schlüssel zu Verbesserungen liegt und dass das Beschaffungswesen neben den stets erhofften Kostenverbesserungen auch einen wesentlichen Beitrag zur Erreichung der Nachhaltigkeitsziele leisten kann - und auch muss. Ohne Einbeziehung des Einkaufs in die Nachhaltigkeitsstrategie kann ein Erfolg kaum gelingen.

7.4 Kommunikation über nachhaltige Unternehmensführung: Tue Gutes und sprich darüber

Gegen das alte Handlungsprinzip, Gutes zu tun und hierüber auch zu sprechen, ist nichts einzuwenden. Ob ein Unternehmen sich einem ganzheitlichen und zielgerechten Nachhaltigkeitsprinzip verschreibt oder zunächst nur einen Teil der Produkte, diese aber dafür wirklich „grün" und „fair" macht - es darf und sollte dies kommunizieren und im Marketing einsetzen, um Erfolg zu haben und sollte umgekehrt auch Erfolge attraktiv darstellen, um weitere Erfolge zu generieren.

Mehr noch als in anderen Themen der Unternehmens- und Produktkommunikation gilt bei Umwelt- und Verbraucherschutzthemen: Glaubwürdigkeit ist oberstes Gebot. Wenn Aussagen zur Umweltfreundlichkeit oder zu Sozialstandards sich als nicht haltbar oder gar als

Etikettenschwindel erweisen, ist der Schaden groß und bei Umweltthemen haben Konsumenten ein langes Erinnerungsvermögen: Bereits in Kapitel 2.3 hatte ich eine Kienbaum-Studie erwähnt, nach welcher sporadische Negativschlagzeilen von Konsumgüterherstellern das Kaufverhalten von Konsumenten stärker beeinflussen als Positiv-Werbung und negative Vorfälle auch nach Jahren den Käufern noch präsent sind.

Nicht eingehaltene Grenzwerte, Einsatz von Rohstoffen bedenklicher Herkunft, schlechte Sozialstandards und die Ausbeutung endlicher Ressourcen sind schnell verständliche Themen. Es gibt aber auch komplexere Zusammenhänge, welche die Glaubwürdigkeit einer Nachhaltigkeitsstrategie stören: Wenn zum Beispiel ein internationaler Handelskonzern in seiner Nachhaltigkeitsberichterstattung behauptet, durch die Expansion in Länder des Ostblocks oder in ärmeren Länder würden regionale Erzeugerstrukturen unterstützt, dann aber bekannt wird, dass regionale Erzeuger, die nicht mit dem Handelskonzern kooperieren und zu den gewünschten Konditionen liefern, massiv im Preis unterboten und somit aus dem Markt gedrängt werden, in dem Importprodukte zu billigeren Preisen in jenen Ländern angeboten werden, dann ist dieses Verhalten weder nachhaltig noch die Kommunikation ehrlich. Der Vertrauens- und Vermögensverlust des Volkswagenkonzerns, als im September 2015 Manipulationen zur Einhaltung der US-Abgasnormen bei Dieselfahrzeugen publik wurden, zeigt wie sehr Umweltvergehen heute ein vorher kraftstrotzendes Unternehmen belasten oder gar in seiner Unversehrtheit gefährden können. Die Anzahl denkbarer Kommunikationsdesaster ist groß, daher sollten Unternehmen die Checklisten in diesem Buch und die oben genannte Risikoanalyse auch nutzen, um der Kommunikation über grüne und soziale Themen eine sichere Basis zu geben und genau zu analysieren, welche Risiken und Schwachstellen beseitigt werden müssen, bevor man Produkte oder gar das ganze Unternehmen als nachhaltig darstellt.

Wählbare Kommunikationsinstrumente zu Nachhaltigkeitsthemen hatte ich in diesem Buch an verschiedenen Stellen bereits erläutert, daher möchte ich dies hier nicht wiederholen, sondern die wichtigsten Instrumente hier nur noch einmal aufzählen: Die Umwelterklärung nach EMAS (Kap. 3.1.1), der Corporate Carbon Footprint - CCF oder Product Carbon Footprint - PCF (Kap 4.5), ein Water Footprint (Kap. 4.3), eine Produktumwelterklärung (Kap. 3.1.1), eine Publizierte Ökobilanz (Kap. 3.1.1), und Produkt Label (dies können Umweltzeichen oder Sozialstandards wie Fair Trade sein). In Kapitel 3.1.1 und anderen Kapiteln hatte ich einige der Label bereits erwähnt. Es gibt hunderte davon, branchenbezogene, private, staatlich kontrollierte sowie Label von freiwilligen Initiativen uvm. Die Auswahl sollte jedes Unternehmen selber vornehmen und sich mit den Inhalten unter Berücksichtigung der Ergebnisse seiner eigenen Nachhaltigkeits-Analyse des Geschäftsmodells auseinandersetzen. Von der Kreation eigener Label rate ich ab, es sei denn, man legt „die Latte noch höher" als externe Zeichen dies tun.

Als vollständigstes Instrument sollte ein Nachhaltigkeitsbericht, oft auch Corporate Social Responsibility (CSR)-Report genannt, erwogen werden, in welchen andere der Kommunikationsinstrumente auch jeweils integrierbar sind. Ein solcher Bericht ist ein umfängliches Vorhaben, denn er sollte alle Themen adressieren, die in Dialogen mit den verschiedenen Stakeholdern als wesentlich bewertet wurden und darf gerade kritische Themen auch nicht ausklammern. Insofern darf ein CSR-Report auch nie Auftakt eines Projektes sein (leider erlebe ich das manchmal - *„wir wollen nachhaltiger werden und machen daher einen CSR-Report"*), sondern ist nur sinnvoll, wenn er auf einer inhaltlich konsistenten und mit einer Politik und Zielen untermauerten Nachhaltigkeitsstrategie aufsetzt. Für große Unternehmen (mehr als 500 Mitarbeiter) von öffentlichem Interesse, z.B. Versicherungen, Finanzdienstleister und börsennotierte Unternehmen, wird durch eine EU-Richtlinie ohnehin ab 2017 eine Berichtspflicht hinsichtlich nicht-finanzieller und die Diversität betreffender Informationen eingeführt. Dies ist dann also ein „Pflicht-CSR-Report" den es irgendwann auch für kleinere Unternehmen geben wird. Bei der Erstellung von Nachhaltigkeitsberichten sollte man international anerkannte und auch auf die Bedürfnisse unterschiedlicher Branchen zugeschnittene Standards verwenden. Ich hatte in vielen Kapiteln immer wieder auf den Standard G4 der Global Reporting Initiative (GRI) verwiesen und empfehle diesen zur Anwendung. An dieser Stelle wiederhole ich nochmal den Hinweis, dass es nicht genügt, die einzelnen in den Kapiteln 4 und 5 erwähnten Indikatoren isoliert zu berichten, sondern dass die Leitlinien[151] vollständig berücksichtigt werden müssen.

Bei allen Kommunikations- und Marketingaktivitäten empfehle ich die Regel „Kommunikation folgt abgesichertem Inhalt" streng einzuhalten. Sämtliche Aussagen zu „grün", „umweltfreundlich", „sozial" und „fair" müssen belegbar sein und auch zur Strategie des Unternehmens passen; alles anderes wäre *Greenwashing* und somit nicht klug.

[151] GRI (2013)

8 Zum Abschluss

Auf knapp 300 Seiten habe ich dargelegt, welche Herausforderungen und Risiken in dem Megatrend der nachhaltigen Entwicklung für Unternehmen jeder Art und Größe bestehen. Hoffentlich ist es mir jedoch vor allem gelungen aufzuzeigen, welche gewaltigen Chancen hierin liegen. Eine nachhaltigere, grünere Wirtschaft ist erforderlich zum Erhalt unserer Lebensgrundlagen, aber auch für eine weniger konfliktbelastete Welt und ich bin überzeugt, auch für eine bessere Lebensqualität für mehr Menschen. An vielen Stellen im Buch habe ich immer wieder beschrieben, dass ich den Trend für nicht aufhaltbar halte und dass Unternehmen ihn annehmen sollten und müssen. Unternehmen, die strategisch denken, tun dies bereits. Nicht immer vollständig in der von mir angemahnten Ganzheitlichkeit, aber immer breiter und häufiger. Auch Unternehmen, die mit sehr robusten und tradierten Geschäftsmodellen erfolgreich sind und nicht unter dem Verdacht stehen dürften, jedem Trend hinterherzulaufen, beginnen: Coca Cola beschafft mittlerweile regelmäßig Bio-Zucker für einzelne Produktlinien und als ich die letzten Arbeiten an diesem Buch durchführte, begann die Fast-Food Kette McDonalds großflächig Werbung für Burger mit Biofleisch zu machen, nachdem in den vergangenen Jahren u.a. bereits ein vegetarischer Burger eingeführt wurde und über Umstellung auf regenerative Energie und Sozialmaßnahmen berichtet worden war. Das heißt nun bei Leibe nicht, dass ein Unternehmen, das jahrzehntelang auf konventionellen Fleischkonsum gesetzt hat, nun schnell eine Ikone der Green Economy wird, aber eine Wahrnehmung des Themas hat begonnen. Also zur Verdeutlichung: Ich nenne diese Unternehmen hier nicht, weil ich deren Geschäftsmodell als Beispiel für Nachhaltigkeit empfinde, sondern zitiere aus einem ganz anderen Grund diese beiden großen Firmen: Auf den Marktinstinkt solcher Konzerne konnte man sich in den letzten 50 Jahren immer verlassen; wenn auch sie beginnen, Nachhaltigkeit zu berücksichtigen, dann glauben sie an die Entwicklung des Themas.

In diesem Sinne: Ich wünsche mir, dass mein Buch ein Beitrag dazu sein kann, die Herausforderungen der nachhaltigen Entwicklung umfänglicher und tiefer in Unternehmensstrategien zu verankern und den Weg zu einer „Green Economy“ möglich zu machen. Die Zeit ist reif dafür, Geschäftsmodelle auf Nachhaltigkeit auszurichten - warum sollten Sie mit Ihrem Unternehmen nicht zu jenen gehören, die damit großen Erfolg haben?

Danksagung

Wenn man ein Buch schreibt, welches auf den Erfahrungen und Beobachtungen aus 25 Berufsjahren basiert, dann hat man viele Anregungen erhalten und ist vielen Menschen zu Dank verpflichtet. Nicht alle können hier erwähnt werden.

Dank gebührt in erster Linie all meinen Mitarbeitern, mit denen ich die vielen Projekte durchgeführt habe, deren Erfahrungen diesem Buch zu Grunde liegen.

Weiterhin danke ich all unseren Kunden, den im Buch erwähnten und auch allen anderen, für die vielen spannenden Diskussionen, anregende Gespräche und für vorbildliche Beispiele zu Umweltverbesserungen in Industrie und Gewerbe.

Danken möchte ich meiner gesamten Familie, vor allem jedoch meinen Kindern Anna und Alexander für viele Fragen und Bemerkungen, die meine Ideen und Gedanken oft beeinflussen und für die Geduld, wenn ihr Vater schrieb.

Frau Corina Angerer und Frau Dr. Nadine Adrian danke ich für Durchsicht der Texte und für das Lektorat.

Literaturverzeichnis

ACIA (2004): Der Arktis-Klima-Report. Die Auswirkungen der Erwärmung. Convent Verlag GmbH und Alfred Wegener Institut, Bremerhaven 2005. ISBN 3-934613-86-1

AGIMUS (2013): Informationskarte „DIN EN ISO 50001: 12 Schritte zum Energiemanagementsystem". Braunschweig, Mai 2013. Zum Download unter http://www.agimus.de/fileadmin/Redakteure/pdf/DIN-EN-ISO-50001-12-Schritte-Energiemanagementsystem.pdf

Amt für Veröffentlichungen der Europäischen Union (2011): Die Biodiversitätsstrategie der EU bis 2020. Luxemburg: Amt für Veröffentlichungen der Europäischen Union, 2011. ISBN 978-92-79-20761-7

BfN (2015): Bundesamt für Naturschutz. Artenschutzreport 2015. Pflanzen und Tiere in Deutschland, Bonn, Mai 2015.

BGR (2014)/1: Deutschland – Rohstoffsituation 2013. Rohstoffbericht 2013 der BGR Bundesanstalt für Geowissenschaften und Rohstoffe. Hannover, November 2014.

BGR (2014)/2: Commodity Top News 46 (2014): Sorgfaltspflichten in den Lieferketten von Zinn, Tantal, Wolfram und Gold. Publikation der BGR Bundesanstalt für Geowissenschaften und Rohstoffe. Erscheinungsdatum: 30.10.2014

BGR (2014)/3: Seltene Erden Rohstoffwirtschaftliche Steckbriefe. Herausgegeben von der Deutschen Rohstoffagentur in der Bundesanstalt für Geowissenschaften und Rohstoffe. Hannover, November 2014

Biodiversity in Good Company' Initiative e. V (2014): Broschüren zum Download unter http://www.business-and-biodiversity.de

BMU/PRI (2012): Nachhaltig und verantwortlich investieren - ein Leitfaden. Die UN Principles for Responsible Investment (PRI). Herausgegeben vom BMU, Berlin 2012

BMUB (2012): Deutsches Ressourceneffizienz-programm (ProgRess). Programm zur nachhaltigen Nutzung und zum Schutz der natürlichen Ressourcen. Bundesministerium für Umwelt, Naturschutz, Bau und Reaktorsicherheit (BMUB), Referat Öffentlichkeitsarbeit. Berlin, Mai 2012

BMUB (2014)/1: Aktionsprogramm Klimaschutz 2020. Kabinettsbeschluss vom 3. Dezember 2014. Broschüre des Bundesministeriums für Umwelt, Naturschutz, Bau und Reaktorsicherheit. Berlin, November 2014.

BMUB (2014)/2: Arbeit und Qualifikation in der Green Economy. Studie im Auftrag des Umweltbundesamtes. Forschungskennzahl 3712 14 102. UBA-FB 002087. Berlin März 2014.

BMWi (2014)/2: Mehr aus Energie machen. Nationaler Aktionsplan Energieeffizienz. Herausgegeben vom BMWi, Berlin Dezember 2014

BMWi (2014): Die Energie der Zukunft. Erster Fortschrittsbericht zur Energiewende. Herausgegeben vom BMWi, Berlin Dezember 2014

BMWi (2015): Wirtschaftliche Bedeutung der Ressource Wasser. Download 20.7.2015 von http://www.bmwi.de/DE/Themen/Industrie/Rohstoffe-und-Ressourcen/ressourcenschutz.html

Chapagain / Hoekstra (2007): A.K. Chapagain, A.Y. Hoekstra: The water footprint of coffee and tea consumption in the Netherlands. Ecological Economics 64 (2007), 109-118

Chmielewski et al. (2009): Frank-M. Chmielewski, Klaus Blümel, Yvonne Henniges, Antje Müller, Roland W.S. Weber: Klimawandel - Chancen, Risiken und Kosten für den deutschen Obstbau. In: Klimaschutz und Anpassung an die Klimafolgen. Herausgegeben vom Institut der deutschen Wirtschaft, Köln 2009.

De Carlo (1989): Andrea De Carlo. « Zwei von zwei". Roman, detebe 22584 Erschienen im April 2007, aus dem Italienischen von Renate Heimbucher; ital. Originalversion Mailand 1989.

demea (2011): Fakten zur Materialeffizienz der Deutschen Materialeffizienzagentur demea. Berlin, März 2011.

DERA (2015): Deutsche Rohstoffagentur in der Bundesanstalt für Geowissenschaften und Rohstoffe. DERA Rohstoffliste 2014. DERA Rohstoffinformationen Nr. 24. Berlin, 2015

DESTATIS (2012): Nachhaltige Entwicklung in Deutschland. Indikatorenbericht 2012. Herausgegeben vom Statistischen Bundesamt, Wiesbaden 2012

DESTATIS (2013) Statistisches Bundesamt. Pressemitteilung 170/13 vom 22. Mai 2013. „Abfallaufkommen in Deutschland bei 387 Millionen Tonnen."

DESTATIS (2015): Statistisches Bundesamt. Zahl der Woche vom 23. Juni 2015. „617 Kilogramm Abfall pro Kopf: Deutschland deutlich über dem EU-Durchschnitt."

Die Welt (2015): http://www.welt.de/wissenschaft/umwelt/article142448033/Wie-aus-dem-Aralsee-eine-Salzwueste-wurde.html. Online Artikel vom 14.6.2015, abgerufen 12. August 2015

DIHK (2012): IHK-Energiewende-Barometer 2012: Noch überwiegt die Skepsis. Herausgeber © Deutscher Industrie- und Handelskammertag | Berlin 2012

DIHK (2014): Mehr Verlierer - weniger Gewinner: IHK-Energiewende-Barometer 2014. Herausgeber © Deutscher Industrie- und Handelskammertag | Berlin | Brüssel 2014. ISSN 2196-9876

Eid (2007): Leitartikel von Dr. Uschi Eid (stellvertretende Vorsitzende des Beraterkreises des UN-Generalsekretärs für Wasser und sanitäre Grundversorgung (UNSGAB)), erschienen in der Dezemberausgabe 2007 des

Rundbriefes Bildungsauftrag Nord-Süd Nr. 57 (Hg.: World University Service, Informationsstelle Bildungsauftrag Nord-Süd).

Elsner (2011): Harald Elsner, BGR Kritische Versorgungslage mit schweren Seltenen Erden - Entwicklung „Grüner Technologien“ gefährdet?. Commodity Top News Nr. 36, Hannover, September 2011

Elsner/BGR (2008): Stand der Phosphat-Reserven weltweit; Präsentation im Rahmen der Braunschweiger Nährstofftage 2008, Dr. Harald Elsner, Bundesanstalt für Geowissenschaften und Rohstoffe, Hannover

Erdmann & Behrendt 2011: Kritische Rohstoffe für Deutschland. Identifikation aus Sicht deutscher Unternehmen wirtschaftlich bedeutsamer mineralischer Rohstoffe, deren Versorgungslage sich mittel- bis langfristig als kritisch erweisen könnte. Lorenz Erdmann & Siegfried Behrendt, Institut für Zukunftsstudien und Technologiebewertung (IZT), Berlin im Auftrag der KfW Bankengruppe. Abschlussbericht. Berlin 2011.

ERGO (2013): Nachhaltigkeitsbericht 2013 der ERGO Versicherungsgruppe, Düsseldorf 2014.

Europäische Kommission (2011)/1: MITTEILUNG DER KOMMISSION AN DAS EUROPÄISCHE PARLAMENT, DEN RAT, DEN EUROPÄISCHEN WIRTSCHAFTS- UND SOZIALAUSSCHUSS UND DEN AUSSCHUSS DER REGIONEN: Fahrplan für ein ressourcenschonendes Europa. KOM(2011) 571 endgültig. Brüssel, den 20.9.2011.

Europäisches Parlament und Rat (2008): Richtlinie 2008/98/EG des Europäischen Parlaments und des Rates vom 19. November 2008 über Abfälle und zur Aufhebung bestimmter Richtlinien - Abfallrahmenrichtlinie -(ABl. Nr. L 312 vom 22.11.2008 S. 3, ber. 2009 L 127 S. 24; VO (EU) Nr. 1357/2014 - ABl. Nr. L 365 vom:19.12.2014 S. 899

FAZ Verlagsspezial (2015): Frankfurter Allgemeine Zeitung Verlagsspezial „Grüne Produktion“. 8. Mai 2015.

Fraunhofer ISE (2015): Persönliche Mitteilung 2015

GRI (2013): GRI-G4 LEITLINIEN ZUR NACHHALTIGKEITSBERICHTERSTATTUNG. Global Reporting Initiative. PO Box 10039. 1001 EA Amsterdam. Niederlande.

Grossarth/Pennekamp (2013): Zum Wegwerfen. Übersichtsartikel in der FAZ vom 8.Februar 2013, Jan Grosshardt und Johannes Pennekamp.

Gruhl (1975): Herbert Gruhl: Ein Planet wird geplündert. Die Schreckensbilanz unserer Politik. ISBN 3 10 028601 4. S. Fischer Verlag GmbH, Frankfurt am Main 1975.

Hoekstra et al. (2011): Arjen Y. Hoekstra, Ashok K. Chapagain, Maite M. Aldaya and Mesfin M. Mekonnen. The Water Footprint Assessment Manual. Setting the Global Standard. Earthscan Ltd, Dunstan House, 14a St Cross Street, London EC1N 8XA, UK. ISBN: 978-1-84971-279-8

HPI (2010):Human Potential Index (HPI) des Bundesministeriums für Arbeit und Soziales

IDW (2012): Deutschland in Zahlen. Herausgegeben vom Institut der deutschen Wirtschaft, Köln 2012

Illy (2015): http://www.illy.com/wps/wcm/connect/de/das-unternehmen/qualitat-und-nachhaltigkeit, Download 17.August 2015

IPCC (2001): WGI Third Assessment Report, International Panel on Climate Change, January 2001

IPCC (2007): Climate Change 2007: Mitigation of climate Change, contribution of Working Group III to the 4th Assessment Report of the Intergovernmental Panel on Climate Change, Cambridge 2007.

IPCC (2014): Synthesebericht zum fünften Sachstandsbericht des Weltklimarats IPCC, herausgegeben vom Bundesumweltministerium (BMUB), vom Bundesforschungsministerium (BMBF), dem Umweltbundesamt (UBA) und der Deutschen IPCC-Koordinierungsstelle (De-IPCC), Berlin November 2014

Jaeger (2011): Wachstum - wohin? Eine kurze Geschichte des 21. Jahrhunderts Carlo Jaeger, oekom verlag, München 2011

Jaeger et al. (2011): „A new Growth path for Europe: Generating Prosperity and Jobs in a Low carbon economy. C.Jaeger et al.; Potsdam 2011, European Climate Forum.]

Kelley et al. (2015): Climate change in the Fertile Crescent and implications of the recent Syrian drought. PNAS, vol. 112 no. 11. Colin P. Kelley, 3241-3246, doi: 10.1073/pnas.1421533112

Kienbaum (2012): Nachhaltigkeit 2012 - Strategie, Organisation und Umsetzung. Kienbaum Management Consultants GmbH, München/Düsseldorf 2013.

Kienbaum/CAR (2013): Von der Industrie zur Ökostrie - Fiktion oder Realität?. Kienbaum Management Consultants GmbH und Center Automotive Research, Universität Duisburg-Essen, Düsseldorf 2013.

Klepper, Peterson & Oeberst (2011): Mögliche Folgen der Wasserknappheit für die Weltwirtschaft. Gernot Klepper, Sonja Peterson & Gerrit Oeberst in „WARNSIGNAL KLIMA: Genug Wasser für alle?“ 3.Auflage (2011) - Hrsg. Lozán, J. L. H. Graßl, P. Hupfer, L. Karbe & C.-D. Schönwiese.

Knoch et al. (1991): Knoch, Joachim; Korte, Edgar; Raith, Matthias: Umweltaudit aus abfallwirtschaftlicher Sicht. In: Steger, Ulrich (Hrsg.), Umwelt-Auditing, Seite 155 ff. FAZ-Verlag, Frankfurt am Main 1991. ISBN 3-924875-63-4

Konferenz Elektromobilität (2015): Ergebniszusammenfassung der nationalen Konferenz Elektromobilität in Berlin, 15./16. Juni 2015

Latif (2014): Mojib Latif: Das Ende der Ozeane. Warum wir ohne die Meere nicht überleben werden. Verlag Herder, Aufl./Jahr: 1. Aufl. 2014. ISBN 978-3-451-31237-3

LBBW (2014): Landesbank Baden-Württemberg. Nachhaltigkeitsbericht mit integrierter Umwelterklärung. Stuttgart 2014.

Lexikon der Nachhaltigkeit 2015: https://www.nachhaltigkeit.info/artikel/carbon_disclosure_project_cdp_1622.htm. Stand Mai 2015.

Lighthouse Foundation (2005): Antarktischer Krill: Eine Fallstudie über die Auswirkung der Fischerei auf das Ökosystem im Auftrag der Lighthouse Foundation von Virginia Gascón und Rodolfo Werner, Antarctic and Southern Ocean Coalition. Puerto Madryn (Argentinien), Oktober 2005

Meadows&Meadows (1972): Die Grenzen des Wachstums, Bericht an den Club of Rome;

Mehta/Winiwarter (1997): Stoffwechsel in einem indischen Dorf: Fallstudie Merkar. Lyla Mehta ; Verena Winiwarter [Hrsg. Interuniversitäres Institut für Interdisziplinäre Forschung und Fortbildung (IFF), Abteilung Soziale Ökologie]. Wien 1997.

Millennium Ecosystem Assessment (2005): Millennium Ecosystem Assessment, 2005. Ecosystems and Human Well-being: SynthesisIsland Press, Washington, DC. Download 21.8.2015 von http://www.millenniumassessment.org/documents/document.356.aspx.pdf

Munich Re Group (2004): Klimawandel: Kleine Erwärmung - Dramatische Folgen. In Wetterkatastrophen und Klimawandel. Sind wir noch zu retten? München 2004

NABU (2015): Flussgebietsübergreifende Stellungnahme des NABU zu den Bewirtschaftungsplänen und den Maßnahmenprogrammen der Wasserrahmenrichtlinie (WRRL). Naturschutzbund Deutschland (NABU) e.V., Charitéstraße 3, 10117 Berlin, Juni 2015.

Naturkapital Deutschland - TEEB DE (2012): Der Wert der Natur für Wirtschaft und Gesellschaft - Eine Einführung. München, ifuplan; Leipzig, Helmholtz-Zentrum für Umweltforschung - UFZ; Bonn, Bundesamt für Naturschutz. Veröffentlicht 2012.

Naturkapital Deutschland - TEEB DE (2013): Die Unternehmensperspektive - Auf neue Herausforderungen vorbereitet sein. Berlin, PricewaterhouseCoopers; Leipzig, Helmholtz-Zentrum für Umweltforschung - UFZ; Bonn, Bundesamt für Naturschutz

Ott et al. (2007): Tanja von Egan-Krieger, Konrad Ott, Lieske Voget: Ökologische Gerechtigkeit | Der Schutz des Naturerbes als Postulat der Zukunftsverantwortung. Bundeszentrale für politische Bildung; Aus Politik und Zeitgeschichte, 24/2007.

Planungsamt der Bundeswehr (2012): Umweltdimensionen von Sicherheit. Teilstudie 2. Klimafolgen im Kontext - Implikationen für Sicherheit und Stabilität im Nahen Osten und Nordafrika; Studie des Planungsamt der Bundeswehr, Dezernat Zukunftsanalyse, Berlin 2012

Precht et al. (2001): Matthias Precht, Wolfgang Trommler, Ralf Utermöhlen: Technischer Schlussbericht zum Demonstrationsvorhaben zur Entwicklung demontagefreundlicher, recyclinggerechter Schienenfahrzeuge. Erstellt am 06/04/2001. Fördernummer LIFE98 ENV/D/000526. Braunschweig/Salzgitter, April 2001.

PWC - PRICEWATERHOUSECOOPERS (2012): PwC @ Rio+20 Sustainability pulse poll: How do the public and CEO opinions differ on Rio+20 issues?

PWC (2015)/2: Share Economy. Repräsentative Bevölkerungsbefragung 2015. PwC Market Communications. Frankfurt, Juni 2015.

PWC (2015): Energiewende im Mittelstand. Branchenübergreifende Befragung von 200 Führungskräften mittelständischer Unternehmen mit einem Umsatz von 50 Mio. bis 500 Mio. Euro. Frankfurt, April 2015.

Rat für Nachhaltige Entwicklung (2011):„Wie Deutschland zum Rohstoffland wird". Empfehlungen des Rates für Nachhaltige Entwicklung, Texte Nr. 39. Berlin, Juni 2011.

Rathkens et al (2010): Bericht zur Versauerung der Umwelt, ARGE Versauerung der LUBW Landesanstalt für Umwelt, Messungen und Naturschutz Baden-Württemberg, Stuttgart 2010

Reimer (2002): TROPENHOLZNUTZUNG UND TROPENWALDZERSTÖRUNG FAKTEN ZU EINER KONTROVERSE, Positionspapier, zusammengestellt von Jörg Reimer, Direktor Schweizer Holzhandelszentrale, Mai 2002

Sandel (2012): Michael J. Sandel: Was man für Geld nicht kaufen kann. Die moralischen Grenzen des Marktes. Aus dem Englischen übersetzt von Helmut Reuter. November 2012. ISBN-13 9783550080265

Schulz&Heins (2013): Holger Schulz & Jens-Uwe Heins: Zugvögel im Schatten der Pyramiden: Die größte Vogelfanganlage der Welt. Veröffentlicht in „Der Falke", 2013

SETAC (1993): LCA Guideline. A Code of Practice. Society of Environmental Toxicology and Chemistry. Pensacola 1993.

Shiklomanov & Rodda (2003): SHIKLOMANOV A. & J. C. RODDA (2003): Summary of the Monograph ‚World Water Resources at the beginning of the 21st Century', prepared in the framework of IHP UNESCO, 1999. http://webworld.unesco.org/water/ihp/db/shiklomanov/summary/html/summary.html. Cambridge University Press, 435 pp

Skidelsky (2013): Robert Skidelsky / Edward Skidelsky. Wie viel ist genug? Vom Wachstumswahn zu einer Ökonomie des guten Lebens. März 2013. ISBN 978-3-88897-822-7

Steria-Mummert (2012): Steria-Mummert Consulting: „Managementkompass Nachhaltige Wertschöpfung", Herausgeber FAZ-Institut und Steria Mummert Cosulting, Frankfurt am Main/ Hamburg 2012

Stern (2007)/1: Stern, Nicholas : The Economics of Climate Change. The STERN REVIEW. Cambridge 2007.

Stern (2007)/2: STERN REVIEW: Der wirtschaftliche Aspekt des Klimawandels. Deutsche Zusammenfassung der Schlussfolgerungen

Stern (2009): Stern, Nicholas: Der Global Deal. Wie wir dem Klimawandel begegnen und ein neues Zeitalter von Wachstum und Wohlstand schaffen. Verlag C.H. Beck. München 2009

Süddeutsche Zeitung (2015): http://www.sueddeutsche.de/wissen/ausloeser-von-krisen-was-der-syrische-buergerkrieg-mit-dem-klimawandel-zu-tun-hat-1.2377566. 4. März 2015.

Tesla Motors Deutschland (2015): Firmeninformation unter http://www.teslamotors.com/de_DE/supercharger; abgerufen am 6. Juli 2015.

Thega (2015): Thüringer Energie- und Greentec Agentur: Neue Mobilität für Unternehmen. Empfehlungen zum Einsatz von Elektrofahrzeugen. Erfurt 2015.

Trommler et al. (2001): Trommler, Wolfgang; Utermöhlen, Ralf; Precht, Matthias; Hahn, Christoph; Pahl, Thomas; Ballerstein, Olaf: Entwicklung demontagefreundlicher und recyclinggerechter Schienenfahrzeuge. In: ZEV + DET Glas. Ann. 125 (2001) 4 April, S. 149 ff.

UBA (2013): Die Wasserrahmenrichtlinie. Eine Zwischenbilanz zur Umsetzung der Maßnahmenprogramme 2012. Umweltbundesamt und Bundesministerium für Umwelt, Naturschutz und Reaktorsicherheit (BMU), Referat Öffentlichkeitsarbeit 11055 Berlin, Juli 2013

UBA / adelphi (2015) Stephan Wolters, Katharina Nett, Dennis Tänzler, Kristian Wilkening, Markus Götz, Jan-Marten Krebs, Dana Vogel im Auftrag des Umweltbundesamtes: Aktualisierte Analyse des deutschen Marktes zur freiwilligen Kompensation von Treibhausgasemissionen. CLIMATE CHANGE 02/2015. Projektnummer 28278. UBA-FB 002057. Berlin, Februar 2015.

Utermöhlen & Engel (2000): R. Utermöhlen und T. Engel. „Erfolgskonzepte und Handlungsdefizite in der ökologischen Produktentwicklung". Erschienen im Tagungsband zur Tagung Recyclingorientiere Entwicklung technischer Produkte 2000, Fellbach, 15./16.November 2000; VDI Berichte 1570, S. 1 bis 17.

Utermöhlen (2013): "Energiewende ja - aber wie?". Tagungsmappe 4. EnergieTag der Region 2013, Herausgeber Allianz für die Region, Braunschweig 2013.

Utermöhlen (2014): Das europäische Emissionshandelssystem - Kurzbeschreibung und Versuch einer Beurteilung. Umweltzeitung Mai/Juni 2014, S.23-25. Braunschweig, Juni 2014.

Utermöhlen&Precht (2003): Dr. Ralf Utermöhlen und Matthias Precht: Auf neuen Gleisen. Die langfristige Optimierung von Abfallmengen und -kosten stellt eine komplexe Teilaufgabe im modernen Stoffstrommanagement von Unternehmen dar. MÜLLMAGAZIN 3/2003, S. 28-31

VDI ZRE (2013): Analyse von Potenzialen der Material- und Energieeffizienz in ausgewählten Branchen der Metall verarbeitenden Industrie. Studie im Auftrag der VDI Zentrum Ressourceneffizienz GmbH. Berlin, Juni 2013

Vereinte Nationen (1948): Resolution der Generalversammlung 217 A (III). Allgemeine Erklärung der Menschenrechte. 10. Dezember 1948.

Vogel&Krebs (2015): Dana Vogel und Jan-Marten Krebs. Leitfaden Corporate Carbon Footprint. Praxisorientierte Hilfestellung für mittelständische Unternehmen. München 2015.

Voss (1997): Gerhard Voss. „Das Leitbild der nachhaltigen Entwicklung, Institut der deutschen Wirtschaft, Köln 4/1997

Wackerbauer/ifo (2012): „Green Economy" - Faktum oder Fiktion? Johann Wackerbauer in ifo Schnelldienst 22/2012 - 65. Jahrgang.

Walter/Heymann (2002): Umweltschutz und Wirtschaftswachstum - ein Konfliktfall? Norbert, Walter & Eric Heymann; Publikation der Deutsche Bank Research, Frankfurt 2002

WBGU (2006): Wissenschaftlicher Beirat der Bundesregierung. Globale Umweltveränderungen. Die Zukunft der Meere - zu warm, zu hoch, zu sauer. Sondergutachten Berlin 2006. ISBN 3-936191-13-1

WBGU (2007): Welt im Wandel. Sicherheitsrisiko Klimawandel. Seite 2 bis 5. Zusammenfassung für Entscheidungsträger der Studie des Wissenschaftlichen Beirates der Bundesregierung Globale Umweltveränderungen. Berlin, Mai 2007.

WBGU (2009): Klimawandel: Warum 2°C? Factsheet 2/2009 des Wissenschaftlichen Beirates der Bundesregierung Globale Umweltveränderungen. Berlin 2009.

WBGU (2011): Welt im Wandel - Gesellschaftsvertrag für eine Große Transformation", Wissenschaftlicher Beirat Globale Umweltveränderungen, Berlin 2011

WBGU (2014): Zivilisatorischer Fortschritt innerhalb planetarischer Leitplanken. Ein Beitrag zur SDG-Debatte. Wissenschaftlicher Beirat der Bundesregierung Globale Umweltveränderungen. Berlin, Juli 2014. ISBN 978-3-936191-69-1

WCED (1987): Report of the World Commission on Environment and Development: "Our Common Future", Genf 1987

Weizsäcker et al. (2007): Ernst Ulrich von Weizsäcker: Fair Future - Begrenzte Ressourcen und Globale Gerechtigkeit. Wuppertal-Institut für Klima Umwelt Energie.

Weizsäcker/Hargroves (2009): Ernst Ulrich von Weizsäcker, Karlson Hargroves, Michael Smith: Faktor Fünf. Die Formel für nachhaltiges Wachstum. Deutsche Ausgabe München 2010

Weltbank (2012): Turn Down the Heat- Why a 4°C Warmer World must be avoided. Studie des PIK im Auftrag von IBRD und Weltbank, Washington D.C. 2012

Wirtschaftswoche (2011): Kosten der Energiewende. Infografik unter http://www.wiwo.de/infografiken/infografik-energiewende/6302488.html

Wollny et. al (1992): Wollny, Volrad (Hrsg.), Both, Gudrun: Abschied vom Müll. Perspektiven für Abfallvermeidung und eine ökologische Stofffflußwirtschaft, Göttingen 1992, Seite 242 ff.. ISBN 3-923478-67-4

WRI & WBCSD (2012): World Resources Institute (WRI) and the World Business Council for Sustainable Development (WBCSD): The Greenhouse Gas Protocol: A Corporate Accounting and Reporting Standard. Siehe auch http://www.ghgprotocol.org

Wuppertal Institut (2014): Recycling in Deutschland - Status quo, Potenziale, Hemmnisse und Lösungsansätze. Studie im Auftrag der KfW Bankengruppe. Henning Wilts, Rainer Lucas, Nadja von Gries, Marthe Zirngiebl. Alle Wuppertal Institut für Klima, Umwelt Energie GmbH. Wuppertal 2014.

WWF & CDP (2014): Vom Emissionsbericht zur Klimastrategie. Grundlagen für ein einheitliches Emissions- und Klimastrategieberichtswesen. Herausgegeben von WWF Deutschland und CDP. Berlin, Februar 2014.

WWF (2011): WWF Bildungsmaterial „Überfischung". Berlin 2011.

Zentes et al. (2014): Nachhaltige Markenführung. Neugestaltung der Wertschöpfungskette. Herausgegeben vom Institut für Handel & Internationales Marketing (H.I.MA.) der Universität des Saarlandes. Autoren: Univ.-Professor Dr. Dr. h.c. Joachim Zentes, Dipl.-Kff. Victoria Lonnes. M.Sc. Darlene Whitaker

Zimmermann (2011): Christiane Zimmermann: „Gebäudezertifizierungen im Vergleich". Fachartikel. Freilassing 2011. http://z-ingenieure.de/at/techinfo/techinfo.php, download 5.4.2015

ZVEI (2012): Für die Berechnung von Lebenszykluskosten existieren zahlreiche Tools, z.B. LCC-Tool des ZVEI unter http://www.zvei.org/Themen/Energieeffizienz/Seiten/Lebenszykluskosten-betrachten-Energieeffizienz-rechnet-sich.aspx